LEÇONS ÉLÉMENTAIRES

D'HISTOIRE NATURELLE

A L'USAGE

DES ÉCOLES PRIMAIRES SUPÉRIEURES

PAR

C. HARAUCOURT

Agrégé de l'Université, Professeur au Lycée
et à l'École des Sciences de Rouen

PARIS

LIBRAIRIE CLASSIQUE DE F.-E. ANDRÉ-GUÉDON

15, RUE SÉGUIER, 15

PRÈS LA FONTAINE SAINT-MICHEL

LEÇONS ÉLÉMENTAIRES

D'HISTOIRE NATURELLE

OUVRAGES DE M. C. HARAUCOURT

Agrégé de l'Université, Professeur au Lycée et à l'École des Sciences de Rouen.

Cours élémentaire de physique à l'usage des *Lycées*, des *Collèges* des candidats aux baccalauréats, et de tous les établissements d'Instruction, contenant de nombreux exercices numériques résolus et à résoudre. *Cinquième édition* revue et corrigée, 1 v. in-8, br.......... 6 »

Leçons élémentaires de physique, à l'usage des Écoles primaires supérieures, avec de nombreux exercices numériques. *Treizième édition*. 1 vol. in-12, cartonné...................... 3 »

Cours de physique, à l'usage de l'Enseignement secondaire des jeunes filles et des candidats au brevet supérieur, d'après les programmes officiels. *Troisième édition*. 1 vol. in-8, broché................ 4 »

Notions de chimie (*Programme du 10 août 1886*), à l'usage des élèves de l'Enseignement spécial.

Troisième année (Métalloïdes). *Sixième édition*. 1 vol. in-8, br. 2 »

Quatrième année (Métaux). *Quatrième édition*. 1 vol. in-8, br. 2 50

Cinquième année (Chimie organique). *Sixième édition*. 1 vol. in-8, broché.......................... 1 80

Chacun de ces trois ouvrages est augmenté des manipulations exigées par les programmes du 10 août 1886.

Cours élémentaire de chimie, comprenant les métalloïdes et leurs composés, les métaux et leurs sels, les corps organiques et leurs applications, à l'usage des Lycées et Collèges, des Écoles normales primaires et des aspirants au brevet supérieur. *Quatrième édition*. 1 vol. in-8, broché.......................... 4 »

Leçons élémentaires de chimie, à l'usage des Écoles primaires supérieures. *Treizième édition*. 1 vol. in-12, cartonné... 2 »

Leçons de chimie, à l'usage des candidats au brevet supérieur. 1 volume in-8, broché.......................... 3 50

Premières leçons de chimie, rédigées conformément au programme du 2 août 1880, à l'usage des élèves de la classe de sixième et des classes primaires supérieures, 1 vol. in-12, broché.............. 1 »

Leçons élémentaires d'Histoire naturelle, à l'usage des écoles primaires supérieures. *Septième édition*. 1 vol. in-12, cart.... 2 »

Notions élémentaires de sciences physiques et naturelles, à l'usage du Cours supérieur des écoles primaires, des Cours complémentaires et des candidats au brevet élémentaire. *Dix-septième édition*. 1 vol. in-12, cartonné.......................... 2 40

OUVRAGES DE M. RENÉ LEBLANC

Inspecteur général de l'enseignement du travail manuel.

Les sciences physiques à l'école primaire et dans les classes préparatoires. 365 expériences faciles à exécuter et très concluantes.

Première partie (**Physique**). *Sixième édition*. 1 vol. in-12, broché.......................... 1 50

Deuxième partie (**Chimie**). *Sixième édition*. 1 vol. in-12, broché.......................... 1 50

Première et deuxième partie réunies en 1 vol. in-12, cartonné.......................... 3 »

Ouvrage adopté pour les Écoles de la ville de Paris.

Manipulations de chimie, leçons pratiques à l'usage des élèves des établissements d'Enseignement spécial, professionnel et primaire supérieur. *Cinquième édition*. 1 vol. in-12, broché.............. 1 50

LEÇONS ÉLÉMENTAIRES

D'HISTOIRE NATURELLE

A L'USAGE

DES ÉCOLES PRIMAIRES SUPÉRIEURES

PAR

C. HARAUCOURT

Agrégé de l'Université, Professeur au Lycée
et à l'École des Sciences de Rouen

SEPTIÈME ÉDITION REVUE ET CORRIGÉE

PARIS

LIBRAIRIE CLASSIQUE DE F.-E. ANDRÉ-GUÉDON
15, RUE SÉGUIER, 15
(PRÈS LA FONTAINE SAINT-MICHEL)

1891

Programme du 27 juillet 1885.

Notions élémentaires sur l'organisation de l'homme.

Énumération des principaux organes et des fonctions qui s'y rapportent.

Fonctions de nutrition. — Fonctions de relation. — Notions sur les animaux domestiques et les principales plantes cultivées, en se bornant à la région. — Animaux et plantes utiles ou nuisibles ; citer surtout des espèces de France, choisies particulièrement dans la région.

Minéraux les plus répandus et les plus employés dans le pays.

Classification des animaux. — Étude élémentaire des vertébrés, en insistant davantage sur les espèces domestiques. — Mammifères et leurs principaux ordres. — Oiseaux, nidification et migrations, espèces insectivores. — Reptiles écailleux. — Batraciens et leurs métamorphoses. — Poissons, espèces élémentaires les plus usuelles d'eau douce et de mer.

Invertébrés. — Notions sommaires sur les insectes et leurs métamorphoses. — Indication des principales espèces utiles et nuisibles de la région. — Notions très sommaires sur les parasites de l'homme et des animaux domestiques. — Notions très sommaires sur les mollusques, principalement ceux qui servent à l'alimentation et à l'industrie.

Notions sur les fonctions des végétaux et sur leur classification. — Indication des végétaux les plus importants.

Notions de géologie. — S'attacher principalement à la géologie de la région. — Phénomènes actuels. — Indication succinte sur les roches éruptives, sur les terrains primitifs, sur les terrains de sédiment, sur les fossiles, sur la division des terrains de sédiment en primaires, secondaires, tertiaires et quaternaires.

Hygiène. — Conseils relatifs aux soins à donner au corps ; nourriture, vêtement, chauffage, éclairage. — Conseils sur les meilleures conditions de salubrité d'une maison d'habitation ; logement des animaux domestiques. — Hygiène publique ; assainissement des campagnes, irrigation, drainage, dessèchement des marais. — Salubrité des villes, égouts et latrines ; usines, ateliers, chantiers. — Premiers soins à donner en cas d'accident en attendant l'arrivée du médecin. — Précautions à prendre en cas d'épidémie.

PRÉFACE

Le programme ministériel trace à grands traits les limites dans lesquelles doit rester l'enseignement, sans indiquer d'une manière précise la répartition des matières entre les trois années. Mais s'il laisse à cet égard toute latitude au professeur pour grouper et graduer ses leçons, pour donner plus de développement à ce qui se rapporte plus spécialement à la contrée où est l'école, il marque cependant le caractère que doit avoir l'enseignement de la première année : une revision en même temps qu'un complément, des notions données dans le cours supérieur des écoles primaires.

Pour les deux autres années, le choix à faire dans le champ si vaste de l'histoire naturelle et la méthode à suivre sont déterminés par le caractère même de l'école primaire supérieure. Il ne s'agit pas de faire des anatomistes ou des botanistes au courant de la nomenclature et de tous les problèmes de la physiologie, mais des jeunes gens qui, devant se vouer à la pratique intelligente des arts industriels, ont tout intérêt à apprendre à bien voir et à connaître les ressources de la nature. Pour atteindre ce but, pour développer l'esprit d'observation, il importe, avant tout, de familiariser les élèves avec l'usage de la méthode naturelle, de présenter les groupes d'animaux en insistant sur les espèces les plus utiles, de faire l'histoire des plantes, surtout des plantes alimentaires et industrielles, d'étudier les couches du sol avec leurs caractères, en passant rapidement sur celles qui ont peu d'importance ou peu d'étendue pour insister sur celles où l'industrie trouve ses matières premières. Puis, quand le champ des observations s'est étendu, que le jugement s'est fortifié par l'exercice continu des comparaisons, on peut aborder à nouveau l'étude des phénomènes physiologiques dont la connaissance vient compléter l'étude des animaux et des plantes en marquant les relations des êtres vivants avec le sol et avec l'atmosphère où ils vivent et se développent.

Il conviendrait donc de commencer l'enseignement de l'histoire naturelle par la partie descriptive, de consacrer les deux premières années à l'étude des grands groupes et des espèces principales d'animaux et de plantes et de réserver la troisième année à la physiologie animale et végétale ainsi qu'aux notions d'hygiène qui en sont le complément.

A vouloir partager, dans ce petit livre, l'enseignement entre les trois années, nous nous serions exposé à des redites inévitables ; il nous aurait fallu revenir à plusieurs reprises sur chacune des grandes divisions du cours et nous aurions paru vouloir enchaîner la liberté du maître.

Au lieu de couper en tronçons épars la zoologie, la botanique, la géologie, nous les avons présentées l'une et l'autre dans leur ensemble en donnant un large développement à la partie descriptive et aux applications. Les maîtres pourront distribuer et grouper leurs leçons suivant leur convenance, adopter tel ordre qui leur paraîtra le plus profitable à leur enseignement, revenir à plusieurs fois sur l'une ou l'autre des parties : les élèves trouveront toujours le résumé de leurs leçons et ce qu'il faut en retenir.

Il est superflu d'insister sur l'utilité d'un enseignement comme celui de l'histoire naturelle qui s'adresse à toutes les intelligences, qui convient à tous les âges et qui profite à presque toutes les professions. Nous serions satisfait si ce petit livre en développait le goût chez les jeunes gens de nos écoles primaires supérieures.

H.

LEÇONS ÉLÉMENTAIRES
D'HISTOIRE NATURELLE

INTRODUCTION

1. Corps bruts et corps vivants. — L'histoire naturelle étudie les corps qui entrent dans la constitution du globe et ceux qui sont répandus à sa surface.

Ces corps forment deux catégories bien distinctes :

1° Les *corps bruts ou inorganiques* qui apparaissent comme des masses inertes, formées par la réunion de parties semblables, pouvant s'accroître par la juxtaposition de nouvelles particules, se conservant indéfiniment avec le même aspect et les mêmes propriétés ; tels sont les roches, les pierres, les minéraux.

2° Les *êtres vivants* que l'on appelle aussi les *corps organisés* et qui jouissent d'une activité propre ; ils naissent d'êtres semblables à eux ; ils se développent, puis ils décroissent et meurent ; ils sont constitués par la réunion de parties hétérogènes et dissemblables, groupées pour former des instruments spéciaux dont l'ensemble est une véritable machine animée : tels sont les plantes et les animaux.

2. Animaux et plantes. — Les caractères communs à tous les êtres organisés, végétaux et animaux, sont qu'ils *naissent*, qu'ils *se nourrissent* en introduisant dans leurs corps des substances diverses à l'aide desquelles ils *s'accroissent* ou se conservent quelque temps ; qu'ils *reproduisent* des êtres semblables à eux et qu'ils meurent.

La vie des végétaux se borne à ces actes essentiels. Fixés au point où ils naissent, ils prennent au sol et à l'atmosphère les principes nécessaires à leur développement ; ils laissent tomber autour d'eux les germes des nouveaux êtres qui perpétueront l'espèce.

La vie des animaux est plus complexe; non seulement ils se nourrissent, s'accroissent et se reproduisent, mais ils ont la faculté de *sentir* et de se *mouvoir*. Ils peuvent explorer la région qu'ils habitent; ils ne sont pas invariablement fixés au point qui les a vus naître. Ils peuvent se rendre compte de leurs besoins et juger ce qui est propre à les satisfaire. Ils cherchent leurs aliments et les préparent pour se les assimiler; ils les introduisent tels que la nature les leur offre dans une cavité intérieure, *l'estomac*, où, par une série de transformations qui constituent la *digestion*, ces aliments sont réduits en sucs nourriciers comparables à ceux que les plantes trouvent tout préparés dans la terre.

3. Divisions de l'histoire naturelle. — L'examen des corps bruts et des corps vivants forme les deux grandes branches de l'histoire naturelle.

La première, celle qui étudie les corps bruts, est appelée *minéralogie* (histoire des minéraux), lorsqu'elle s'applique spécialement à l'examen des roches; on la nomme *géologie* (histoire de la terre), lorsqu'elle étudie la constitution du globe et qu'elle cherche à découvrir les conditions de sa formation.

La seconde, qui étudie les êtres vivants, porte souvent le nom de *biologie*, qui signifie histoire de la vie.

Comme les êtres vivants se partagent en deux groupes très distincts, la biologie se divise en deux parties bien tranchées : la *botanique* qui fait l'histoire des plantes et la *zoologie* qui fait l'histoire des animaux.

RÉSUMÉ. — L'histoire naturelle étudie les corps bruts et les êtres vivants.

Les corps bruts se conservent perpétuellement avec le même aspect et les mêmes propriétés; ils peuvent s'augmenter par addition de parties semblables à celles dont ils sont formés ou en perdre sans cesser d'avoir les mêmes caractères.

Les corps vivants naissent, se nourrissent, se développent et meurent. Ils comprennent les végétaux et les animaux.

Les végétaux sont doués de la vie; ils se nourrissent et se reproduisent.

Les animaux se nourrissent, se reproduisent, sentent et se meuvent volontairement.

L'histoire naturelle comprend quatre branches :

La **zoologie** qui étudie les animaux;

La **botanique** qui étudie les plantes;

La **minéralogie** ou étude des minéraux;

La **géologie** qui est l'histoire de la terre.

I. — ZOOLOGIE

CHAPITRE PREMIER

DESCRIPTION SOMMAIRE DU CORPS DE L'HOMME

4. Le corps de l'homme — L'homme s'élève par son intelligence au-dessus des animaux les mieux doués ; mais il ressemble aux animaux par plus d'un point de son organisation.

L'étude de son corps, de la manière dont il se nourrit, dont il sent, dont il se meut, est très utile et très intéressante ; elle aide à comprendre la description du corps des animaux ; elle est comme la préface des leçons élémentaires de zoologie.

Le corps de l'homme contient une charpente solide formée d'*os*, c'est le *squelette* qui soutient les chairs, qui protège les organes intérieurs, qui assure au corps sa forme et ses mouvements.

Le corps peut être divisé pour l'étude en trois parties : la *tête*, le *tronc* et les *membres*.

5. La tête. — La tête comprend deux parties, le *crâne* et la *face*. Le crâne est une boîte osseuse qui contient le *cerveau* et qui porte les cheveux. La *face* porte les yeux, organes de la vue, les fosses nasales, organes de l'odorat, la bouche, la mâchoire supérieure qui est fixe et la mâchoire inférieure qui est mobile, et en outre le pavillon de l'oreille et les ouvertures qui communiquent avec l'oreille interne.

La tête est réunie au tronc par le *cou* dont la mobilité permet à la face de se tourner dans diverses directions.

6. Le tronc.

— Le tronc comprend deux parties : le thorax et l'abdomen.

Le **thorax** est une cage formée à l'arrière par la colonne vertébrale, en avant par le **sternum**, sur les côtés par les **côtes** (fig. 1); il est séparé de l'abdomen par une grande cloison musculaire bombée, le **diaphragme**, qui tourne sa convexité vers le haut et qui, en s'aplatissant, peut augmenter la cavité thoracique.

Dans le thorax se trouvent le **cœur**, organe de

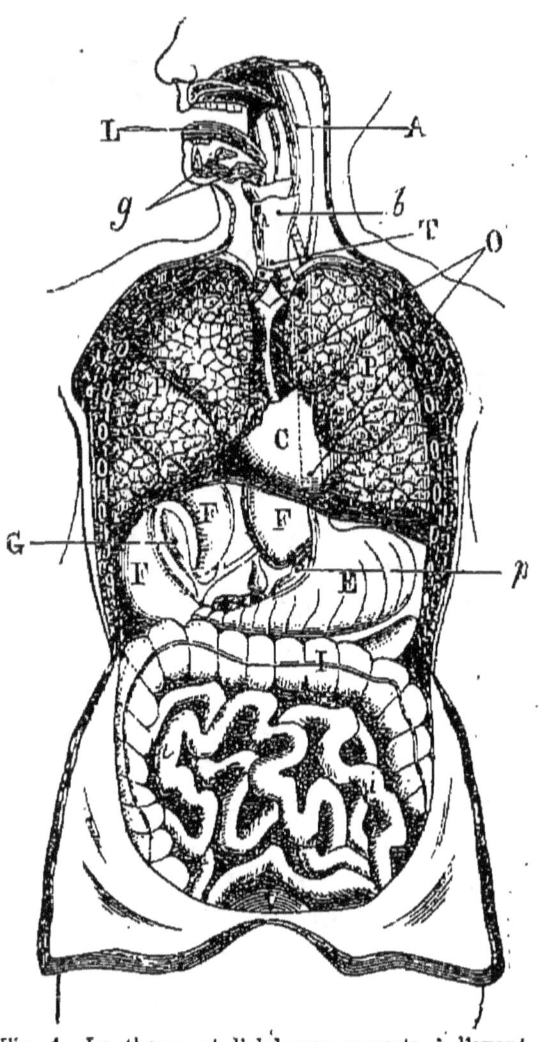

Fig. 1. Le thorax et l'abdomen ouverts à l'avant pour montrer les principaux organes du corps de l'homme. — A. Arrière-bouche. — L. Langue. — g.Glandes salivaires.—O. Œsophage.—E.Estomac. — F. Foie. — G. Vésicule biliaire. —p. Pancréas, —i.Intestin grêle.—I. Gros intestin.— b. Larynx. —T. Trachée-artère. — P. Poumons. — C. Cœur.

la circulation du sang, sorte de poche ou mieux de *muscle creux* qui, par ses contractions régulières, pousse le sang dans tout le corps, les **poumons**, organes de la respiration qui reçoivent l'air par la **trachée-artère** et ses ramifications en une multitude de tubes dont l'ensemble, pour chaque poumon, constitue les **bronches**.

L'abdomen, limité en arrière par la colonne vertébrale, en bas par les os du bassin, sur les côtés et en avant par des muscles qui s'attachent sur ces os et en haut sur les os de la cage thoracique, contient les organes de la digestion et ceux de la sécrétion urinaire : d'une part l'**estomac**, une poche en forme de cornemuse, où s'arrêtent d'abord les aliments, et l'**intestin**, un long tube avec ses replis où séjournent les aliments; le **foie** et le **pancréas** qui produisent des liquides utiles à la transformation des aliments ; d'autre part les **reins** où se forme l'urine et la **vessie** où l'urine séjourne avant d'être expulsée.

7. Les membres. — Il y a quatre membres symétriques deux à deux; les membres inférieurs qui servent à la marche, les membres supérieurs qui servent à saisir et à retenir tout ce qui doit servir à l'homme. Les uns et les autres formés d'os longs dans leur première partie, d'os plus courts aux extrémités, sont appuyés sur une base où ils prennent leur point d'appui.

Les membres supérieurs ou bras se relient au tronc par l'**omoplate** ou épaule et par la **clavicule**. La première partie contient un seul os, l'**humérus ;** la seconde, dite *avant-bras*, en porte deux, le **cubitus** et le **radius ;** la troisième ou *poignet* contient huit os très courts; la paume de la **main** a cinq os, et les **doigts** sont constitués par des phalanges articulées les unes à la suite des autres, au nombre de trois, excepté pour le pouce qui n'en a que deux.

Les membres inférieurs prennent leur point d'appui sur les *os du bassin* ou hanche. La première partie, la cuisse, porte un seul os, le **fémur ;** la seconde, la jambe, contient deux os, le **tibia** et le **péroné ;** à l'articulation de la cuisse et de la jambe, au genou, se trouve la **rotule**. La troisième partie est le *tarse,* composé de sept os réunissant le pied à la jambe ; le pied a cinq os et cinq orteils à phalanges.

La dernière phalange de chaque doigt, à chaque membre, est revêtue à sa face supérieure par une lame cornée, aplatie, l'*ongle*, qui s'accroît continuellement.

Les os des membres sont revêtus de muscles destinés à les faire mouvoir les uns sur les autres ; le tout est recouvert par la peau (fig. 2).

8. Les fonctions et les organes. — L'homme se nourrit ; il se meut volontairement et il a la faculté de sentir, c'est-à-dire de se connaître et de connaître les objets extérieurs, de se rendre compte de ses besoins et de les satisfaire.

Le *mouvement volontaire* et la *sensibilité*, d'une part ; la *nutrition* d'autre part, sont trois fonctions principales qui nécessitent pour leur accomplissement une série d'appareils ou d'*organes* disposés pour concourir à un but déterminé.

Les deux premières fonctions ont été groupées sous le nom de *fonctions de relation ou de la vie animale* ; elles sont exclusivement propres aux animaux ; elles comprennent tous les organes de la *locomotion* et tous les appareils de la *sensibilité*.

Tout ce qui se rapporte à la nutrition, c'est-à-dire à l'entretien et à l'accroissement de l'individu est désigné sous le nom de *fonctions de la vie végétative* parce qu'on les rencontre chez les végétaux comme chez les animaux.

On étudie donc successivement ces trois fonctions essentielles : la *nutrition*, la *sensibilité* et le *mouvement*.

RÉSUMÉ. — Le corps de l'homme se divise en trois parties : la **tête**, le **tronc** et les **membres**.

La *tête* comprend le crâne et la face ; le crâne est une boîte osseuse contenant le cerveau ; la face porte les yeux, le nez, la bouche, les oreilles et les deux mâchoires.

Le *tronc* renferme deux grandes cavités : le thorax ou la poitrine,

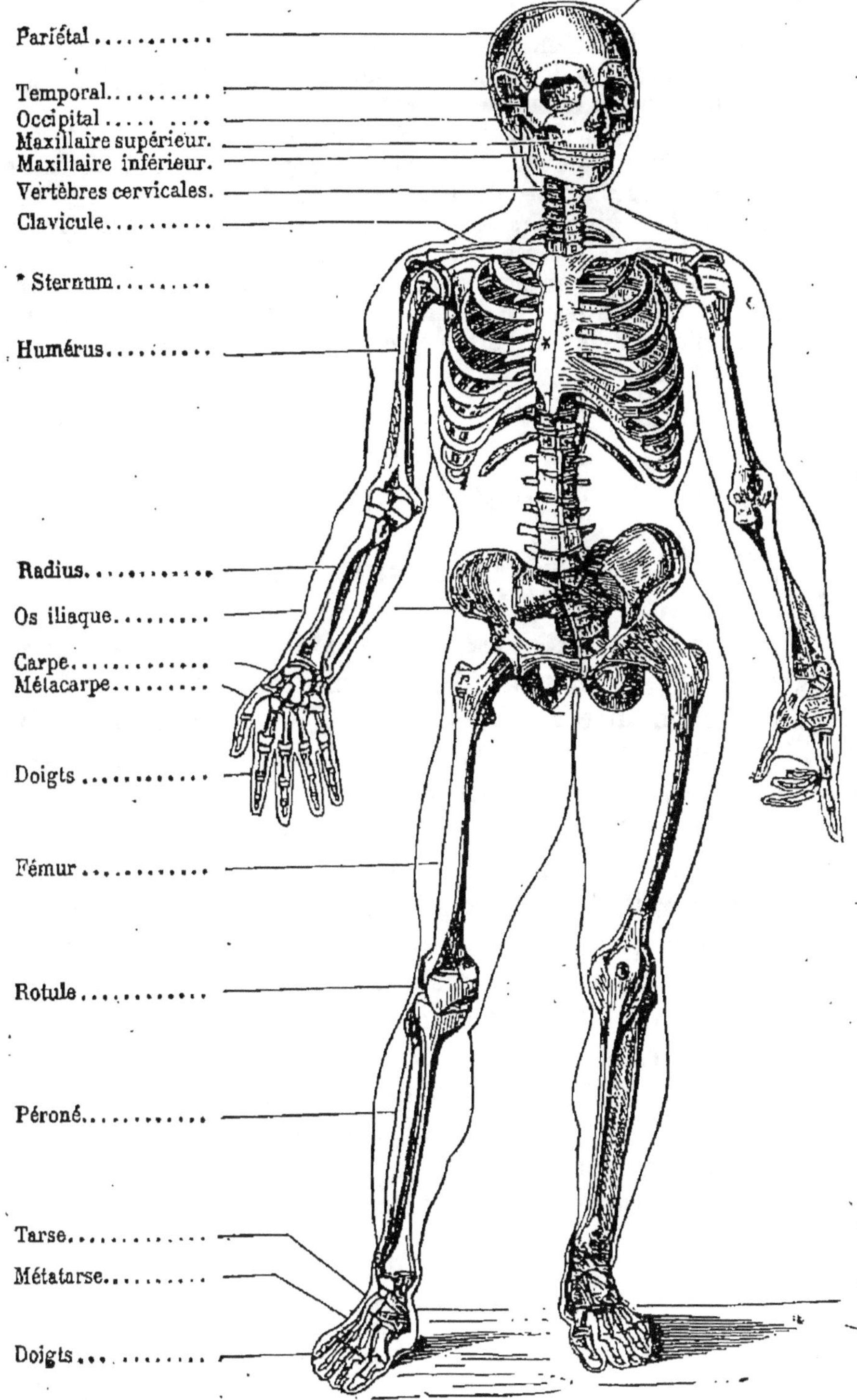

Fig. 2. — Le squelette de l'homme.

le ventre ou abdomen. Dans le thorax se trouvent le cœur et les poumons ; dans l'abdomen, l'estomac, l'intestin, le foie et le pancréas, les reins et la vessie.

Les *membres antérieurs* appuyés par l'épaule ou omoplate sur le thorax comprennent le bras, l'avant-bras avec ses deux os, le carpe ou poignet avec huit, la main et les doigts.

Les *membres inférieurs* appuyés sur le bassin contiennent la cuisse, la jambe, le tarse et le pied avec les doigts.

L'homme a trois grandes fonctions : la **nutrition**, le **mouvement** et la **sensibilité**, et chacune comprend un certain nombre d'appareils ou d'organes concourant à un but déterminé.

CHAPITRE II

FONCTIONS DE NUTRITION

9. Division du travail de la nutrition. — La **nutrition** comprend plusieurs fonctions secondaires, toutes relatives à la conservation de l'individu. L'homme prend des aliments qu'il prépare, qu'il *digère* pour en faire un liquide qui puisse se mêler au sang et être *absorbé* par les tissus. Le sang court, *circule* dans tout le corps pour y porter ses richesses nutritives ; il doit venir se mettre en contact avec l'air atmosphérique par la *respiration*, et perdre dans des *organes sécréteurs* les substances inutiles à la nutrition qui doivent être indirectement ou directement rejetées. Ainsi, *digestion, circulation, respiration, absorption* et *sécrétions*, voilà les principales divisions du travail nutritif, et chacune d'elles s'accomplit par des organes distincts, souvent complexes, et chaque organe mérite une description qui le fasse connaître et qui en montre l'objet et l'utilité.

DIGESTION

10. Appareil digestif. — La **digestion** est l'ensemble des actes au moyen desquels les aliments solides et liquides sont introduits dans l'organisme et transformés en une matière qui puisse être portée dans le sang, et avec lui et par lui dans tout le corps, absorbée par les tissus et servir ainsi à l'entretien de la vie.

Une telle fonction nécessite deux séries d'organes : d'abord une cavité propre à recevoir les aliments et à les contenir pendant qu'ils subissent le travail digestif; en second lieu, des organes sécréteurs versant les liquides

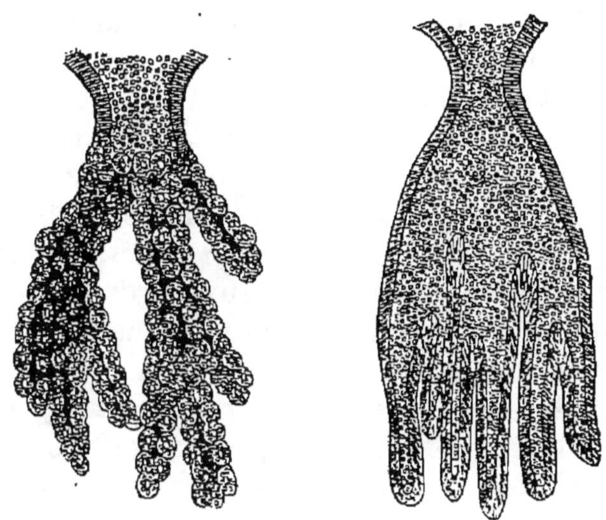

Fig. 3. — Glandes de l'estomac.

dont l'action doit transformer les aliments en matière absorbable.

La cavité porte le nom de **tube digestif;** c'est un long tube ouvert aux deux bouts, commençant à la *bouche* , continuant par l'arrière-bouche ou *pharynx* puis par l'*œsophage*, présentant une poche, l'*estomac*, puis un long tube mince, l'*intestin grêle*, enfin un tube plus large, le *gros intestin*, dont l'*anus* est l'extrémité.

Les liquides produits par les organes sécréteurs sont la *salive* produite par les glandes salivaires qui se trouvent dans la bouche au nombre de trois paires; le *suc gastrique* produit dans l'estomac par des glandes nombreuses dont la paroi interne de l'organe est garnie (fig. 3); le *suc pancréatique* produit par une glande, le *pancréas*, qui se trouve près de l'estomac et de la première partie de l'intestin ; la *bile* produite par le *foie* ; le *liquide intestinal* produit par la paroi interne de l'intestin grêle.

11. Les différentes parties du tube digestif.

— La **bouche** est bordée et fermée extérieurement par les *lèvres* ; elles est limitée en dessus par la voûte du palais formée par les deux parties du maxillaire supérieur, en bas par le maxillaire inférieur. Au fond elle est fermée par un rideau charnu suspendu à l'arrière du palais et appelé le *voile du palais*. Ce voile qui porte une petite languette appelée *luette* est soutenu de chaque côté par deux piliers entre lesquels sont placées deux glandes appelées les *amygdales*. Les parois de la bouche sont tapissées jusqu'aux bords des lèvres par une membrane muqueuse toujours humectée où les aliments glissent sans peine.

L'arrière-bouche ou pharynx, que l'on appelle ordinairement la *gorge*, prolonge la bouche derrière le voile du palais ; c'est un véritable carrefour où arrivent les ouvertures postérieures des fosses nasales ainsi que le haut de l'œsophage et la *glotte* ou partie supérieure du canal aérien. Cette dernière portion est à l'avant, elle est munie d'une sorte de soupape, l'*épiglotte*, qui s'abaisse sur la glotte pour la fermer pendant le passage des aliments de la bouche dans l'œsophage.

L'œsophage est le conduit membraneux qui va de l'arrière-bouche à l'estomac. C'est un tube d'environ 25 centimètres de longueur, placé derrière la trachée-artère, entre celle-ci et la colonne vertébrale ; il est aplati dans sa moitié supérieure et cylindrique dans l'autre. Il passe derrière le cœur et les poumons, traverse le diaphragme et s'ouvre dans l'estomac.

L'estomac est une poche en forme de cornemuse. Son orifice d'entrée, le *cardia*, est un bourrelet musculaire, resserré sur lui-même, qui s'ouvre aux aliments descendant dans l'estomac et qui s'oppose à leur sortie.

L'autre orifice, appelé *pylore* ou portier, ne s'ouvre qu'aux aliments devenus en partie liquides. L'estomac est rejeté un peu à gauche, sa grande courbure est en bas ; on y distingue le grand cul-de-sac du côté du cardia et le petit vers l'intestin.

La couche extérieure est formée de fibres musculaires nombreuses aux deux extrémités ; leur contraction fait fermer le pylore. La membrane muqueuse présente un grand nombre de glandes, celles qui sécrètent le mucus de l'estomac et celles qui produisent le *suc gastrique* et la *pepsine*.

L'intestin grêle qui représente à lui seul les quatre cinquièmes de la longueur totale du tube digestif, est un tube mince de 2 à 3 centimètres de diamètre enroulé d'une façon compliquée dans l'abdomen. On y signale trois parties : le **duodénum** (*qui a douze fois la longueur du doigt*), le **jejunum** (*qui est toujours vide*) et l'**iléon** (*qui touche à l'os iliaque*). La première est la mieux déterminée ; elle commence à l'estomac et elle reçoit au même point la bile par le canal cholédoque et le suc pancréatique par le canal de Wirsung. La paroi interne de l'intestin grêle présente une série d'organes intéressants : ce sont d'abord des éminences avec de grosses cellules destinées à l'absorption, puis les replis qui constituent les valvules ; ce sont ensuite les glandes en tubes dites de *Lieberkhühn*, les glandes en grappes, dites de *Brunner*, et les follicules réunis en plaques, dits de *Peyer*. Au point où l'intestin grêle s'ouvre dans le gros intestin se trouve la valvule iléo-cœcale.

Le gros intestin est d'un diamètre plus fort et d'une longueur moindre ; il présente une série d'étranglements, qui le font paraître bosselé. On y distingue trois parties : le *cœcum* placé dans la fosse iliaque droite et terminé par un petit appendice vermiforme ; le *colon*, qui monte à droite jusqu'au foie, traverse l'abdomen à l'avant et redescend jusque dans la fosse iliaque gauche ; le *rectum* qui n'a point de bosses et qui se termine à l'anus par une couronne de muscles formant un sphincter.

L'intestin est entouré dans toutes ses circonvolutions par un double feuillet de la membrane séreuse formant le *péritoine* et qui tapisse l'abdomen, ce double feuillet porte le nom de *mésentère* et se relie à la paroi de l'abdomen.

12. Les annexes du tube digestif. — Les **dents**, qui ont pour fonction de diviser et de broyer les aliments, sont des corps durs dont une partie, la *racine*, est implantée dans l'os de la mâchoire, et dont l'autre, la *couronne*, fait saillie dans la bouche au-dessus du tissu mou des gencives. La couronne est recouverte par un vernis d'*émail* blanc; la couche qui recouvre la racine est jaune, elle porte le nom de *cément;* la partie centrale est formée par l'*ivoire*, elle est moins dure que l'émail, plus dure que le cément. Au centre de l'ivoire est une cavité qui se prolonge jusqu'à l'extrémité de la racine où se trouve un petit orifice. Par cet orifice pénètrent dans la dent un rameau artériel et un rameau veineux, puis un filament du nerf dentaire qui se divisent dans le tissu occupant l'intérieur de la dent et appelé la *pulpe* dentaire. Quand l'émail et l'ivoire se détruisent en partie et que cette pulpe est découverte, le nerf qu'elle contient est irrité et cause une vive douleur. La forme générale des dents, surtout de la couronne, est toujours en rapport avec le genre de vie de l'animal et avec la nature des aliments dont il se nourrit.

L'homme a trois sortes de dents (fig 4) : les **incisives**, sur l'avant de la bouche, destinées à saisir et à couper; les **canines**, pointues, plus particulièrement propres à déchirer; les **molaires** petites et grosses à couronne plate et large, destinées à

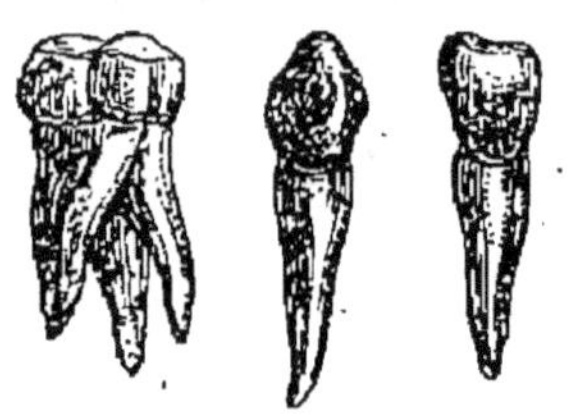

Fig. 4. — Forme des dents.

broyer. Dans sa première dentition, l'homme a vingt dents seulement; lorsque sa dentition est complète il a 32 dents, dont 8 incisives, 4 canines et 20 molaires.

Les différences nombreuses que présentent les dents chez les différents animaux seront indiquées dans l'étude des groupes où elles sont caractéristiques.

La **salive**, est produit par les *glandes salivaires*. Ces glandes sont au nombre de trois paires : les *parotides*, posées sous l'oreille et déversant leur liquide par un canal qui aboutit au niveau de la deuxième grosse molaire supérieure ; les *sous-maxillaires* qui sont en dedans du corps de la mâchoire inférieure ; les *sublinguales* contenues dans l'épaisseur du plancher buccal près de la base de la langue. Les unes et les autres ont à peu près la même structure ; elles sont en grappes ; le liquide qu'elles extraient du sang n'est pas absolument le même. La salive est formée du mélange de leurs produits ; c'est un liquide mousseux dont le principe actif, appelé la **ptyaline**, est un ferment soluble capable de transformer les

Fig. 5, montrant la dentition et les glandes salivaires du chien.

A. Glande salivaire. — B. Conduit salivaire. — C.D. Molaires. E. Canines. F. Incisives.

substances féculentes en substances sucrées solubles

Le **suc pancréatique** est produit par le **pancréas**. Le pancréas est une glande allongée située tout près de l'estomac et de la première partie du duodénum ; son aspect et sa structure sont semblables à ceux des glandes salivaires et l'ont fait appeler une glande salivaire abdominale. Le suc pancréatique est un liquide clair, visqueux, à réaction alcaline, coagulable par la chaleur, contenant une substance albuminoïde qui se comporte comme un ferment soluble d'une grande puissance.

La **bile** est produite par le **foie**. Le foie est une grosse glande compacte, à plusieurs lobes, située dans la partie droite de l'abdomen immédiatement au dessous du diaphragme. Il reçoit le sang par deux sortes de vaisseaux, l'*artère hépathique*, qui y amène du sang artériel et la *veine-porte* qui est chargée du sang ayant nourri l'intestin ; ces deux vaisseaux se ramifient côte à côte à l'infini jusque dans les moindres lobules, et ceux-ci produisent la bile, en même temps que le sang répandu dans l'organe se rassemble pour être emporté par la veine hépatique vers la veine cave.

La **bile** est un liquide visqueux, verdâtre et filant, d'une saveur très amère ; elle s'altère rapidement à l'air et répand alors une odeur fétide ; elle renferme beaucoup d'eau et des sels de soude, de chaux et de magnésie. Elle est conduite dans l'intestin par le canal cholédoque ; elle y agit sur les matières grasses, et elle paraît y jouer le rôle d'antiseptique.

Les **vaisseaux chylifères** sont de très petits canaux qui forment des arborescences sur la membrane enveloppant l'intestin ; leurs ramifications sont très nombreuses ; elles convergent vers des vaisseaux de plus en plus gros qui aboutissent à un réservoir, dit de *Pecquet*. Pendant la digestion, ils semblent remplis de lait et on les a parfois appelés *vaisseaux lactés ;* le liquide qu'ils contiennent et qu'ils ont pris à l'intestin passe du réservoir de Pecquet dans le *canal thoracique*, qui remonte le long de la colonne vertébrale et vient s'ouvrir dans la *veine sous-clavière gauche* pour déverser son contenu dans le sang.

13. Marche des aliments. — Les aliments introduits dans la bouche, sont coupés, déchirés et broyés par les *dents*. Ils sont ensuite imbibés de *salive*, retournés par la *langue* et rassemblés en petite boule appelée *bol alimentaire* et envoyés dans le fond de la bouche ou *arrière-bouche*. A ce moment, le mouvement de la langue pousse le bol alimentaire dans l'isthme du gosier ; en même temps, le voile du palais se relève pour fermer l'ouverture des fosses nasales ; l'épiglotte s'abaisse sur l'ouverture de la trachée artère et le bol alimentaire s'introduit dans l'œsophage. L'ensemble de ces mouvements constitue la **déglutition**.

L'œsophage a une surface interne lubréfiée et des fibres musculaires qui font avancer le bol alimentaire par une progression graduelle.

Les aliments pressent l'entrée de l'estomac ou le *cardia* et séjournent dans le grand cul-de-sac jusqu'à ce qu'ils soient bien imbibés de suc gastrique et en partie transformés sous l'influence de la *pepsine* en une matière semi-liquide appelée **chyme**; ils avancent vers le *pylore* et pénètrent dans l'intestin grêle.

A leur entrée dans l'intestin, ils reçoivent le suc pancréatique et la bile; ils marchent en suivant toutes les circonvolutions du tube intestinal qui remplit l'abdomen. Pendant la première partie du trajet, ils se séparent en deux portions, l'une très liquide appelée le **chyle**, qui à travers les villosités du tube intestinal est absorbée par les vaisseaux nombreux et ténus que l'on appelle les *vaisseaux chylifères*, transportée par eux dans le *canal thoracique* et déversée dans la veine sous-clavière gauche; l'autre, formée de résidus inutiles à l'organisme, continue sa marche dans le gros intestin pour être ensuite expulsée.

14. Réactions que subissent les aliments. — Les aliments subissent dans la bouche d'abord l'action de la salive; ce liquide aqueux contient un principe actif, la **ptyaline** qui agit sur les aliments féculents insolubles pour les transformer en substance sucrée, soluble dans les liquides de l'organisme.

Arrivés dans l'estomac, ils trouvent le suc gastrique; c'est un liquide aqueux, légèrement acide et contenant un principe azoté, la **pepsine**, qui agit sur les matières albuminoïdes telles que le blanc d'œuf, la viande, la caséine du lait ou du fromage, pour les transformer en peptones solubles et assimilables. Il sort donc de l'estomac une substance grise presque liquide que l'on appelle le *chyme* et où l'on ne reconnaîtrait plus les aliments ingérés; on donne parfois le nom de **chymification** à la transformation dont l'estomac a été le siège.

A l'entrée de l'instestin grêle, le suc pancréatique vient imbiber les aliments; il a une double action: d'une part il continue l'effet de la salive sur les féculents pour les rendre solubles, d'autre part il émulsionne et divise les corps gras pour les mettre en état de pouvoir être absorbés par les vaisseaux chylifères.

La **bile** produite par le foie ajoute son action à celle du suc pancréatique pour émulsionner les corps gras et de plus elle sert de balai au tube digestif.

Le suc intestinal produit par les parois de l'intestin agit sur les substances sucrées pour les mettre en état de fermenter.

Par ces diverses actions, toutes les parties des aliments ont été altérées et leur division en portion absorbable et en portion inutile à l'organisme s'opère d'elle-même.

Le **chyle** c'est-à-dire la portion liquide des aliments transformés est absorbé par les chylifères; il est porté dans le canal thoracique qui le conduit dans le sang auquel il se mêle et où il apporte des matériaux nouveaux. Celui qui est absorbé par les veines de l'intestin passe au foie par la *veine-porte* et il y est en partie converti en une substance sucrée, le *glycogène*, que le sang reprend à mesure des besoins de l'économie.

Les liquides sont rapidement absorbés, d'abord par les veines de l'estomac, puis par les cellules absorbantes de la première portion de l'intestin et ils passent dans le sang bien plus vite que les matériaux que la digestion tire des aliments solides.

RÉSUMÉ. — La nutrition, c'est-à-dire l'ensemble des actes qui concourent à la conservation de l'individu, comprend chez l'homme et les animaux supérieurs plusieurs grandes fonctions. Les aliments sont transformés par la **digestion** en un liquide assimilable. Ce liquide est transporté par la **circulation** dans tous les organes du corps. Il vient se mettre en contact avec l'air atmosphérique et reprendre l'oxygène nécessaire à ses transformations, c'est la **respiration**. Il perd dans des organes spéciaux appelés **glandes**, d'abord les parties inutiles ou nuisibles, puis l'eau et certains principes qui peuvent être utiles à d'autres fonctions; enfin chaque organe absorbe et *s'assimile* ce qui est nécessaire à son entretien et à son accroissement.

La digestion est la transformation des aliments en un liquide qui puisse faire partie du sang et être porté par ce dernier dans tout le corps. Elle s'accomplit dans un tube appelé le *tube digestif*.

Le tube digestif commence à la bouche, se continue par l'arrière-bouche ou pharynx, puis par l'œsophage. Il présente un renflement en forme de poche appelée **l'estomac**, dont l'entrée est munie d'un muscle appelé cardia et la sortie d'un autre appelé pylore. Il se continue par un long tube replié, contourné, contenu dans l'abdomen au milieu des replis d'une membrane, le mésentère, qui est une portion du péritoine. La première partie de ce tube, la plus longue et la moins grosse s'appelle l'**intestin grêle** et se divise en trois parties, le duodenum, le jejunum et l'iléon ; la seconde partie qui lui fait suite est d'un diamètre plus fort et constitue le **gros intestin** dont les trois parties sont le cœcum, le colon et le rectum.

Les annexes du tube digestif sont les dents, petits os durs qui servent à couper, déchirer et broyer les aliments, les glandes salivaires produisant la salive utile à la transformation des aliments féculents, le pancréas produisant le suc pancréatique, le foie qui produit la bile et les vaisseaux chylifères qui recueillent les produits utiles de la digestion.

Les aliments introduits dans la bouche, broyés par les dents, imbibés de la salive et retournés par la langue sont envoyés en petites boules dans l'œsophage et dans l'estomac. Là ils s'imbibent du suc gastrique et se transforment en chyme. Ils passent dans l'intestin, reçoivent la bile et le suc pancréatique et subissent l'action de ces divers liquides et du suc intestinal.

La salive agit pour rendre solubles les féculents en les transformant en substances sucrées solubles ; le suc gastrique transforme les albuminoïdes en peptones solubles ; le suc pancréatique continue et achève l'action de la salive ; il émulsionne les aliments gras avec la bile qui sert en outre de balai du tube digestif.

Les vaisseaux chylifères pompent et rassemblent la partie assimilable des aliments qui est transportée dans le sang par le canal thoracique.

Les liquides sont plus rapidement absorbés, notamment par les veines de l'estomac et celles de la première partie de l'intestin.

CHAPITRE III

RESPIRATION.

15. Appareil respiratoire. — La **respiration** a pour but de mettre le sang en contact avec

l'air atmosphérique et de le transformer de sang noir
ou veineux en sang rouge ou artériel; c'est la fonction
qui établit un échange gazeux continuel entre l'être
vivant et le milieu extérieur, qui préside à l'introduction dans les tissus vivants de l'air nécessaire à la vie
età l'expulsion des gaz nuisibles formés dans l'organisme.

Chez les animaux supérieurs et chez l'homme, l'ap-

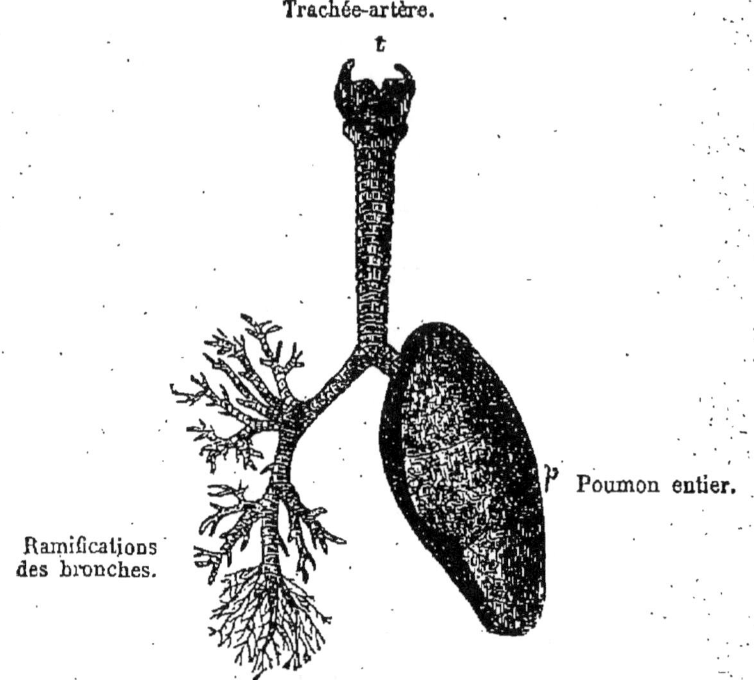

Fig. 6. — Trachée-artère et ramifications des bronches.

pareil respiratoire comprend deux parties : un organe
où a lieu, sur la plus grande surface possible, le contact du sang et de l'air : ce sont les **poumons**; un
conduit amenant l'air dans cet organe, c'est la **trachée-artère.**

La trachée-artère commence en arrière et en dessous
de la bouche par une sorte d'entonnoir, le **larynx**,
qui est l'organe de la voix. Elle se continue sous la
forme d'un tube large, maintenu constamment ouvert
par des arcs cartilagineux, jusqu'au sommet de la poitrine où elle se divise en deux branches, l'une pour

chaque poumon, qui se subdivisent elles-mêmes à l'infini en des tubes de plus en plus petits dont l'ensemble porte le nom de **bronches** (fig. 6) et dont les plus fines extrémités qui n'ont que quelques dixièmes de millimètre de diamètre se rendent dans de petits sacs, les

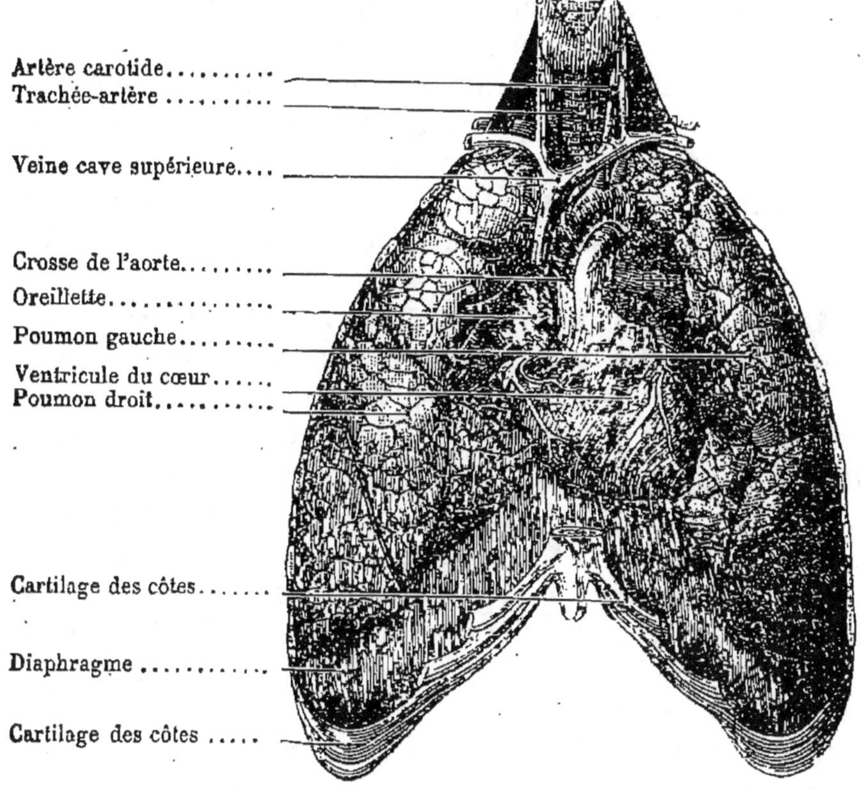

Fig. 7. — Cœur et poumons.

vésicules pulmonaires. C'est au fond de ces vésicules que l'air pénètre et que s'accomplit l'échange entre le sang et l'air.

Il y a deux poumons, qui remplissent presque toute la cavité de la poitrine en comprenant entre eux le cœur (fig. 7). Ils sont enveloppés de la **plèvre** dont les replis les protègent. Leur tissu est très spongieux formé des vésicules et d'une multitude de vaisseaux sanguins qui amènent le sang, le répandent sur une énorme surface et le remportent quand il a fait échange avec l'air. Les deux poumons sont inégaux, le gauche est un peu plus long, mais moins large que le droit. Chacun d'eux n'est que l'ensemble des vésicules, des bronches qui s'y ramifient, des vaisseaux qui y amènent le sang et de ceux qui le remportent. L'appareil vasculaire y est extraordinairement développé, à tel point que chaque vésicule aérienne est pour ainsi dire doublée d'une mince couche de sang.

La plèvre enveloppe les poumons et la cavité thoracique ; c'est une membrane séreuse à surface humectée ; quand elle s'enflamme, le liquide qu'elle produit augmente, gêne le mouvement des poumons et constitue l'affection connue sous le nom de *pleurésie*.

16. Mécanisme de la respiration. — L'acte par lequel une certaine quantité d'air pénètre dans les poumons, s'appelle l'**inspiration** ; le rejet de l'air constitue l'**expiration**. Un homme adulte fait en moyenne vingt inspirations par minute.

L'inspiration est produite par l'agrandissement de la cavité thoracique, et cet agrandissement est amené par un double phénomène musculaire, le relèvement des côtes et l'abaissement du diaphragme. Trois catégories de muscles mettent en mouvement la cage thoracique ; les uns, qui relient les côtes à la colonne vertébrale et qui sont insérés obliquement de haut en bas, sont destinés à relever les côtes et sont appelés *inspirateurs ;* avec eux agissent les muscles *intercostaux* qui vont d'une côte à la suivante et forment une double couche musculaire sur toute la paroi du thorax. Le troisième groupe est composé des muscles qui tirent vers le bas dans leur contraction et qui sont destinés à ramener les côtes soulevées par les premiers.

Le **diaphragme** n'est pas une simple membrane séparant le thorax de l'abdomen ; c'est une voûte d'une grande puissance musculaire, concave en dessous, convexe en dessus. Les fibres qui la forment se contractent et aplatissent la voûte pendant l'inspiration, tandis que l'organe remonte et reprend sa voussure primitive lors de l'expiration.

Par ce double mouvement, l'air extérieur qui est à une plus grande pression que l'air dilaté des poumons pénètre par les fosses nasales ou même par la bouche dans le larynx, les bronches et il arrive jusque dans les plus petites vésicules pulmonaires sur les parois desquelles le sang veineux vient se répandre. Par l'abaissement des côtes et le relèvement du diaphragme, la cavité de la poitrine diminue et l'on expulse de l'air chargé d'acide carbonique et de vapeur d'eau.

17. Phénomènes respiratoires. — Les phénomènes respiratoires sont de trois ordres : les phénomènes mécaniques décrits plus haut, qui ont pour but d'amener l'air au contact du sang ; les phénomènes physiques qui consistent dans les échanges de gaz entre l'air et le sang et les phénomènes chimiques où les divers produits sont transformés dans la **combustion respiratoire.**

L'air, en pénétrant dans les vésicules bronchiques, produit un bruit régulier et caractéristique ; mais s'il rencontre un obstacle devant lui, comme des mucosités, ou un liquide, le bruit se modifie très profondément et sert au médecin à reconnaître l'état du poumon. Lorsque le poumon est sain, comme il y reste toujours de l'air, si l'on frappe sur le thorax, les coups résonnent comme sur un tonneau vide ; tandis que si le poumon est affecté, le choc ne produit plus qu'un son mat.

Le sang amené dans les poumons et répandu sur les parois des vésicules pulmonaires est noir ; au contact de l'air inspiré il perd l'acide carbonique et la vapeur d'eau qu'il contient et il prend de l'oxygène ; de noirâtre qu'il était, il redevient rose ; ce changement de couleur et de propriétés est appelé l'**hématose.** Le sang contenant de l'oxygène est redevenu propre à effectuer dans les tissus de chaque organe la combustion qui entretient la chaleur animale.

Un homme adulte introduit dans ses poumons un demi-litre d'air à chaque inspiration, ce qui fait environ 10 litres par minute et un peu plus d'un demi-mètre cube par heure. Cette quantité, qui peut suffire à l'air libre, est loin d'être suffisante dans un espace clos où l'acide carbonique rejeté vient s'ajouter après chaque expiration ; aussi pour assurer la respiration normale, compte-t-on de 4 à 6 mètres cubes d'air par heure comme la quantité d'air nécessaire dans les espaces fermés où l'on est obligé de séjourner.

Chez l'homme, l'air expulsé ne renferme plus environ que 16 pour 100 d'oxygène au lieu de 21 qu'il contenait au moment de l'inspiration ; par contre, il est chargé d'environ 4 pour 100 d'acide carbonique, tandis que l'air atmosphérique n'en contient que 4 dix-millièmes ; il y a en outre de la vapeur d'eau dont le poids peut atteindre 500 grammes par 24 heures. Ces échanges de gaz se font à travers les parois très minces des vésicules bronchiques et des vaisseaux capillaires nombreux qui amènent le sang. L'oxygène de l'air passe dans le sang par endosmose, il se combine à **l'hémoglobine** des globules sanguins et il rend le sang rouge ; s'il se dissolvait simplement dans le liquide, sa tension augmenterait peu à peu et son absorption diminuerait tandis qu'elle est continue.

L'acide carbonique dissous dans le sang veineux peut d'abord s'échapper dans les vésicules pulmonaires parce que sa tension dans le sang est plus forte qu'elle n'est dans l'air inspiré ; mais en outre la combinaison de l'oxygène avec l'*hémoglobine* du sang chasse l'acide carbonique des sels qui le retiennent. Ainsi l'absorption de l'oxygène produit le changement de coloration du sang et provoque le départ de l'acide carbonique.

La vapeur d'eau qui s'échappe du poumon et qui est visible dans un air froid constitue le phénomène de la **transpiration pulmonaire**. On la met en évidence, même pendant l'été, en soufflant sur un carreau de vitre qui se recouvre d'une buée.

D'où proviennent l'acide carbonique et la vapeur d'eau qui s'exhalent du sang veineux? Ces deux gaz ont été formés par la combustion lente, dans tous les organes, du carbone et de l'hydrogène apportés par les aliments ou empruntés aux tissus. La chaleur animale est l'un des effets de cette **combustion respiratoire** et les deux gaz expulsés en sont les produits immédiats.

C'est **Lavoisier** qui a le premier défini nettement ce caractère de la respiration. Il écrivait en 1789. « La respiration n'est qu'une combustion lente de carbone et d'hydrogène qui est semblable en tout à celle qui s'opère dans une lampe ou dans une bougie allumée, et sous ce point de vue les animaux sont de véritables corps combustibles qui brûlent et se consument. Dans la respiration comme dans la combustion, c'est l'air de l'atmosphère qui fournit l'oxygène. Mais comme dans la respiration c'est la substance même de l'animal qui fournit le combustible, si les animaux ne réparaient pas par les aliments ce qu'ils perdent par la respiration, l'huile manquerait bientôt à la lampe et l'animal périrait. » Lavoisier n'avait pas, dans cette vue d'ensemble si juste, précisé la région du corps où s'accomplit la combustion respiratoire. On sait aujourd'hui que c'est dans le réseau capillaire de chaque organe, c'est-à-dire dans toutes les parties du corps où le sang arrive artériel et d'où il repart sang veineux.

L'air n'est respirable qu'autant qu'il contient la proportion d'oxygène que renferme l'air normal; il cesse de l'être quand cette proportion n'est plus satisfaite ou quand l'oxygène est remplacé par un autre gaz. Le protoxyde d'azote peut remplacer momentanément l'oxygène; mais il produit une insensibilité du système nerveux que l'on met à profit pour les opérations chirurgicales; c'est un anesthésique préférable au chloroforme et à l'éther qui ont été employés avant lui.

L'appareil respiratoire subit d'importantes modifications dans la série animale, notamment pour les animaux à vie aquatique et pour les insectes; elles seront exposées à propos de l'étude des poissons et de celle des invertébrés.

RÉSUMÉ. — La respiration a pour but de mettre le sang en contact avec l'air atmosphérique et de transformer le sang veineux en sang artériel.

L'appareil respiratoire comprend un organe où a lieu le contact du sang et de l'air sur la plus grande surface possible, ce sont les *poumons*, un conduit qui amène l'air dans les poumons; c'est la *trachée-artère*. Ce conduit se divise en deux branches qui se ramifient à l'infini dans chaque poumon, formant ainsi les *bronches* dont les dernières extrémités aboutissent aux vésicules pulmonaires. Les poumons sont formés d'un tissu mou où les vaisseaux sanguins se ramifient et se subdivisent de manière à répandre le sang sur une grande surface. Le poumon droit est plus volumineux que le poumon gauche; ils comprennent entre eux le cœur; ils sont enveloppés par les replis de la *plèvre* qui les protège et les garantit contre les chocs.

Le mécanisme qui fait entrer l'air constitue l'inspiration; le rejet de l'air s'appelle l'expiration. C'est la cavité thoracique qui détermine ce double mouvement ; les côtes se relèvent et en même temps le diaphragme se contracte et abaisse sa courbure; alors la cavité s'agrandit et l'air extérieur pénètre dans les poumons. Par l'abaissement des côtes et le relèvement du diaphragme la cavité diminue de volume et l'air est expulsé.

L'homme adulte introduit un demi-litre d'air dans ses poumons à chaque inspiration et il fait environ vingt inspirations par minute. Il faut donc un demi-mètre cube d'air par heure quand l'air est à sa composition normale; il en faut dix à douze fois plus dans les espaces clos ou dans les appartements pour assurer la respiration.

Outre les phénomènes mécaniques qui provoquent l'entrée et la sortie de l'air des poumons, la respiration comprend des phénomènes physiques et des phénomènes chimiques. Les premiers sont des échanges de gaz : le sang absorbe l'oxygène de l'air qui se combine à la matière colorante de ses globules; il perd en même temps l'acide carbonique et la vapeur d'eau; de noir qu'il était il devient rose; c'est le phénomène de l'*hématose*. Ainsi chargé d'oxygène il redevient propre à l'entretien de la vie.

Le sang rose porté dans tous les organes, répandu par les capillaires, apporte l'oxygène au contact du carbone et de l'hydrogène des aliments et des tissus; il se produit alors une *combustion respiratoire* dont l'effet est la chaleur animale et dont les produits sont l'acide carbonique et la vapeur d'eau que le sang veineux remporte.

C'est **Lavoisier** qui a le premier comparé la respiration à une combustion et montré le véritable rôle de l'oxygène et la cause de la chaleur animale.

L'oxygène est le principe respirable de l'air; quand l'air ne le contient pas dans la proportion voulue, il est irrespirable.

CHAPITRE IV

LE SANG ET LA CIRCULATION

18. Le sang. — La circulation est l'ensemble des actes qui assurent le mouvement continu du sang dans toutes les parties du corps.

Le **sang** est le liquide qui transporte dans tous les organes les éléments nécessaires à leur entretien et à leur développement et qui doit débarrasser le corps de tous les produits de désassimilation. C'est un liquide un peu visqueux, d'un rouge vif qui passe au brun quand il est sorti du corps et exposé à l'air. Il a une odeur âcre, une saveur légèrement salée, une réaction alcaline. Abandonné à lui-même, il perd sa liquidité et prend l'aspect d'une masse molle et élastique; on dit qu'il est *coagulé*; il se partage peu à peu en deux parties; l'une franchement liquide de couleur jaunâtre, c'est le **sérum**; l'autre consistante de couleur brune, c'est le **caillot**. Ce phénomène de la coagulation montre que le sang contient un liquide incolore et une substance colorante qui peuvent spontanément se séparer. Si au lieu de laisser le sang se coaguler à sa sortie du corps, on le bat avec un balai, on voit celui-ci se recouvrir de filaments élastiques qui constituent la **fibrine**; le reste du liquide est coloré et peut encore par le repos se séparer en deux couches; mais il ne se coagule plus : c'est donc à la fibrine dissoute dans le sérum qu'est due la coagulation.

Au point de vue anatomique, le sang est formé de deux parties : le **plasma** qui comprend le sérum avec la fibrine qui y reste dissoute sous l'influence de la vie et les **globules** qui contiennent la matière colorante.

Les globules sont de deux sortes; les rouges qui ont la forme de petits disques circulaires, n'ont pas plus de sept à huit millièmes de millimètre de diamètre chez l'homme : leur nombre est très considérable, on en compte environ cinq millions dans un millimètre cube de sang et s'ils étaient posés tous bout à bout, ils formeraient une file de plus de 175,000 kilomètres de long. La surface totale des globules du sang de l'homme est de plus de 3,000 mètres carrés, et c'est un point important à signaler, puisque ce sont eux qui condensent l'oxygène de l'air dans l'acte de la respiration et qui sont comme les cellules vivantes du sang. Ils doivent leur couleur à une substance appelée *hématine* ou **hémoglobine** qui devient rutilante sous l'influence de l'oxygène. Les globules blancs sont un peu plus gros et bien moins nombreux ; ils proviennent directement du chyle et de la lymphe et ils se transforment peu à peu en globules rouges.

Le **plasma**, qui est la partie liquide du sang vivant, a une composition complexe. On y trouve toutes les substances de l'économie animale et notamment des principes azotés comme la fibrine et l'albumine, des corps gras, comme l'oléine et la cholestérine, des substances sucrées, des sels minéraux et des gaz. Il y a environ 12,5 pour 100 de globules, 7 d'albumine, 0,3 de fibrine, 79 d'eau et 1 de substances diverses.

La *fibrine* est liquide dans le sang vivant ; elle se prend en tissu quand elle sort du corps et elle forme un filet qui emprisonne les globules dans ses mailles et détermine le caillot. Certaines substances, comme le chlorure de fer, déterminent la coagulation et sont employées comme hémostatiques. D'autres substances, au contraire, empêchent la fibrine de se former en tissu ; ainsi le sel et le sulfate de soude retardent ou empêchent la coagulation.

19. Appareil circulatoire. — Comme le sang doit non seulement parcourir le corps mais aussi aller perdre l'acide carbonique et prendre de l'oxygène dans les poumons, il y a deux circulations : la **grande circulation** dans laquelle le sang parti du cœur va dans tous les organes et revient au cœur; la **petite circulation** dans laquelle le sang va du cœur aux poumons, pour revenir au cœur.

Dans chacun de ces deux trajets, il y a deux systèmes de canaux : ceux qui emmènent le sang du cœur soit aux poumons, soit dans toutes les parties du corps et que l'on nomme **artères**; ceux qui ramènent le sang au cœur et qui portent le nom de **veines**; les plus fines ramifications des artères se continuent directement avec les plus fines ramifications des veines dans des vaisseaux très fins dont le diamètre a été comparé à celui d'un cheveu et que l'on appelle les **capillaires**. Le sang accomplit ainsi une révolution complète dans l'appareil vasculaire.

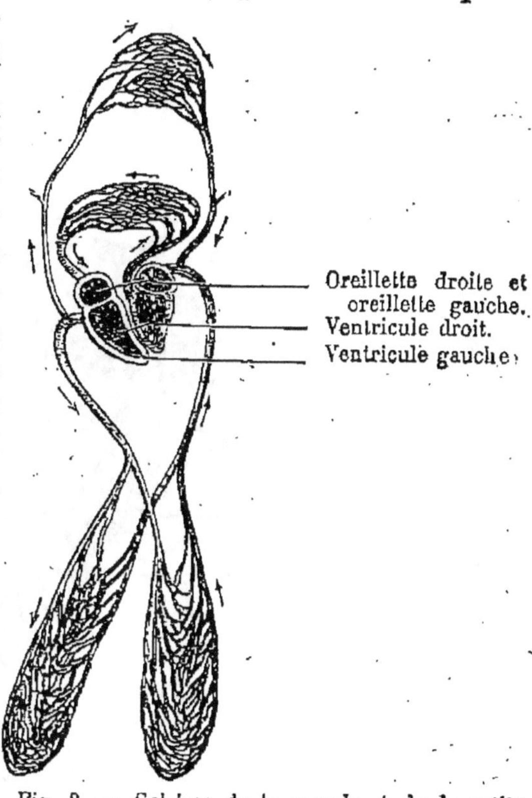

Fig. 8. — Schéma de la grande et de la petite circulation.

20. Le cœur — Le **cœur** est un gros muscle creux de la grosseur du poing et de la forme d'un cône posé la pointe en bas. Il est creusé de quatre cavités : deux **oreillettes** et deux **ventricules** (fig. 9). Chaque oreillette communique seulement avec le ventricule correspondant; c'est donc comme s'il y avait deux cœurs accolés : le *cœur droit* et le *cœur gauche* avec chacun deux cavités. La moitié droite ne renferme jamais que du sang *veineux* ou *noir*, qu'elle reçoit du corps et qu'elle envoie aux poumons; la moitié gauche ne renferme que du sang rouge ou artériel qu'elle reçoit des poumons et qu'elle envoie dans tout le corps (fig. 8).

Le cœur est comme soutenu par les vaisseaux qui y arrivent ou qui en partent : les deux *veines caves* qui débouchent dans l'oreillette droite, l'*artère pulmonaire*

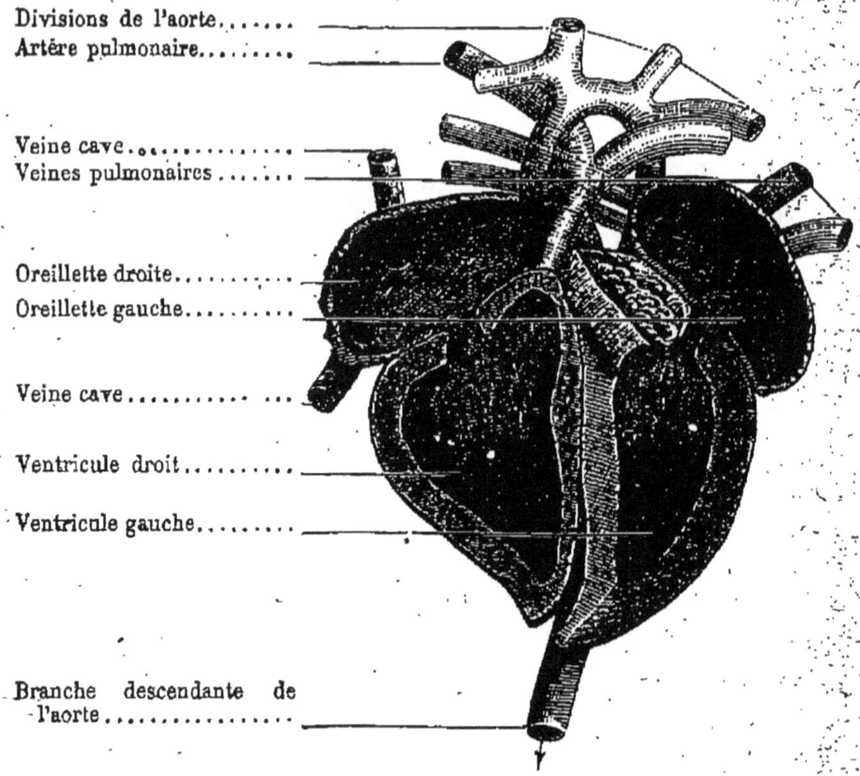

Fig. 9. — Cœur ouvert et vaisseaux qui y aboutissent.

qui part du ventricule droit et se dédouble ; les quatre *veines pulmonaires* qui débouchent dans l'oreillette gauche et l'*artère aorte* qui part du ventricule gauche.

Les parois du cœur sont essentiellement musculaires et leur épaisseur varie avec la force d'impulsion qu'elles doivent développer. Les oreillettes, qui ne doivent chasser le sang que dans les ventricules, sont molles; le ventricule droit, qui n'envoie le sang qu'aux poumons, a des parois bien moins épaisses et bien moins résistantes que le ventricule gauche qui doit pousser le sang jusqu'aux extrémités du corps. Ce dernier forme à lui seul la pointe du cœur.

Les orifices qui font communiquer entre elles les parties du cœur et celles-ci avec les vaisseaux qui y arrivent ou en partent présentent la forme de soupapes formées de lames membraneuses appelées **valvules** et commandées par des cordons tendineux qui les font ouvrir pour laisser passer le sang et se refermer pour l'empêcher de refluer.

Entre l'oreillette droite et le ventricule droit se trouve la valvule *tricuspide;* entre l'oreillette et le ventricule gauche, la valvule *mitrale*. Le sang peut aller des oreillettes dans les ventricules, des ventricules dans les artères. Mais la marche en sens inverse lui est interdite par les replis des valvules, et c'est ainsi que la circulation régulière est assurée.

Les parois du cœur se contractent et se relâchent environ 60 à 70 fois par minute chez les adultes. Les deux oreillettes se contractent ensemble pour faire passer dans les ventricules le sang qu'elles contiennent; les deux ventricules se contractent de même simultanément, mais après les oreillettes. On appelle **systole** l'état de contraction des oreillettes ou des ventricules, et **diastole** leur état de relâchement. On a étudié avec soin ces mouvements à l'aide d'appareils enregistreurs et l'on connaît la durée de la contraction de l'oreillette, celle de la contraction des ventricules, celle du repos qui les sépare. Lorsqu'on place la main sur sa poitrine au niveau de la cinquième côte gauche, on perçoit des chocs successifs et réguliers, ce sont les battements du cœur qui ont lieu au moment de la contraction des ventricules. Les parois de ces ventricules prennent une grande rigidité et rebondissent en quelque sorte sur le liquide sanguin qui se trouve comprimé; c'est ce choc qui est perçu à travers les parois thoraciques comme si tout l'organe lui-même y frappait. Des bruits, que l'on peut percevoir en appliquant l'oreille contre la poitrine, correspondent à ces battements du cœur; c'est d'abord un bruit sourd et prolongé qui correspond à la contraction du ventricule, puis un bruit sec dû au refoulement du sang contre les valvules sigmoïdes qui empêchent son retour des artères dans les ventricules.

La force d'impulsion donnée au sang par le ventricule gauche est considérable; elle est représentée par une pression équivalente à une hauteur d'eau de 2ᵐ, 50.

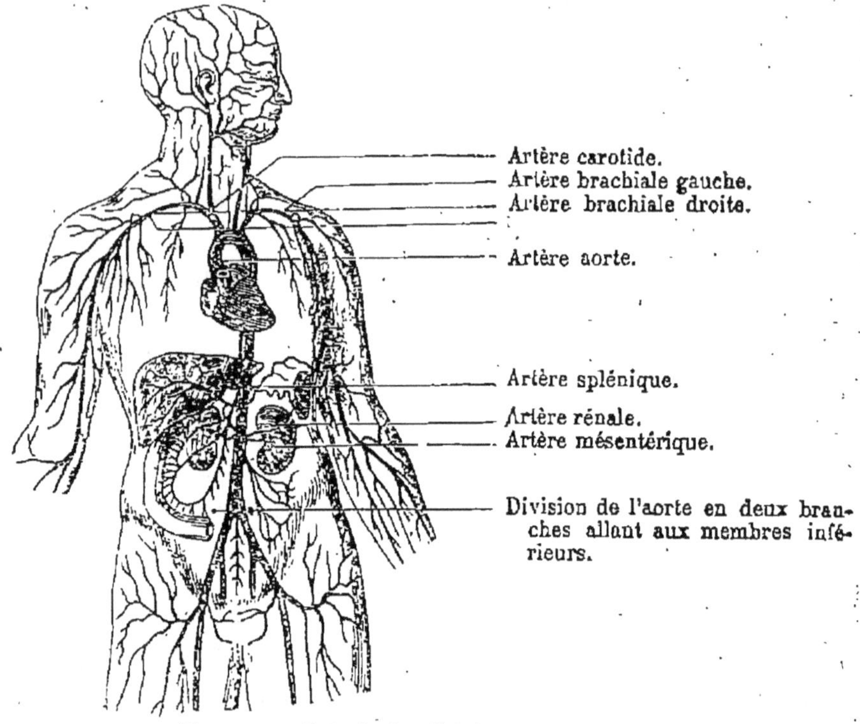

Fig. 10. — Principales divisions de l'artère aorte.

21. Les artères. — Les artères sont les vaisseaux qui reçoivent le sang lorsqu'il est expulsé du cœur par les ventricules. Le tube membraneux qui forme une artère renferme trois membranes : une interne qui continue la paroi interne du cœur, une externe à structure celluleuse, une moyenne, épaisse et élastique, qui tient le vaisseau toujours ouvert même lorsqu'il est vide.

L'aorte est le seul vaisseau qui reçoit le sang envoyé dans tout le corps par le ventricule gauche; toutes les autres artères naissent de l'aorte ou de ses ramifications.

L'aorte remonte au-dessus du cœur en une crosse pour redescendre en avant de la colonne vertébrale et fournir le sang rouge à tous les organes par des canaux secondaires dont les noms sont tirés pour la plupart des organes qu'ils doivent nourrir (fig. 10).

Le sang est lancé du ventricule dans l'aorte par des mouvements intermittents ; mais le rôle des artères n'est pas absolument passif ; leur paroi élastique cède sous la pression qui amène le sang pour réagir ensuite par une compression qui fait cheminer le liquide. Lorsqu'on comprime légèrement avec le doigt contre un os une artère superficielle comme l'artère radiale ou l'artère temporale, on sent que le doigt est soulevé à intervalles réguliers ; c'est le phénomène du **pouls** qui donne d'utiles indications sur l'état de la circulation.

22. Les veines. — Les veines sont plus molles et moins épaisses que les artères ; elles sont en outre dépourvues d'élasticité ; aussi s'aplatissent-elles aussitôt qu'elles sont vides. Beaucoup d'entre elles portent, à l'intérieur, des replis membraneux ou valvules (fig. 11), qui sont destinées à empêcher le sang de retourner en arrière.

Les veines profondes suivent le même trajet que les artères ; les veines superficielles sont plus nombreuses que les artères et tandis que celles-ci n'ont de communication que par le tronc qui leur est commun, les veines communiquent souvent entre elles ; elles ont de fréquentes *anastomoses*.

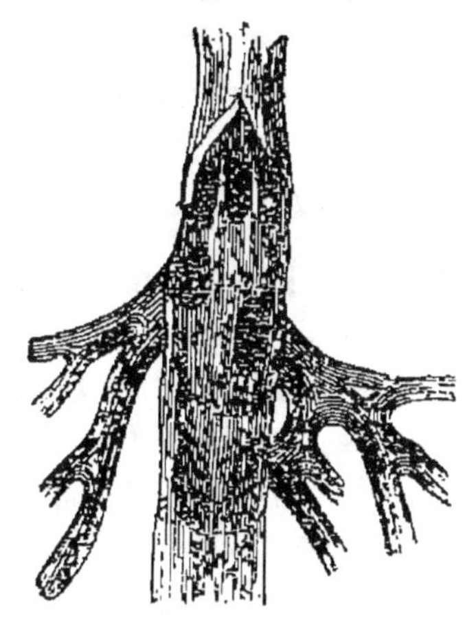

Fig. 11. — Veine ouverte montrant les valvules.

Tout le sang veineux se rassemble avant de rentrer au cœur dans deux grands vaisseaux qui aboutissent à l'oreillette droite : c'est la **veine cave supérieure** qui reçoit le sang de toutes les parties du corps situées au-dessus ou en avant du diaphragme, et la **veine cave inférieure** qui reçoit toutes les veines situées au dessous du diaphragme. Les deux veines caves ont une importante anastomose qui assure la circulation dans le cas où l'un des deux gros troncs se trouverait momentanément obstrué.

23. Mécanisme de la circulation. — Le sang reçoit son impulsion du cœur; il est lancé dans les artères, presse sur les parois de celles-ci qui réagissent par leur élasticité pour le faire marcher en avant et continuer ainsi le rôle du cœur.Quant il arrive dans les veines, sa vitesse est bien diminuée par son passage dans les capillaires et l'impulsion du cœur ne se fait plus sentir. La disposition des valvules sert au retour du sang vers le cœur en l'empêchant de revenir en arrière; le liquide y chemine lentement; mais son mouvement est aidé de tous les mouvements des membres; en effet, toute contraction des muscles qui force le sang à se déplacer le fait nécessairement avancer vers le cœur puisque les valvules l'empêchent de rétrograder. Les mouvements respiratoires eux-mêmes sont utilisés à faire revenir le sang vers l'organe où il recevra une impulsion nouvelle.

24. Circulation lymphatique. — A côté du réseau régulier des vaisseaux sanguins se trouvent d'autres vaisseaux dans lesquels coule lentement, au lieu de sang, un liquide à peu près incolore chargé de corpuscules blancs et appelé la **lymphe**. Les vaisseaux lymphathiques sont nombreux dans toutes les parties du corps; ils sont abondamment pourvus de valvules; ils présentent une apparence bosselée et des renflements qui constituent des ganglions, visibles surtout au voisinage des principaux viscères. Les vaisseaux chylifères paraissent appartenir à ce système de canaux. Les autres réunissent leur contenu dans la *veine lymphatique* qui fait pendant au canal thoracique et qui déverse son contenu dans la veine sous-clavière droite.

Les vaisseaux lymphatiques absorbent le sérum qui a traversé les capillaires sanguins et les humeurs qui imprègnent les tissus ; leurs ganglions s'enflamment souvent à la suite des blessures ou des plaies et peuvent être momentanément le siège d'une suppuration plus ou moins douloureuse.

RÉSUMÉ. — La **circulation** est l'ensemble des actes qui assurent le mouvement continu du sang dans toutes les parties du corps.

Le **sang** est un liquide rouge, formé des matériaux extraits des aliments et propre à nourrir les organes, c'est-à-dire à réparer leurs pertes, à les entretenir et à les accroître. Il est très liquide sous l'influence de la vie et contient une multitude de petits *globules* que l'on considère comme des cellules vivantes et comme la partie essentielle du sang Il se coagule quand il est extrait des vaisseaux qui le contiennent : il se sépare en deux parties : une liquide d'une coloration pâle appelée *sérum* et une masse noirâtre appelée le *caillot.* Il chemine sans cesse dans des canaux complètement clos où il est mis en mouvement par un organe central, le *cœur,* situé entre les deux poumons.

L'appareil circulatoire chez l'homme doit assurer au sang un double mouvement : envoyer ce liquide dans tout le corps, c'est la *grande circulation,* le prendre à l'organe central et l'y ramener après l'avoir conduit aux poumons, c'est la *petite circulation.*

Il faut pour ces deux trajets un organe central qui soit à la fois un réservoir et un organe impulseur et deux systèmes de canaux, les uns emmenant le sang de l'organe central, les autres destinés à l'y ramener. L'organe central, c'est le **cœur** ; les deux catégories de vaisseaux sont les **artères** et les **veines.**

Le **cœur** est un gros muscle creux de la grosseur du poing et de la forme d'un cône posé la pointe en bas. Il est creusé de quatre cavités : deux **oreillettes** et deux **ventricules.** Chaque oreillette communique seulement avec le ventricule correspondant ; c'est donc comme s'il y avait deux cœurs accolés : le *cœur droit* et le *cœur gauche* avec chacun deux cavités. La moitié droite ne renferme jamais que du sang *veineux* ou *noir,* qu'elle reçoit du corps et qu'elle envoie aux poumons ; la moitié gauche ne renferme que le sang *rouge* ou *artériel* qu'elle reçoit des poumons et qu'elle envoie dans tout le corps.

Le cœur est comme soutenu par les vaisseaux qui y arrivent ou qui en partent : les deux *veines caves* qui débouchent dans l'oreillette droite, *l'artère pulmonaire* qui part du ventricule droit et se dédouble ; les quatre *veines pulmonaires* qui débouchent dans l'oreillette gauche et *l'artère aorte* qui part du ventricule gauche.

Les parois du cœur sont musculaires ; elle se contractent pour pousser le sang des oreillettes dans les ventricules et de ceux-ci dans les vaisseaux artériels. Les battements du cœur répondent à la contraction du ventricule gauche poussant le sang dans l'artère aorte.

Les **artères** ont dans leurs membranes un tissu élastique qui les tient toujours ouvertes. L'artère aorte qui part du ventricule gauche remonte un peu pour redescendre ; elle forme ainsi une coudure qu'on appelle la *crosse* de l'aorte. C'est de ce gros vaisseaux que partent toutes les artères qui vont se ramifier dans chaque organe.

Les **veines** sont plus molles et peuvent s'aplatir lorsqu'elles sont vides ; mais elles présentent des valvules qui s'opposent au retour du sang. Les veines sont en plus grand nombre que les artères et elles ont de fréquentes communications entre elles. Ordinairement elles sont posées moins profondément sous la peau. Toutes les veines se ramifient en deux gros troncs, les deux *veines caves*, supérieure et inférieure.

Le mouvement du sang est dû aux contractions du cœur qui s'effectuent régulièrement. A chaque contraction du ventricule gauche, il pénètre du sang dans l'artère aorte et par elle dans tout le réseau. L'aorte se ramifie en gros troncs qui se divisent à l'infini pour porter le sang dans chaque organe. De minces vaisseaux appelés **capillaires** réunissent les artères aux dernières ramifications des veines ; et le sang, après s'être disséminé, se rassemble et revient au cœur par deux gros vaisseaux seulement.

A côté du réseau sanguin se trouvent les canaux de la **lymphe** qui contiennent un liquide blanc avec des globules blancs et qui présentent des renflements appelés ganglions, surtout aux abords des principaux viscères. Ces ganglions déversent leur contenu dans la veine lymphatique qui fait le pendant du canal thoracique et qui se termine à la veine sous-clavière droite.

CHAPITRE V

LES SÉCRÉTIONS ET LES APPAREILS D'ÉLIMINATION

25. Les sécrétions. — En même temps que le sang reçoit les matériaux nouveaux que la digestion lui apporte, il doit perdre des substances devenues inutiles et qui seront rejetées au dehors et d'autres qui seront immédiatement utilisées dans l'organisme ou momentanément emmagasinées pour être employées plus tard. C'est à cette extraction de produits divers tirés du sang par des organes spéciaux qu'on donne le nom de **sécrétions**.

La sécrétion qui est, comme la digestion, la respiration et la circulation, une des grandes fonctions, s'opère dans des organes appelés **glandes**. Une glande dans sa forme la plus simple est un sac ou un tube dont la paroi est abondamment baignée de sang et jouit de la propriété d'extraire du sang, avec l'eau, un produit spécial utile à l'organisme ou destiné à être éliminé ou excrété. Les glandes complexes peuvent être considérées comme une réunion de glandes simples déversant leur produit dans un canal commun qui devient le *canal excréteur* de la glande composée.

Il est difficile de classer nettement les produits des sécrétions, car s'il en est qui sont purement et simplement rejetés, comme l'urine, il en est d'autres, comme la bile, qui accomplissent une fonction avant d'être expulsés, ou comme les larmes qui servent à la vision avant de s'écouler, ou comme la sueur qui est par son évaporation et le refroidissement qu'elle provoque un pondérateur de la chaleur, ou comme le lait qui, sans être utile à l'être qui le produit, joue en dehors de lui un rôle très important. Mais la plupart peuvent être considérés comme des produits rejetés par certains éléments anatomiques et cependant utilisés au profit de l'organisme tout entier.

De tous les appareils éliminatoires, les deux plus importants sont la *peau* et les *reins*; la peau et les muqueuses internes, en communication avec l'air, qui perdent de la vapeur d'eau par la transpiration cutanée et pulmonaire, les reins qui excrètent les substances azotées. Et parmi les sécrétions, outre celle des larmes, celle des liquides utilisés dans la digestion, celle des membranes séreuses qui sont destinées à favoriser les articulations ou à amortir les frottements, il convient de citer particulièrement l'élimination de l'urine, la production de la graisse et la formation du lait.

26. Sécrétion urinaire. — Le *rein* est le principal appareil chargé de débarrasser le corps des produits azotés inutiles et dont la présence pourrait devenir un danger pour l'organisme.

Le **rein** (fig. 12) est un organe double formé d'un tissu serré, abondamment nourri de sang, dans lequel sont une multitude de tubes qui extraient du sang le liquide spécial appelé *urine ;* ces tubes déversent l'urine dans

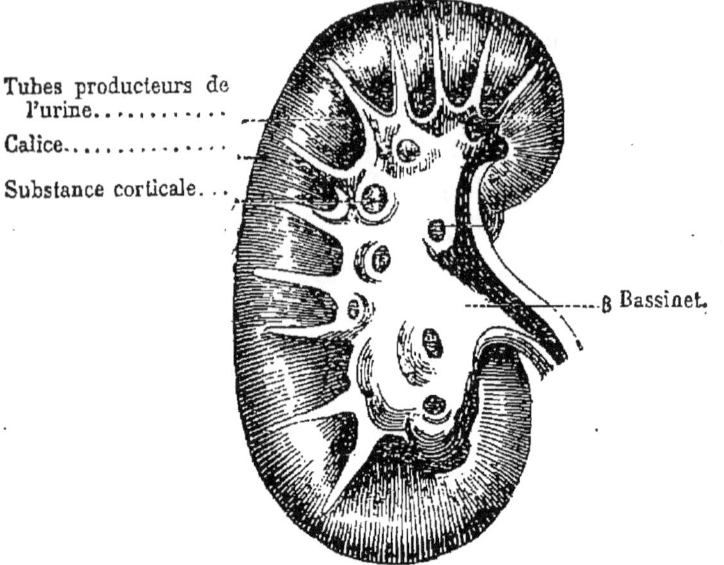

Fig. 12. — Rein coupé pour montrer l'organisation intérieure.

une cavité appelée le *bassinet* et elle est conduite par un tube appelé *uretère* dans la **vessie** pour être rejetée au dehors.

Les deux reins sont situés au-dessous du diaphragme, tout près de la colonne vertébrale ; chacun d'eux a la forme d'un haricot, et c'est dans sa concavité que pénètrent les vaisseaux qui y portent le sang et que sort l'uretère qui conduit l'urine dans la vessie.

La vessie est une poche ayant environ le volume d'un demi-litre.

L'urine contient un principe azoté, l'**urée**, qui représente la forme sous laquelle les matériaux azotés sont expulsés de l'organisme. C'est à la transformation de cette urée à l'air qu'est due l'odeur ammoniacale de l'urine en décomposition.

A la suite d'un régime exclusivement azoté, il se forme une trop grande quantité d'acide urique que les reins ne peuvent extraire complètement. Alors l'urine qui en est chargée dépose dans la vessie des sels solides qui peuvent s'y fixer et constituer la *gravelle* ou les *calculs* urinaires; ou bien l'acide urique va former des nodosités aux articulations et constitue la goutte.

Le rein peut extraire du sang d'autres produits que ceux qu'il élimine normalement. S'il sécrète du sucre ou de l'albumine, c'est le symptôme du diabète ou de l'albuminurie, deux indispositions de l'organisme l'une et l'autre très graves.

Ordinairement les reins d'un adulte de taille moyenne extraient du sang environ 1,300 grammes de liquide contenant 30 grammes d'urée ou 14 grammes d'azote. Ce n'est pas tout l'azote qui sort de l'organisme en un jour, car la sueur en élimine environ 5 grammes. Ainsi, en tenant compte de tout ce qui est journellement expulsé, on trouve 2,000 grammes d'eau, 310 grammes de carbone et 20 grammes d'azote, et il importe que la ration d'entretien puisse au moins compenser ces pertes.

27. La graisse. — Parmi les produits sécrétés qui ne sont pas rejetés au dehors et qui séjournent dans l'organisme, les plus importants sont les *matières grasses*, les huiles chez les vertébrés aquatiques, les graisses chez les vertébrés terrestres.

On trouve de la graisse dans toutes les parties du corps, mais surtout au voisinage des viscères importants comme le cœur et les reins, dans les replis du péritoine et sous la peau. La graisse ne sert pas seulement de coussin protecteur pour les organes qu'elle enveloppe, elle forme aussi autour d'eux une couche peu conductrice qui diminue la déperdition de la chaleur par la peau. Mais c'est au point de vue nutritif qu'elle joue le rôle le plus important ; c'est une réserve de matériaux que l'organisme peut reprendre peu à peu quand les aliments ne lui fournissent plus assez de matière assimilable, comme c'est le cas chez l'homme dans certaines maladies portant sur les fonctions de nutrition ; c'est surtout très sensible chez les animaux hivernants qui sont chargés d'une grande quantité de graisse au commencement de la saison froide et qui sortent amaigris de leur sommeil léthargique ; la graisse les a nourris et les a en outre protégés contre un refroidissement trop rapide.

La formation de la graisse chez les animaux peut être favorisée par une alimentation riche et par certaines conditions que les éleveurs savent réunir et mettre en pratique.

28. Le lait. — Le lait est le produit de la sécrétion opérée par les **glandes mammaires** des femelles des mammifères ; il n'est pas utile à l'individu qui le produit, mais il doit servir à nourrir les jeunes. Le lait contient les trois catégories de matières nutritives qui entrent dans la composition des aliments, il y a des matières *albuminoïdes*, des matières *grasses* et des matières *sucrées ;* c'est donc un aliment complet. Quand on l'abandonne dans un endroit frais, la matière grasse se rassemble à la partie supérieure et constitue la crème, qui battue prendra la forme solide et donnera le beurre. Le reste du lait se sépare en deux parties, une portion coagulée en grumeaux blancs qui contient la **caséine**, la substance albuminoïde la plus importante du lait, et un liquide, le petit lait, qui contient le **sucre de lait**, et qui peut fermenter ou s'aigrir en se transformant en acide lactique.

La caséine coagulée est la base des fromages.

Le lait frais, la crème, le beurre, les fromages divers sont pour l'homme des aliments très nutritifs et très appréciés.

RÉSUMÉ. — Les **sécrétions** ont pour but d'extraire de l'organisme des produits liquides ou solides destinés à être de nouveau utilisés par lui ou rejetés comme inutiles.

Parmi les sécrétions tirant du sang des liquides utiles à l'organisme, on peut citer celle des larmes, celles des liquides employés à la digestion, celles des liquides séreux qui favorisent les frottements dans les articulations. La sécrétion la plus importante de produits à rejeter est celle de l'urine.

Le principal appareil chargé de débarrasser le corps des produits azotés inutiles qui pourraient être dangereux pour l'organisme, c'est l'appareil urinaire dont l'organe principal est le **rein.**

Le rein est un organe double formé d'un tissu compact abondamment nourri de sang, dans lequel sont une multitude de tubes qui extraient du sang le liquide spécial appelé *urine* ; l'urine est conduite dans la vessie pour être rejetée au dehors.

L'urine contient un principe azoté, l'*urée*, qui représente la forme sous laquelle les matériaux azotés sont expulsés de l'organisme. C'est à la transformation de cette urée à l'air qu'est due l'odeur ammoniacale de l'urine en décomposition.

La *graisse* est un produit secrété pour séjourner dans l'organisme et y servir à un moment donné. Elle s'accumule autour des viscères et sous la peau ; elle empêche la déperdition de la chaleur et elle peut constituer une réserve alimentaire.

Le *lait* est un liquide sécrété par les glandes mammaires et destiné à nourrir les jeunes mammifères. C'est un aliment complet avec la caséine ou lait caillé, la crème ou le beurre, et le petit lait qui contient le sucre de lait. Le lait frais, le beurre, les fromages dont la caséine est la base sont des aliments très nutritifs.

CHAPITRE VI

LE SYSTÈME NERVEUX

29. Divisions du système nerveux. — Tous les organes du corps sont reliés par des conducteurs spéciaux, les **nerfs**, à un organe central qui gouverne la sensibilité et les mouvements et qui établit l'harmonie entre toutes les fonctions. Cet appareil, qui est comme le régulateur de la vie, comprend deux parties dont l'une continue l'autre, l'**encéphale**, abritée par le crâne et la **moelle épinière** contenue dans la colonne vertébrale. L'ensemble formé par l'encéphale, la moelle épinière et le réseau des nerfs qui en partent constitue le **système nerveux**.

L'encéphale comprend le *cerveau*, le *cervelet* et la *moelle allongée ;* toutes ces parties, comme aussi la moelle épinière sont protégées par trois enveloppes que l'on nomme les **méninges :** la *pie-mère,* membrane

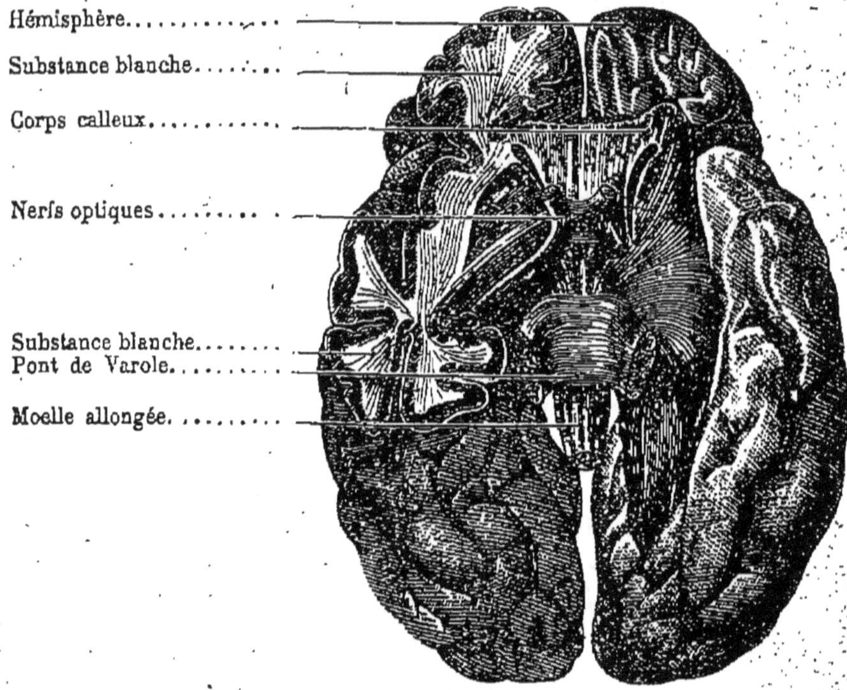

Fig. 13. — Cerveau humain (vu en dessous).

fine qui comprend le réseau des vaisseaux sanguins, l'*arachnoïde,* qui est séreuse, et le *dure-mère,* plus épaisse et plus forte, fibreuse et résistante, qui sert de soutien aux différentes parties qu'elle recouvre et qu'elle protège.

30. L'encéphale. — Le **cerveau** constitué à lui seul la presque totalité de la masse nerveuse contenue dans la cavité du crâne. Son poids moyen chez l'homme est de 1,200 grammes, tandis que le cervelet ne pèse qu'environ 180 grammes, la moelle allongée 25 et la moelle épinière 40.

Vu en dessus, il apparaît comme formé de **deux hémisphères** séparés par une scissure profonde où pénètre un repli de la dure-mère, mais réunis à leur base par une masse blanche appelée le **corps calleux**. La surface présente des **anfractuosités** que l'on a appelées les **circonvolutions** cervicales à cause de leur ressemblance d'aspect extérieur avec les circonvolutions de l'intestin ; ce sont des sillons irréguliers et peu profonds que l'on ne remarque que sur le cerveau de l'homme et sur celui de quelques classes de mammifères.

Vu en dessous (fig. 13) le cerveau présente, d'avant en arrière, d'abord les *lobes olfactifs* d'où partent les nerfs de l'odorat, puis les *lobes optiques*, puis la *moelle allongée* et le *cervelet*.

Coupé, il laisse voir deux substances, une blanche qui occupe le centre et une grise répandue à la périphérie, deux masses centrales de substance grise, le *corps strié* et les *couches optiques*, des espaces vides nommés *ventricules*, une sorte de voûte appelée la *voûte à trois piliers*.

Le **cervelet** se compose de trois parties, deux lobes latéraux et symétriques et un plus petit situé entre eux ; les deux lobes sont unis par un gros cordon fibreux qui enserre la moelle allongée et qu'on appelle le **pont de Varole**. Le cervelet est séparé du cerveau par un prolongement de la dure-mère, mais il en sort deux cordons qui vont passer au dessous des tubercules quadrijumeaux et vont ensuite se perdre dans la substance du cerveau Les substances grise et blanche ont la même disposition que dans le cerveau ; mais cette dernière est disposée en arborescences qui avaient frappé les anciens anatomistes et reçu le nom d'*arbre de vie*.

La moelle allongée réunit le cerveau et le cervelet à la moelle épinière dont elle est la portion supérieure ; elle est formée de quatre cordons dont deux vont aux pédoncules postérieurs du cervelet et les autres aux pédoncules cérébraux puis aux couches optiques et au corps strié. Dans cette partie à laquelle on donne aussi le nom de *bulbe rachidien*, les fibres s'entrecroisent et celles de l'hémisphère droit du cerveau communiquent avec le sillon gauche de la moelle épinière.

Douze paires de nerfs, dits **nerfs crâniens**, prennent naissance sur l'encéphale, cinq sortent du cerveau, les autres de la moelle allongée; ils sont destinés à assurer la sensibilité et le mouvement des principaux organes de la tête.

31. La moelle épinière et les nerfs.— La moelle épinière est un long cordon contenu dans le canal rachidien qui est formé par la réunion des trous des vertèbres compris entre le corps et les arcs de chacune d'elles. Le cordon nerveux s'étend jusqu'au milieu des vertèbres lombaires et là il se termine par des nerfs destinés au bassin ou aux jambes et dont l'ensemble constitue ce que l'on appelle la *queue de cheval*. Il est renflé en deux points de sa longueur qui correspondent à l'origine des nerfs allant aux membres.

Tout le long de la ligne médiane, la moelle, aussi bien en avant qu'en arrière, porte un sillon profond; c'est donc comme si elle était formée de deux parties longitudinales, l'une à droite, l'autre à gauche. Cette disposition est intéressante à observer en même temps que l'insertion des nerfs sur la moelle qui émergent tous deux à deux, l'un à droite, l'autre à gauche, pour sortir par les trous de conjugaison des vertèbres (fig. 14).

Il y a trente-une paires de **nerfs rachidiens** prenant naissance sur la moelle épinière. Tous ont deux racines au même niveau, l'une fournie par le cordon postérieur, l'autre par le cordon antérieur; elles s'unissent en formant un petit renflement avant de sortir du canal rachidien pour constituer le nerf.

Les nerfs qui se rendent aux membres sont au nombre de cinq pour chaque membre, un pour chaque doigt.

Séparation des hémisphères du cerveau.

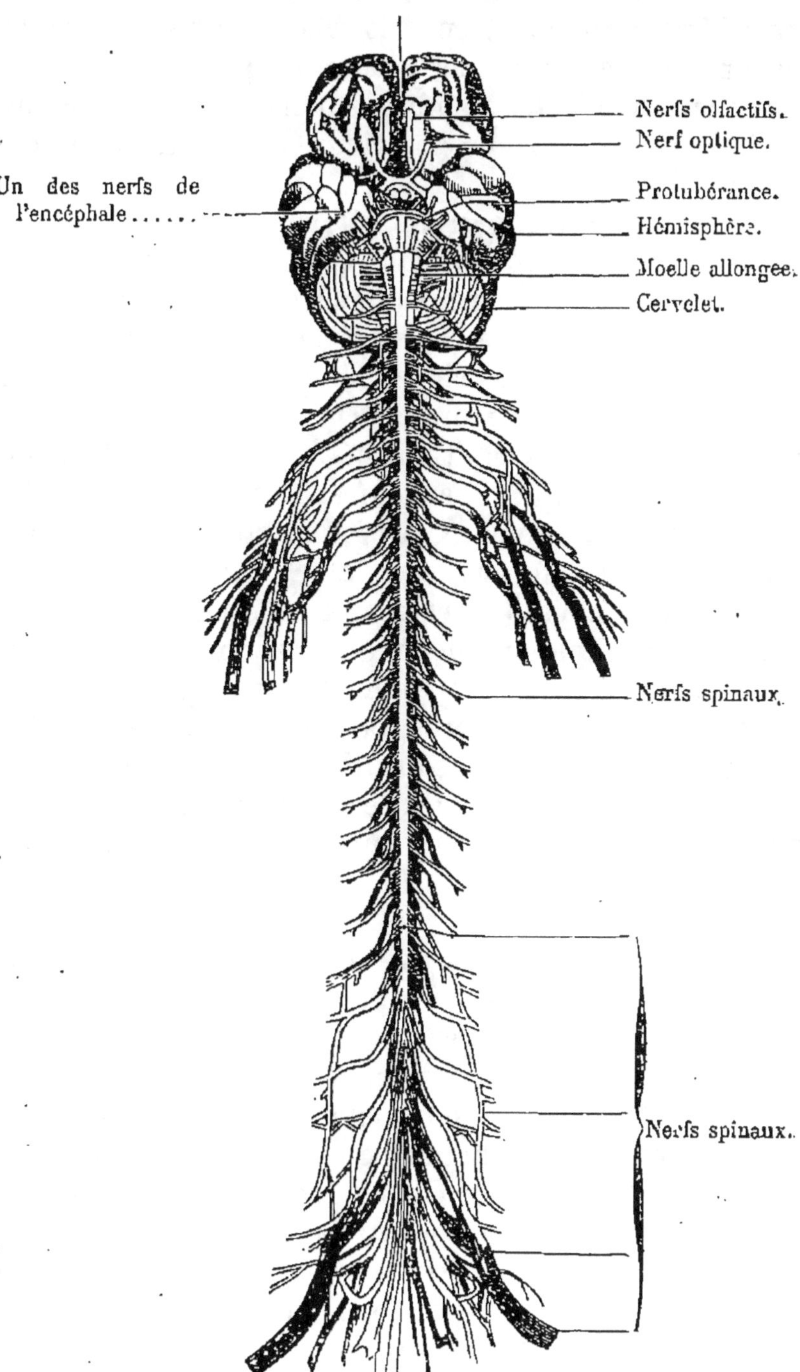

Fig. 14. — Système nerveux cérébro-spinal.

Avant de pénétrer dans le membre, les cinq nerfs offrent de nombreuses anastomoses; leurs filaments sont mêlés et leurs fibres s'enchevêtrent à la façon des fils d'un écheveau embrouillé; on donne le nom de **plexus** à cette disposition : celui du membre supérieur est le plexus brachial; celui du membre inférieur, le plexus lombaire.

32. Le grand sympathique. — La moelle épinière donne encore naissance, outre les nerfs rachidiens, à un appareil nerveux dont les rameaux vont aux viscères et aux vaisseaux; c'est le *grand sympathique* qu'on a longtemps décrit comme l'appareil nerveux exclusif de la vie organique. On peut considérer cet appareil comme s'il était formé de deux chaînes de ganglions symétriques par paires, reliés à la moelle épinière par des rameaux nerveux qui s'accolent aux nerfs rachidiens et qui envoient dans les principaux viscères des ramifications. Les rameaux issus des ganglions du grand sympathique ont de fréquentes anastomoses ou forment de nombreux plexus dans les principaux organes où ils se rendent; leurs fibres sont souvent mêlées à celles des nerfs rachidiens et presque tous ceux-ci en possèdent un filet joint aux deux sortes de fibres qui les mettent en communication avec les deux substances grise et blanche de la moelle.

33. Fonctions du système nerveux. Les nerfs. — Les nerfs ne diffèrent pas les uns des autres par l'aspect extérieur : ce sont toujours des cordons qui se divisent en filaments dans les organes où ils se rendent. Mais ces organes sont eux-mêmes si différents dans leurs fonctions que les nerfs ne sauraient tous avoir le même rôle. On en distingue deux sortes, les **nerfs sensitifs** et les **nerfs moteurs**.

Si l'on coupe le nerf optique, en un point quelconque de son parcours, la sensation visuelle disparaît; il n'y a donc aucun point dans toute la longueur du nerf qui puisse apprécier les impressions lumineuses, le nerf n'est qu'un intermédiaire chargé de transmettre ces impressions à un organe central, le cerveau, qui les transforme en *sensations*. Il en est de même de tous les nerfs exclusivement sensitifs; ils conduisent au cerveau les impressions qu'ils ont reçues; on les a appelés pour cette raison **nerfs centripètes.**

Si on coupe un autre nerf comme le nerf facial qui se distribue dans les muscles de la face, aussitôt tous les muscles auxquels se rendaient les ramifications de la branche coupée sont paralysés; ils sont soustraits à l'action de la volonté, ils cessent de se mouvoir. On en conclut que l'excitation qui fait contracter les fibres musculaires de la face émane du cerveau. Comme elle chemine du centre vers la périphérie, en sens contraire de la précédente, que sa direction est centrifuge, on a donné le nom de **nerfs centrifuges** aux nerfs excités par le cerveau comme le sont les nerfs moteurs.

Les nerfs rachidiens paraissent être mixtes, mais ce n'est qu'une apparence. Ils ont des fibres sensitives nées de la partie postérieure de la moelle épinière et des fibres motrices nées de la racine antérieure, et ces fibres demeurent indépendantes de leurs voisines sur tout le trajet du nerf.

Les fibres nerveuses sont toutes semblables entre elles au point de vue de la structure et aussi au point de vue de leur fonction qui est de *conduire* les excitations. Si leurs propriétés paraissent différentes, c'est que les unes aboutissent à des portions différentes des centres nerveux et que les autres se rendent à des organes périphériques divers. C'est dans les centres nerveux seulement que les excitations venues de la périphérie par les nerfs centripètes se changent en sensations distinctes, par exemple que les ébranlements du nerf optique donnent la sensation lumineuse. C'est dans les muscles seulement que les excitations venues des centres nerveux et transportés par les nerfs centrifuges se transforment en mouvement.

Les ganglions nerveux. Le grand sympathique. — Les ganglions où viennent se croiser les fibres d'un nerf centrifuge avec celles d'un nerf centripète sont de véritables centres nerveux : les excitations apportées de la périphérie peuvent y être transmises à des fibres motrices ou centrifuges et reportées à des organes périphériques comme les muscles, ou à des glandes, sans que la volonté ait besoin d'intervenir. Cette propriété des ganglions de changer ainsi la direction des ébranlements nerveux, comme pourrait le faire le cerveau, s'appelle leur **pouvoir réflexe**.

C'est le système du grand sympathique qui présente le plus de ganglions et c'est sous sa dépendance que se trouvent les organes de la nutrition dont la fonction s'accomplit sans aucune participation de la volonté. Parmi les mouvements variés qu'il commande, ceux des vaisseaux sont tout particulièrement importants. S'il les laisse se dilater dans une glande ou dans un muscle, la sécrétion de l'une est plus abondante, le travail de l'autre plus complet; il est ainsi, non seulement le régulateur du cœur et des organes respiratoires, mais de toute la nutrition en général.

La moelle épinière. — La moelle épinière fonctionne à la fois comme un conducteur des deux ordres d'excitations, centripètes et centrifuges. Les racines motrices des nerfs sont en rapport avec les cordons antérieurs de la moelle; les ordres de mouvements sont transmis du cerveau aux nerfs par ces cordons et de là à la périphérie : la section de ces cordons paralyse les mouvements dans toutes les parties du corps au-dessous du point sectionné.

La section de la moelle abolit la sensibilité, ce qui prouve que la substance grise conduit les excitations sensitives au cerveau où elles sont transformées en sensations.

La moelle possède comme les ganglions le *pouvoir réflexe*; elle renvoie à la périphérie, sous forme d'excitations motrices, des excitations sensitives qui lui arrivent et sans que la volonté de l'animal y soit pour rien.

Le cervelet et le cerveau. — Les lésions du pont de Varole et des hémisphères ont une action croisée ; elles affectent le côté du corps opposé à celui où elles ont été faites. Ainsi, qu'une hémorragie se déclare dans l'hémisphère droit, ce sont les muscles du côté gauche du corps et ceux du côté droit de la face qui sont paralysés ; l'action est directe sur la face qui reçoit directement ses nerfs du cerveau ; elle est renversée pour le corps par l'entrecroisement des fibres nerveuses dans la partie supérieure de la moelle allongée. Dans cette *hémiplégie*, le mouvement et la sensibilité peuvent être détruits ensemble ou séparément, ce qui prouve que les hémisphères cérébraux tiennent sous leur dépendance aussi bien la sensation que les mouvements.

La lésion d'une des pédoncules du cervelet fait tourner l'animal sur lui-même par la paralysie de certains groupes de muscles qui détruit la coordination des mouvements.

L'ablation des tubercules quadrijumeaux rend les animaux aveugles.

Les lésions des hémisphères sont tout particulièrement graves ; si on a pu les pratiquer sur certains animaux, chez l'homme elles entraîneraient la mort. C'est dans les hémisphères que résident les centres locomoteurs, comme aussi le centre des sensations. C'est de là que partent les ordres des mouvements volontaires et c'est là qu'aboutissent les sensations pour donner naissance aux idées, aux jugements et à la volonté.

RÉSUMÉ. — Toutes les parties de l'organisme sont reliées par des conducteurs spéciaux à un appareil central qui leur donne la sensibilité et le mouvement : c'est le *système nerveux*.

Il se compose de deux parties distinctes : l'encéphale comprenant le cerveau, le cervelet et la moelle allongée, puis la moelle épinière et les nerfs.

Le cerveau, contenu dans la boîte crânienne, est une masse de forme ovoïde, composée de deux hémisphères réunis par leur base et présentant à sa surface supérieure des circonvolutions ou des anfractuosités. Sa section montre deux substances, une blanche au centre, une grise à la périphérie.

Le cervelet, posé en arrière et en dessous du cerveau, est d'un volume moindre que l'organe précédent, mais il est formé des deux mêmes substances ayant la même disposition.

La moelle allongée est la partie supérieure de la moelle épinière ; elle communique à la fois au cervelet et au cerveau.

La moelle épinière est un long cordon contenu dans le canal rachidien formé par les vertèbres ; elle est composée en grande partie de substance blanche, mais elle contient au centre des fibres de substance grise en communication comme les premières avec les deux substances du cerveau.

Toutes ces parties sont enveloppées par trois membranes que l'on appelle les *méninges* et qui autour du cerveau prennent les noms de l'intérieur à l'extérieur de pie-mère, d'arachnoïde et de dure-mère.

Les **nerfs** sont des cordons formés de fibres accolées, allant du cerveau ou de la moelle épinière vers les divers organes du corps. Il sort de l'encéphale douze paires de nerfs dont la plupart sont destinés à des sensibilités spéciales, notamment aux organes des sens. Ce sont les nerfs crâniens.

A la hauteur de chaque vertèbre, la moelle épinière produit deux nerfs symétriques, l'un à droite, l'autre à gauche ; et chacun naît par deux groupes de racines, les unes en communication avec la substance blanche, les autres avec la substance grise.

Ces nerfs rachidiens sont à la fois sensitifs et moteurs, c'est-à-dire qu'ils portent au cerveau les impressions reçues par l'organe où ils se rendent et ils portent dans l'organe les ordres de mouvement venus du cerveau.

Les nerfs ne sont que des conducteurs ; l'encéphale possède seule la direction de tout l'organisme ; tous les ordres en partent et toutes les informations viennent y aboutir. Les ganglions où sont rassemblées à la fois des fibres motrices et des fibres sensitives peuvent aussi fonctionner comme des centres nerveux et permettent d'expliquer les mouvements réflexes dans lesquels la volonté n'a point de part.

Le cerveau est le plus important des centres nerveux ; c'est lui qui est spécialement le siège de nos sentiments, de nos volontés, de toutes nos facultés intellectuelles. C'est un des organes les plus actifs et les plus délicats : les grandes émotions, les passions violentes, l'intempérance peuvent y produire des troubles graves et amener la démence ou la paralysie.

Les mouvements des appareils de la nutrition, cœur, poumons, etc., ne sont pas soumis à l'influence de la volonté ; ils dépendent de filaments nerveux spéciaux mis en rapport avec l'encéphale et la moelle épinière et constituant le système du grand sympathique appelé aussi système nerveux de la vie organique.

CHAPITRE VII

LES ORGANES DES SENS

34. Les sens. — Toutes les impressions que nous laissent les corps et qui nous les font distinguer les uns des autres peuvent être rangées en cinq catégories distinctes à chacune desquelles correspond un organe et ce que nous appelons un *sens*.

L'homme et les animaux supérieurs possèdent cinq sens : le **toucher**, le **goût**, l'**odorat**, l'**ouïe** et la **vue**. Le premier s'exerce par toute la peau, tandis que les autres sont localisés dans des organes particuliers tous situés dans la tête, chez l'homme et les principaux vertébrés et contenant tous les terminaisons des nerfs reliés directement au cerveau et qui en constituent la partie principale.

I. — LE TOUCHER

35. La peau. — Le toucher nous fait apprécier la forme des corps, leurs dimensions, leur dureté, en un mot leurs caractères physiques.

C'est la peau qui en est l'organe par la grande quantité de nerfs qui viennent s'y terminer.

La peau comprend deux parties : le **derme**, ou couche profonde qui contient des vaisseaux et des nerfs, et l'**épiderme**, ou couche superficielle qui en est dépourvu.

Le derme a une couche inférieure où se déposent parfois un grand nombre de cellules graisseuses (chez le porc, cette couche, très développée, constitue le lard); la couche la plus externe est formée d'un tissu serré qui contient les fibres musculaires, et un grand nombre de petites saillies isolées ou réunies en groupes auxquelles on donne le nom de **papilles**. C'est dans le derme que sont contenues les *glandes* qui produisent la sueur, et les follicules dans lesquels naissent les poils (fig. 15).

L'épiderme a une partie superficielle ou cornée et une partie plus interne; l'une et l'autre sont formées exclusivement de cellules. L'épaisseur de la couche cornée est très inégale à la surface du corps; elle varie de trois centièmes de millimètre jusqu'à plus de trois millimètres; elle est surtout épaisse à la plante des

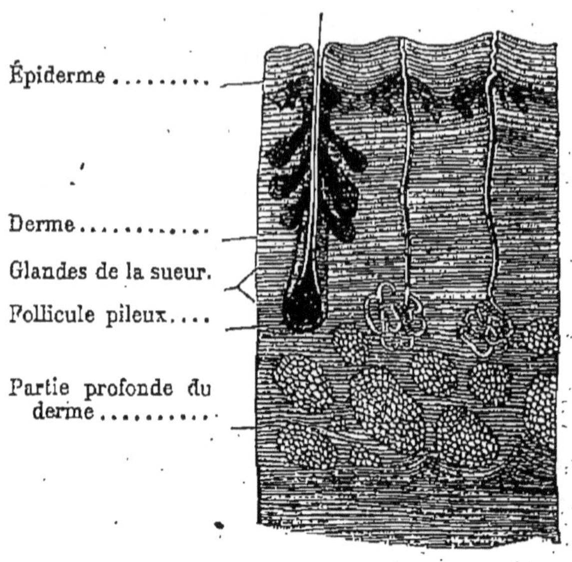

Fig. 15. — Peau.

pieds. Par un frottement répété, l'épiderme se durcit et devient calleux; par un frottement trop prolongé, les parties profondes de l'épiderme se détruisent et la couche cornée se soulève en formant une *ampoule.*

Les couches superficielles de l'épiderme se renouvellent incessamment; elles s'émiettent ordinairement en petites plaques qui se détachent et tombent, à moins qu'elles ne se détachent en une seule pièce comme chez les serpents qui sortent de leur épiderme comme d'un fourreau.

Les **papilles** *du derme* sont les unes garnies de vaisseaux, tandis que les autres contiennent les terminaisons des nerfs, sous le nom de *corpuscules du tact.* Ce sont ces dernières qui constituent les parties sensibles destinées à percevoir les impressions tactiles. Les papilles sont nombreuses aux lèvres, à la face, dans la paume des mains et aux extrémités des doigts; on en a compté plus de quatre cents au bout de l'index dans une surface de deux millimètres carrés dont un quart au moins étaient pourvues de corpuscules tactiles.

La main joue d'ailleurs un grand rôle comme organe du toucher, non seulement parce qu'elle est abondamment pourvue de papilles, mais parce qu'elle possède une grande mobilité qui lui permet de se mouler, pour ainsi dire, sur les corps et d'y multiplier les contacts simultanés pour en connaître la consistance et la forme.

II. — LE GOUT

36. Organe du goût. — Le goût qui nous fait percevoir la saveur des corps a son siège dans la cavité buccale et en particulier sur la face supérieure de la **langue**.

La langue est très riche en papilles dans lesquelles viennent aboutir des fibrilles nerveuses; la langue reçoit des nerfs de quatre origines différentes; deux de ces nerfs paraissent destinés spécialement à transmettre les impressions gustatives que les corps laissent par leur contact. Ils se terminent dans les papilles de la base et de l'extrémité de l'organe qui sont à fleur de l'épiderme. La langue est toujours imbibée de salive, mais elle perd sa sensibilité gustative quand cette salive devient trop abondante.

On croit que le palais sert spécialement à déguster et à juger finement le goût des aliments solides et liquides, Peut-être bien est-ce parce qu'en appuyant les aliments ou les boissons contre sa surface résistante on leur fait mieux toucher les papilles nerveuses de la face supérieure de la langue où est véritablement le siège du goût.

III. — L'ODORAT

37. L'odorat a son siège dans les *fosses nasales* sur le trajet que l'air suit pour se rendre à l'appareil respiratoire; c'est en effet l'air qui apporte avec lui les particules des corps odorants qui doivent agir sur les *nerfs olfactifs* et les impressionner.

Les **fosses nasales**, au nombre de deux, sont séparées par une cloison médiane; en avant, elles communiquent avec les *narines*; en arrière, avec le pharynx; elles sont également en communication avec les anfractuosités de l'os ethmoïde et avec les sinus de l'os frontal. Toutes les parois sont tapissées par une membrane à replis dans laquelle viennent s'épanouir les ramifications des nerfs olfactifs et qui porte le nom de **membrane pituitaire**. Les cornets de cette membrane, déjà nombreux chez l'homme, le deviennent encore bien plus chez les animaux dont l'odorat est très développé, comme le chien. Un liquide muqueux, sécrété par des glandes en grappes, humecte constamment la membrane pituitaire; il dissout ou arrête les particules odorantes et leur permet d'agir sur les fibrilles du nerf olfactif. C'est la partie supérieure de la membrane pituitaire qui est la plus sensible. On a calculé qu'un millionième de milligramme de musc suffit pour l'impressionner. Elle doit être bien plus sensible encore chez les animaux qui perçoivent les odeurs avec assez de netteté pour suivre une proie à la piste.

Quand l'air chargé d'un gaz ou d'une vapeur odorante vient frapper cette membrane, les filets du nerf olfactif transportent au cerveau les impressions qu'ils ont reçues, et lorsque nous aspirons avec force l'air qui a enveloppé un corps odorant, c'est pour l'envoyer plus sûrement et plus vite toucher la partie supérieure la plus sensible de la membrane pituitaire qui tapisse les fosses nasales et les filets déliés des nerfs qui transportent au cerveau l'impression des odeurs.

IV. — L'OUIE ET L'OREILLE

38. Description de l'oreille. — L'oreille est l'appareil chargé de recueillir et d'apprécier les sons; elle est contenue dans une cavité existant de chaque côté de la tête et qui ouvre à l'extérieur. Elle comprend trois parties (fig. 16), *l'oreille externe*, *l'oreille moyenne*, toutes deux formées d'organes récepteurs et transmetteurs des vibrations qui forment le son et *l'oreille interne* qui con-

tient les parties impressionnables, c'est-à-dire les ramifications du *nerf acoustique*.

L'oreille externe est formée du *pavillon* à replis
cartilagineux et du *conduit auditif;* le *pavillon* avec sa
conque creuse, son repli extérieur en bourrelet et son lobe
inférieur est cartilagineux; le *conduit auditif* contient
un enduit jaune, le *cérumen* sécrété par des glandes, qui

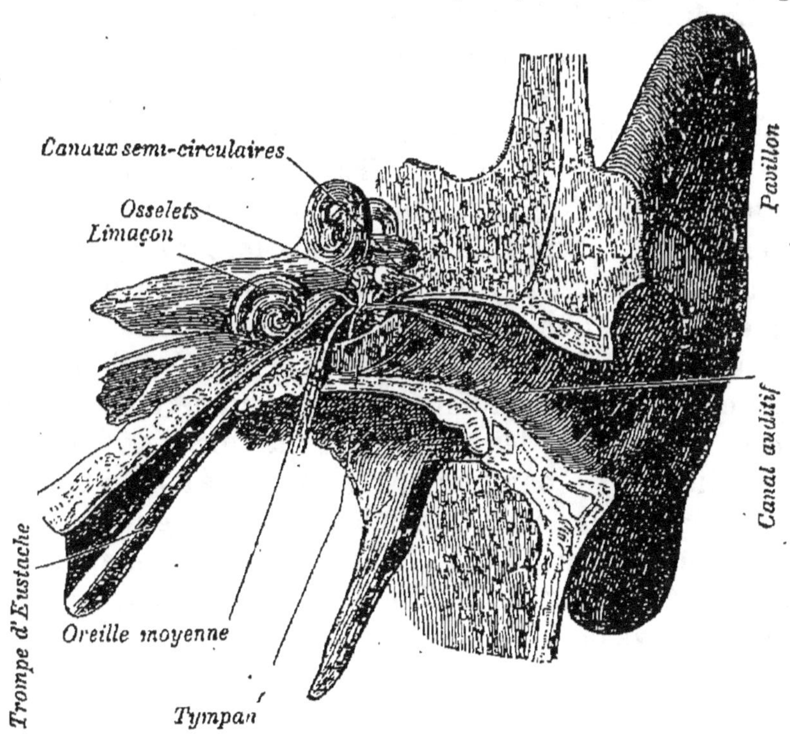

Fig. 16. — L'oreille.

empêche l'introduction de corps étrangers dans l'oreille.

L'oreille moyenne est séparée de la précédente
par une membrane tendue, le *tympan;* elle constitue
une chambre où arrive l'air par un canal, la *trompe
d'Eustache*, communiquant à la bouche. Au-fond de la
cavité, deux fenêtres membraneuses, la *ronde* et l'*ovale*,
séparent l'oreille moyenne de l'oreille interne; une chaîne
de quatre *osselets* articulés entre eux est tendue du
tympan à la fenêtre ovale : ce sont le *marteau*, l'*enclume*,
l'*os lenticulaire* et l'*étrier*. Le premier appuie sur le tym-

pan, le dernier s'applique sur la fenêtre ovale. Des muscles les font mouvoir et tendent plus ou moins cette chaîne solide. .

L'oreille interne comprend le *vestibule*, le *colimaçon* et les *canaux semi-circulaires*; elle est remplie d'un liquide et reçoit les nombreuses fibrilles du nerf acoustique qui ont reçu le nom de *fibres de Corti*.

Chacune des trois parties de l'oreille concourt à l'audition. Le pavillon recueille les vibrations, renforce celles qui viennent le frapper normalement et permet ainsi de juger de la direction des sons. Le conduit auditif transmet les vibrations au tympan. Cette dernière membrane, tendue au fond du conduit, peut vibrer pour des sons différents et servir à leur transmission. La chaîne des osselets conduit les vibrations du tympan à la fenêtre ovale pendant que l'air de la caisse les communique à la fenêtre ronde. Elles arrivent ainsi dans l'oreille interne frapper ou exciter les différentes fibres du nerf acoustique. Ainsi, en résumé, les vibrations qui forment les sons, recueillies par le pavillon, arrivent par le conduit auditif au tympan; elles sont transmises à l'oreille interne par les osselets et par l'air de la chambre moyenne, et elles agissent sur le nerf acoustique qui en transmet l'impression au cerveau.

V. — L'ŒIL ET LA VUE.

39. Les organes de la vision. — Les **yeux**, qui sont les organes essentiels de la vision, sont accompagnés de parties accessoires et d'appareils protecteurs. Ils sont logés dans les *orbites*, cavités situées au-dessous du front, de chaque côté de la racine du nez, limitées . par des os et tapissées de coussins graisseux qui favorisent les mouvements de l'organe.

Au-dessus de l'orbite, l'os frontal forme une saillie couverte de poils raides qui constituent les *sourcils*,

Devant l'œil sont deux voiles verticaux, les **paupières**, l'un continuant la peau du front, l'autre celle des joues. Au bord de ces voiles, surtout de celui de

dessus, sont des poils droits appelés **cils**. Un muscle
élévateur relève la paupière supérieure et quand elle
retombe elle ferme l'ouverture de l'orbite.

Dans chaque orbite, en dehors et au-dessus du globe
de l'œil, se trouve la *glande lacrymale* dont le produit
aqueux est constamment réparti sur l'avant du globe de
l'œil par le clignement répété des paupières; le liquide

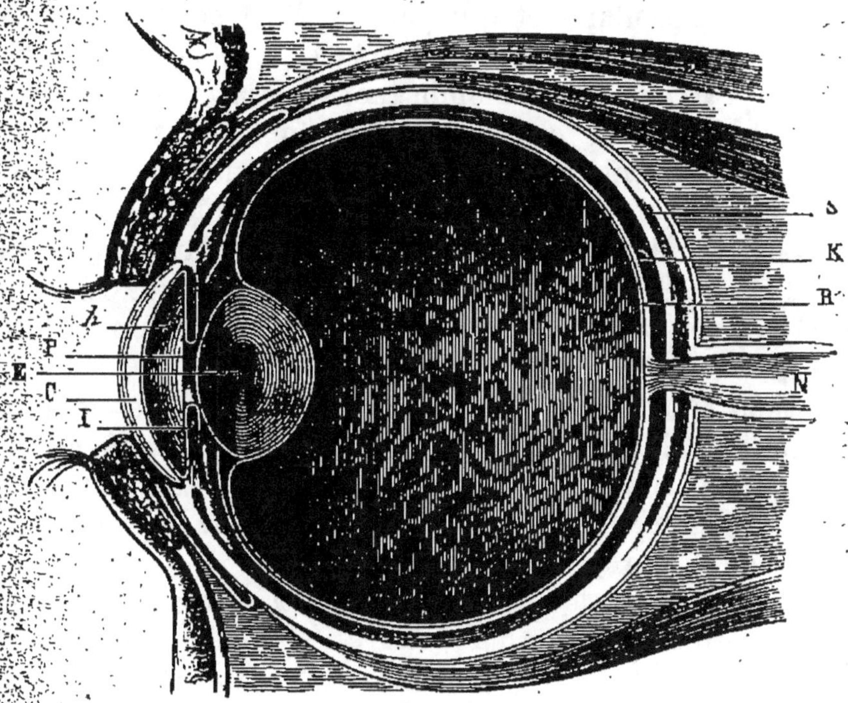

Fig. 17. — L'œil (coupe du globe).

S. Sclérotique. — K. Choroïde. — R. Rétine. — N. Nerf optique. — C. Cornée
transparente. — I. Iris. — P. Pupille. — E. Cristallin. — *h*. Chambre antérieure.

est recueilli par les canaux lacrymaux et conduit aux
fosses nasales. Quand la quantité produite par la glande
est considérable, l'excès s'en écoule en gouttes qui tombent le long des joues; ce sont les **larmes**. Le globe
de l'œil est mû dans l'orbite par *six muscles* dont quatre
droits et deux obliques, qui assurent tous les mouvements.

40. Description du globe de l'œil. — Le
globe (fig. 17), la partie essentielle, est formé exté-

rieurement par la **sclérotique**, une membrane épaisse, résistante, de couleur blanche, qui à l'avant est transparente et porte le nom de **cornée**.

A l'avant, sous la cornée, est une membrane de couleur variable, l'**iris**, percée en son milieu d'une ouverture, la **pupille**. Derrière la pupille est le **cristallin**, lentille transparente et gélatineuse, enchâssée dans un anneau musculaire et qui partage l'œil en deux chambres. Dans la chambre postérieure, sous la sclérotique est la **choroïde**, membrane épaisse et opaque qui fait de l'œil une chambre noire, puis à l'intérieur la **rétine**, membrane sensible aux rayons lumineux qui est comme l'épanouissement du nerf optique.

Le cristallin partage l'œil en deux chambres, celle de l'avant, remplie d'un liquide très aqueux, et celle de l'arrière ou chambre postérieure, qui contient un liquide plus dense appelé l'*humeur vitrée*.

L'œil fonctionne comme une chambre noire dont la pupille est l'ouverture, le cristallin, la lentille et la rétine le fond sensible. Les objets placés devant l'œil font leur image renversée sur le fond, et la rétine transmet au cerveau l'impression reçue.

L'œil d'ailleurs s'accommode à la distance; il peut voir nettement des objets très différemment éloignés, à moins que la trop grande courbure du cristallin ne limite son action aux objets les plus proches comme cela arrive dans la myopie.

Une vue ordinaire voit distinctement les objets à partir de 25 à 30 centimètres; c'est la distance à laquelle on met ordinairement son livre pour lire. Les *myopes* ont la vue plus courte, ils ne voient que les objets les plus près. Les *presbytes* au contraire ne voient distinctement qu'à partir d'une distance plus grande que 30 et 40 centimètres. On corrige ces deux derniers défauts de la vue, par des *lunettes*, le premier par des verres concaves, le second par des verres convexes.

RÉSUMÉ. — L'homme possède cinq sens. L'un d'eux, le *toucher*, s'exerce par la peau; les quatre autres : le *goût*, l'*odorat*, l'*ouïe* et la *vue*, ont des organes plus localisés, une fonction plus limitée, on les nomme quelquefois des sens spéciaux.

Le **toucher** nous fait apprécier la forme des corps, leurs dimensions, leur dureté, tous leurs caractères physiques. Il s'exerce par la peau dont les diverses régions sont inégalement sensibles, et plus particulièrement par la main qui peut, grâce à sa disposition, se mouler sur les objets et en suivre tous les contours.

La **peau** comprend deux couches, l'une un peu sèche, l'**épiderme**; l'autre plus épaisse, le **derme**. L'épiderme est une couche protectrice dont la portion extérieure se renouvelle. Le frottement peu lui faire gagner de l'épaisseur.

Le derme présente à sa surface un grand nombre de petites saillies, les **papilles**, qui sont unies à l'épiderme. Il contient les glandes de la sueur, les capsules d'où naissent les poils, des masses graisseuses et un grand nombre de nerfs qui le rendent très sensible même au choc de l'air.

Les filaments nerveux qui se distribuent à la peau et qui lui donnent sa sensibilité sont surtout nombreux aux lèvres, à la face, dans l'intérieur des mains et aux extrémités des doigts; aussi, pour bien juger de la forme et de la consistance des corps, c'est avec la paume de la main et le bout des doigts que nous les touchons.

La peau doit être propre et souple pour accomplir convenablement ses fonctions, notamment l'exhalation qui est une des voies par lesquelles l'eau s'échappe du corps en vapeur invisible; c'est pourquoi l'usage des bains et la propreté des vêtements sont recommandés comme deux des conditions d'une bonne hygiène.

Le **goût** a son siège dans la cavité buccale et en particulier sur la surface supérieure de la langue et sur la paroi du palais. La langue, toujours imbibée de salive, est très riche en papilles munies de fibrilles nerveuses qui sont excitées par les substances sapides.

L'**odorat** a son siège dans les fosses nasales, sur le trajet de l'air allant aux poumons. La partie sensible est la membrane pituitaire qui tapisse les parois internes du nez et qui reçoit les fibrilles nombreuses du nerf olfactif.

L'**oreille**, chargée de recueillir les vibrations qui constituent les sons, comprend trois parties : l'oreille externe avec le pavillon cartilagineux et le conduit auditif; l'oreille moyenne qui est une chambre à air, en communication avec le fond de la bouche, fermée à l'avant par une membrane tendue, le tympan et contenant une chaîne de quatre osselets allant du tympan à la fenêtre ovale; l'oreille interne contenant dans un liquide les fibrilles nombreuses du nerf acoustique qui portent au cerveau les impressions vibratoires qu'elles ont reçues.

L'organe de la vision est l'**œil**, dont le globe est la partie essentielle et dont les organes accessoires sont les paupières et les cils, la glande lacrymale, les muscles et les sourcils. Le globe comprend trois membranes, la sclérotique, la choroïde et la rétine ; à l'avant la cornée transparente, l'iris et la pupille dont elle est percée. Derrière l'iris est le cristallin, masse gélatineuse et transparente qui fonctionne comme une lentille. Les images des objets se font renversées sur le fond de l'œil, comme dans une chambre noire, et la rétine en porte l'impression au cerveau par le nerf optique.

CHAPITRE VIII

L'ORGANE DE LA VOIX

41. Le larynx. — Le larynx, qui est l'organe producteur de la voix, occupe la partie supérieure de la trachée-artère ; c'est un tuyau formé par la réunion de pièces cartilagineuses et élastiques. A la base se trouve le cartilage *cricoïde* (fig. 18) ; à la partie supérieure et antérieure, le corps *thyroïde* dont les deux parties latérales se joignent en forme d'angle obtus en produisant une sorte de carène qui forme une saillie appelée la *pomme d'Adam*.

A l'intérieur deux replis latéraux en forme de ligaments laissent entre eux une ouverture triangulaire ; on les a désignés très improprement par le nom de **cordes vocales** *supérieures ;* un peu au-dessous, deux replis semblables laissant une ouverture triangulaire plus petite ont été appelés les *cordes vocales infé-rieures.* Ces replis sont les véritables organes vibrants du larynx. La *glotte* est l'intervalle qui les sépare ; l'épiglotte qui surmonte la glotte a déjà été définie.

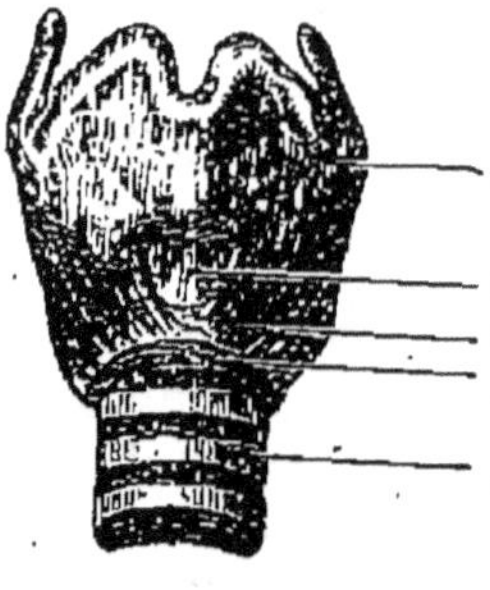

Fig. 18. — Larynx (aspect extérieur.)

De nombreux muscles relient les uns aux autres les

cartilages du larynx et leur font exécuter divers mouvements, soit pour tendre les cordes vocales, soit pour resserrer ou étendre la glotte, soit pour élever ou abaisser le larynx tout entier. Celui-ci est suspendu à l'*os hyoïde* sur lequel aboutissent également des muscles se rendant à la langue, à la mâchoire, au sternum ; ces muscles donnent de la mobilité à l'os hyoïde et au larynx.

Le rôle de ces diverses parties a été bien étudié, grâce à la possibilité d'éclairer l'intérieur du larynx en y projetant la lumière d'une lampe et de suivre dans un miroir tous les mouvements de la glotte. Le *laryngoscope* a servi non seulement à faire connaître l'état physiologique des parois du larynx, mais aussi à suivre tous les mouvements des cartilages vocaux dans la production des sons simples, dans celle du chant et dans celle de la parole articulée.

42. Production de la voix. — Si l'on sectionne le larynx au-dessous des cordes vocales inférieures, la voix disparait tandis qu'elle persiste lorsque la section est faite au-dessus ; c'est donc en traversant la glotte que l'air venu des poumons produit un son ; et comme une altération quelconque des cordes supprime la voix, il est manifeste que les sons résultent des vibrations imprimés à ces replis membraneux par le passage plus ou moins rapide de l'air venant des poumons. Si l'on veut établir une sorte d'analogie entre l'appareil vocal et nos instruments de musique, c'est le tuyau à anche qui la donne ; il y a pour produire le son un soufflet qui donne le vent, un porte-vent qui le conduit, une anche qui vibre et un tuyau dont la configuration ou la longueur influe sur le son produit. Chez l'homme et les animaux, ce sont les poumons qui donnent l'air, la trachée-artère qui l'apporte, les cordes vocales qui vibrent, et en dessus différentes pièces qui modifient le son, sans cependant être capables de le produire.

Les cordes vocales peuvent être plus ou moins tendues

ou rapprochées par les mouvements des cartilages qui les entourent; elles sont d'ailleurs sous la dépendance directe d'un muscle spécial situé dans leur épaisseur.

Le son est d'autant plus aigu que l'appareil vibrant exécute dans le même temps un plus grand nombre de vibrations. Lors donc que les cordes vocales sont courtes et tendues, les sons qu'elles produisent sont aigus.

L'étendue moyenne de la voix humaine n'est guère que de deux octaves qui peuvent commencer à des points différents de l'échelle musicale et c'est ainsi que l'on a des voix de *basse*, de *baryton*, de *contre-alto*, de *soprano*, de *ténor*.

Quant à l'intensité de la voix, elle dépend de l'amplitude des vibrations des cordes vocales et par conséquent de la vitesse avec laquelle l'air expulsé traverse la glotte. C'est donc en ralentissant le mouvement des muscles inspirateurs ou en faisant contracter lentement les muscles expirateurs que l'on peut volontairement varier l'intensité des sons entre certaines limites.

Le timbre de la voix paraît dû à la forme de l'extrémité supérieure du larynx, de la position des différentes pièces de la bouche, en un mot à la forme de l'appareil de renforcement constitué par la portion supérieure des voies respiratoires.

RÉSUMÉ. — C'est le larynx, c'est-à-dire la partie supérieure de la trachée-artère qui est l'organe de la voix. Il est formé extérieurement de plusieurs cartilages, les uns en anneaux réguliers, les autres en anneaux irréguliers, mus par des muscles qui modifient leur position et leur volume. A l'intérieur il porte quatre replis membraneux disposés deux à deux sur deux plans; ce sont les cordes vocales inférieures et supérieures, laissant entre elles un intervalle appelé *glotte*.

Les sons de la voix résultent des vibrations de ces replis sous l'action de l'air, qui est expulsé des poumons; plus ou moins tendues, relâchées ou raccourcies, les cordes vocales produisent par leurs vibrations des sons différents, plus aigus ou plus graves, qui se trouvent renforcés et modifiés dans leur timbre par la disposition des pièces ou cavités que l'air traverse ou rencontre avant sa sortie.

CHAPITRE IX.

LA LOCOMOTION

43. Définition de la fonction. — Les animaux se meuvent pour chercher leur nourriture, éviter un danger ou une impression, se soustraire à un ennemi ou rechercher une sensation. Qu'ils se déplacent ou non, de beaucoup ou de peu par rapport aux objets extérieurs qui les environnent, toutes les parties de leur corps ont aussi la faculté de se déplacer les unes par rapport aux autres. Ce sont tous ces mouvements qui constituent la *fonction de locomotion*.

Chez les animaux supérieurs, la *locomotion* s'exerce par le déplacement, les unes par rapport aux autres, des diverses parties du squelette et notamment des membres : elle met en œuvre deux sortes d'organes :

Les **os** qui sont des pièces inertes ne pouvant se déplacer par elles-mêmes : ce sont les organes passifs ;

Les **muscles** qui sont destinés à faire mouvoir les os et qui représentent les organes actifs.

44. Muscles. Les muscles qui forment la chair sont des amas de filaments rouges placés à côté les uns des autres, réunis en groupes, et terminés le plus habituellement par une petite corde blanche, le **tendon,** que l'on désigne improprement dans le langage vulgaire sous le nom de nerf.

C'est par les tendons que les muscles sont fixés sur les os qu'ils doivent faire mouvoir. La fig. 19 représente le plus fort tendon du corps, le *tendon* d'Achille

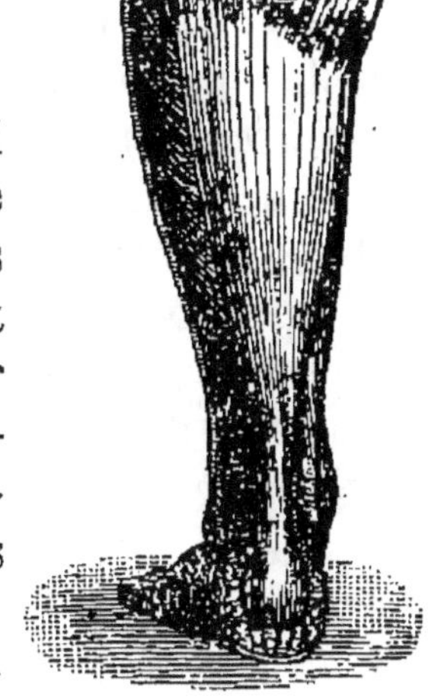

Fig. 19. — Tendon d'Achille.

qui termine le muscle du mollet et le fixe au talon.

Les filaments des muscles appelés les **fibres musculaires** sont disposés parallèlement et groupés en faisceaux. Ces divers faisceaux sont enveloppés d'une membrane fibreuse et tout le muscle est recouvert d'une sorte de toile blanche ou rose appelée *aponévrose*.

La figure 20 représente des fibres isolées dépouillées de leur enveloppe et une de ces fibres très grossie pour montrer les stries qui paraissent séparer les cellules élémentaires. Les fibres striées ont la propriété remarquable de se contracter, de se raccourcir sous l'impulsion de la volonté ; alors leurs extrémités se rapprochent l'une de l'autre ; et si l'une est attachée sur un os fixe et l'autre sur un os mobile autour du premier, la contraction du muscle a pour effet de faire mouvoir autour de l'os fixe l'os mobile sur lequel il est fixé. La contraction du muscle *biceps* (fig. 21) est très facile à suivre quand on applique la main sur le bras au moment où le muscle entre en action, c'est-à-dire quand l'avant-bras se fléchit sur le bras ; on sent parfaitement que l'épaisseur et la rigidité du muscle augmentent pendant qu'il se raccourcit. C'est ordinairement sous l'action de la volonté, c'est-à-dire sur une excitation venue du cerveau et apportée dans le muscle par les fibres nerveuses, que la contraction s'effectue.

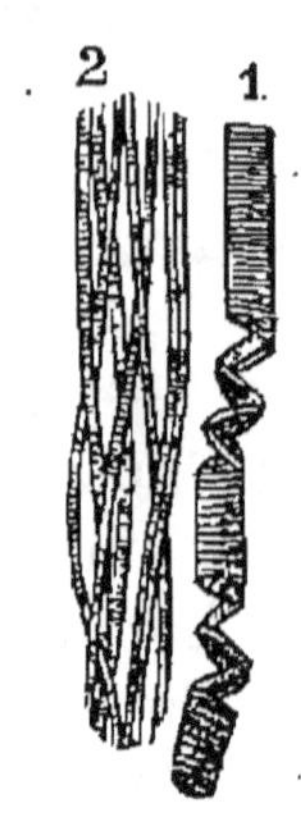

Fig. 20.—Fibres musculaires.

1. Fibre grossie pour faire voir les stries.
2. Amas de fibres moins grossies.

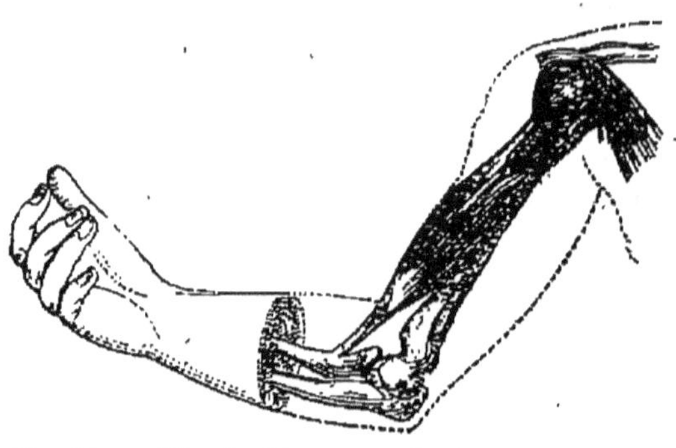

Fig. 21. — Muscle biceps pendant sa contraction.

Les muscles sont nombreux et très différents dans leurs formes et dans leurs effets ; il y en a qui commandent de grands mouvements, d'autres de petits déplacements ; les uns étendent les bras ou les doigts, d'autres fléchissent les mêmes organes ; il y en a qui courbent la tête, d'autres qui la font tourner. Chaque mouvement d'un organe est commandé par un muscle.

Un muscle ne fait effort que lorsqu'il se contracte et se raccourcit, il ne produit aucune force lorsqu'il se relâche ; aussi y a-t-il deux *muscles antagonistes* pour assurer les deux mouvements opposés d'un même os ou d'un même organe.

La contraction musculaire peut être excitée par certaines influences extérieures en dehors de la volonté ; ainsi l'électricité peut développer dans nos muscles des contractions involontaires ; et une excitabilité nerveuse momentanée peut développer une force considérable ; ainsi la colère double les forces et la folie peut leur donner une très grande énergie.

La contraction musculaire ne peut durer longtemps sans produire une fatigue et sans appeler un repos, et le besoin de faire cesser une tension musculaire trop prolongée est irrésistible ; le muscle s'engourdit, se raidit et n'obéit plus à la volonté. Il semble moins pénible, en général, de marcher que de rester debout et immobile : c'est que dans la marche, les muscles fléchisseurs et extenseurs des membres inférieurs sont alternativement à l'état de repos et de contraction, tandis que dans la station verticale la contraction des muscles extenseurs est continue.

Un muscle qui se contracte produit du travail ; il doit donc consommer de la chaleur ; où la prend-il ? C'est la nutrition qui la lui fournit. On constate en effet que la nutrition devient plus active dans un muscle qui travaille que dans un muscle au repos, et si le muscle s'échauffe par l'exercice, c'est qu'il produit plus de chaleur par l'augmentation de sa nutrition qu'il n'en consomme pour son mouvement ; la nutrition augmente d'ailleurs le muscle d'éléments nouveaux ; et les muscles qui sont soumis à un travail habituel se développent et grossissent.

Les forces musculaires peuvent donc se développer et s'entretenir par l'exercice modéré, répété et régulier. Aussi la gymnastique est très utile, surtout dans la jeunesse quand le corps prend son développement; elle donne de la force et de la résistance aux muscles et de l'agilité et de la souplesse au corps.

45. Les os. — Les os sont des pièces solides de formes diverses toujours constituées par deux substances, l'une *organique*, cartilagineuse, qui en forme la trame, l'autre *calcaire* formée de phosphate et de carbonate de chaux, qui donne à l'os sa résistance et sa solidité. Cette dernière partie représente environ les deux tiers du poids de l'os : c'est elle qui reste sous forme de cendres blanches quand on calcine les os en vase ouvert.

La partie organique qui porte le nom d'**osséine** n'est guère autre chose que de la gélatine avec un corps gras. La partie minérale où domine le phosphate de chaux, comprend en outre de petites quantités d'autres sels minéraux comme le phosphate de magnésie, le fluorure de calcium et le chlorure de sodium. L'incinération en vase clos laisse un charbon noir très poreux et possédant une grande propriété d'absorption, c'est le *noir d'os* ou *noir animal* employé à la décoloration des liquides organiques colorés.

La substance osseuse est composée de fibres dont l'arrangement donne deux tissus différents : ou bien elles sont serrées parallèlement en un tissu solide et compacte; ou bien elles sont enchevêtrées sans ordre en un tissu moins dense, presque spongieux avec de nombreux interstices. Le tissu serré revêt la superficie de l'os, le tissu spongieux en forme les parties intérieures. Toujours l'ensemble est recouvert d'une enveloppe fibreuse appelée le **périoste**.

Le périoste possède une propriété très importante, c'est de régénérer le tissu de l'os, de former constamment la substance osseuse. Un os est toujours en voie de formation ou de régénération; c'est immédiatement au-dessous du périoste que se forment les couches nouvelles. La chirurgie utilise cette remarquable propriété du périoste pour obtenir la régénération d'une partie d'os amputée.

Les os ont été partagés d'après leur structure et leurs dimensions en **os longs,** à tête, creux à l'intérieur comme ceux des membres; en **os courts,** tels que ceux du poignet, des doigts, de la colonne vertébrale; en **os plats,** tels que ceux du crâne.

Le corps de l'os long est formé de tissu compacte; l'axe est creux et la cavité centrale est remplie par une substance molle, jaunâtre, graisseuse, la *moelle;* les deux extrémités ou *têtes* sont remplis de tissu spongieux. Cette structure réunit la solidité à la légèreté; aussi les os longs fournissent les leviers des grands mouvements. Dans les os plats, c'est le tissu compacte qui domine; il n'y a presque point de tissu spongieux.

Les os présentent presque tous des saillies ou *crêtes,* des éminences ou **apophyses** qui servent à les réunir et à fournir aux muscles leurs points d'attache.

46. Les articulations. — Les os sont joints entre eux par des ligaments ou des membranes qui constituent les **articulations** et qui permettent les mouvements. Celles des membres permettent des mouvements étendus et variés; celles des os du thorax ne sont susceptibles que de mouvements restreints; celles des os de la tête sont fixes et immobiles. Pour les os destinés à demeurer immobiles ou à n'effectuer que des mouvements peu étendus, les pièces sont juxtaposées et réunies par des bords dentelés; elles sont comme engrenées les unes dans les autres. C'est ainsi que sont articulés les os de la tête.

Dans les articulations très mobiles comme celles des grands os des membres, les parties mobiles se touchent par des surfaces réciproquement concaves et convexes et recouvertes chacune d'un tissu cartilagineux parfaitement poli qui facilite leur glissement les unes sur les autres; les frottements sont atténués par un liquide, la *synovie* qui humecte les têtes d'os et aussi par le poli des surfaces qui doivent frotter les unes sur les autres; des ligaments unissent les deux os, des membranes fibreuses emprisonnent l'articulation tout entière, et tout en permettant des mouvements étendus, s'opposent à ceux qui détruiraient l'articulation.

Une immobilité prolongée rend l'articulation difficile et en quelque sorte inflexible ; on dit qu'il y a *ankylose*. L'extension démesurée ou le tiraillement violent d'une articulation produit l'*entorse* qui se complique parfois de la rupture de quelques-uns des ligaments.

47. Le squelette. — Le *squelette*, formé par la réunion de tous les os du corps articulés entre eux, a déjà été décrit en partie dans ses principales divisions au chapitre I, page 13, figure 2.

La portion essentielle est la **colonne vertébrale** qui supporte les os servant de socles aux membres et la tête. La colonne vertébrale se compose de trente-deux **vertèbres** et chacune d'elles est formée d'un corps avec des ailettes qui portent le nom d'apophyses et servent d'attache aux muscles; à chaque vertèbre, il y a trois prolongements osseux, un médian qui est l'*apophyse épineuse* et les deux autres latéraux et symétriques qui portent le nom d'*apophyses transverses*. Les vertèbres sont superposées par leur corps; leurs arceaux laissent le long de la colonne un canal pour abriter la moelle épinière. Il y a sept *vertèbres cervicales*, douze *vertèbres dorsales* portant chacune une paire de côtes, cinq *vertèbres lombaires*, cinq soudées en un seul os, le *sacrum*, servant d'attache au bassin et aux trois vertèbres du *coccyx*.

La première vertèbre cervicale, l'*atlas*, n'a pas d'apophyse épineuse; la seconde, l'*axis*, est remarquable parce qu'elle se prolonge vers le haut en un cylindre vertical qui sert d'axe de rotation à l'atlas et à la tête. Les cinq autres ont des apophyses épineuses infléchies vers le bas et peuvent s'incliner beaucoup les unes sur les autres et favoriser ainsi les mouvements du cou.

Dans la région dorsale, les apophyses épineuses sont

longues, inclinées vers le bas pour limiter les mouvements de flexion en arrière.

Dans la région lombaire, les apophyses épineuses sont droites et les mouvements étendus.

Les vertèbres soudées du sacrum portent les os du bassin qui servent de socle au membres inférieurs.

Le **crâne** a huit os dont quatre impairs et quatre symétriques deux à deux. Les impairs sont l'*occipital* en arrière, percé d'un trou pour le passage de la moelle épinière, le *sphénoïde* en dessous, l'*ethmoïde* en dessous à l'avant, avec des anfractuosités qui en rendent la substance légère et qui sont en rapport avec les sinus des maxillaires et du *frontal* qui ferme le crâne à l'avant. Les quatre os symétriques sont les *pariétaux* et les *temporaux* dont une partie extrêmement dure, le *rocher*, loge l'appareil auditif et dont l'*apophyse zygomatique* va s'articuler à l'un des os de la face.

La **face** contient quatorze os sans y comprendre l'*os hyoïde* qui supporte la langue et la partie supérieure de la trachée artère.

Les **membres** ont été déjà décrits; il ne reste plus qu'à indiquer les particularités de leurs articulations.

Dans le membre antérieur, la clavicule et l'omoplate sont toujours deux os distincts. L'humérus s'articule au sommet externe de l'omoplate et il y est retenu par des ligaments qui vont s'attacher à l'*apophyse caracoïde*. A son autre extrémité, il est terminé en une sorte de poulie sur laquelle le cubitus peut tourner et une petite tête où s'articule le radius.

Le cubitus est échancré et l'extrémité appelée l'*apophyse olécrane* butte contre l'humérus pour empêcher le mouvement d'arrière de l'avant-bras.

Le radius s'élargit à son autre bout, devient beaucoup plus volumineux que le cubitus et s'articule seul avec les os du carpe. Le mouvement de rotation de la main est assuré par cette disposition.

Dans le membre inférieur, la *tête du fémur* s'articule dans une cavité hémisphérique avec le bassin; à son autre bout il ne s'articule qu'avec le *tibia* et c'est devant cette articulation que se trouve la *rotule*.

Les deux os de la jambe s'articulent avec le pied; tous deux sont terminés par une tête, celle du *péroné* forme la *cheville externe*, et celle du *tibia* la *cheville interne*. Entre les deux s'articule l'*astragale*, qui se prolonge vers le talon par le *calcanéum* et qui est réuni de l'autre côté avec les os du tarse. L'articulation n'est pas aussi mobile que celle de la main, mais elle est plus solide.

48. Les mouvements. — La connaissance des organes de la locomotion et celle de la disposition des

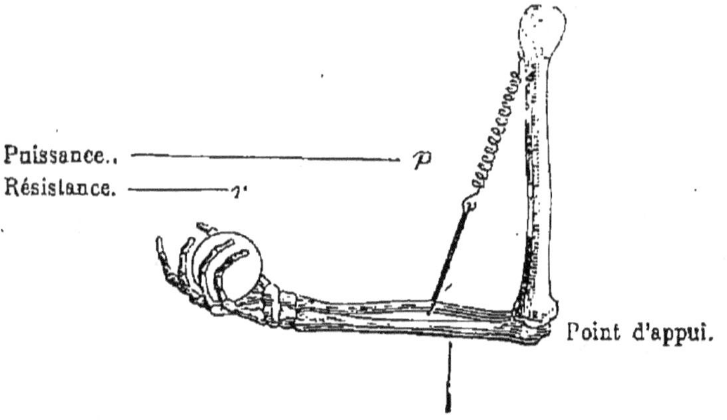

Fig. 22. — Exemple de l'action d'un muscle sur un os. (Levier du 3° genre.)

différents muscles ne suffisent pas pour expliquer comment l'homme ou l'animal peut se mouvoir. Mais il est possible d'analyser et de comprendre le mécanisme de certains mouvements bien déterminés.

Les os sont comme les leviers que les muscles font mouvoir. Le muscle représente la puissance; la résistance est représentée par la difficulté du déplacement de l'os mobile; les bras de levier varient de longueur suivant les cas; en général, dans les membres le bras de levier de la puissance est très court; le mouvement de l'extrémité de l'os est alors grand par rapport à celui de l'extrémité du muscle.

Il en est ainsi dans le mouvement de l'avant-bras sur le bras (fig. 22). Le point d'appui est à l'articulation du

coude; la puissance est tout près, au point où le muscle
biceps est fixé sur l'avant-bras; la résistance est dans
la main quand celle-ci soulève un corps.

RÉSUMÉ. — Les animaux peuvent se mouvoir et toutes les
parties de leur corps ont la faculté de se déplacer les unes par
rapport aux autres. Tous ces mouvements constituent la fonction
de locomotion.

Les grands mouvements des animaux supérieurs nécessitent
deux ordres d'organes : les *os*, qui sont les organes passifs, et les
muscles, qui sont les organes actifs.

Les **muscles**, qui forment la chair, sont formés de filaments
groupés sous une enveloppe appelée aponévrose et terminés par
un cordon blanchâtre en forme de corde appelé *tendon* et
confondu dans le langage vulgaire avec les nerfs.

La propriété des fibres musculaires, c'est la contractilité; elles
peuvent se racourcir, rapprocher leurs extrémités et faire mouvoir
les pièces solides sur lesquelles le muscle est fixé.

Il y a toujours deux muscles antagonistes pour accomplir les
deux mouvements inverses d'un même organe.

La contraction musculaire influe sur la nutrition du muscle;
mais quand elle est prolongée, elle amène une fatigue et nécessite
un repos.

L'exercice modéré et régulier des muscles favorise leur développement; aussi la gymnastique est-elle recommandée pour donner
aux organes la souplesse et la force.

Les **os** sont des pièces solides composées de deux substances,
l'une organique, l'osséine, dont on tire la gélatine, l'autre minérale, qui reste comme cendre quand on calcine l'os et qui est
formée en grande partie d'un peu de carbonate et de beaucoup
de phosphate de chaux.

La matière osseuse présente un tissu serré et compacte ou un
tissu spongieux, le tout maintenu sous une membrane, le *périoste*,
qui participe à la régénération de l'os.

Au point de vue de la forme, on distingue les os longs, creux à
l'intérieur avec de la moelle, un tissu compacte à la surface et des
têtes en tissu spongieux; les os courts et les os plats en tissu
serré, comme ceux de la tête.

Les os sont réunis par des articulations, dont les unes en
engrenages sont fixes et dont les autres, formées par des ligaments,
permettent des mouvements étendus et variés.

Le **squelette** est formé de l'ensemble des os articulés. La
partie principale est la colonne vertébrale avec ses trente-deux
vertèbres partagées en cinq sections, cervicale, dorsale, lombaire,
sacrée et coccygienne; elle porte sur ses vertèbres dorsales les
douze paires de côtes, et sur sa vertèbre supérieure la tête.

La **tête** comprend la boîte crânienne formée par huit os dont quatre impairs et la face avec ses quatorze os.

Les mouvements des membres sont assurés à la fois par les os et par les muscles; les os fonctionnent comme des leviers et les muscles comme les forces destinées à les faire mouvoir. On trouve dans le corps des exemples des trois genres de leviers; celui de l'avant-bras autour du bras est particulièrement intéressant pour montrer la disposition du troisième genre où la résistance parcourt un grand chemin par rapport à celui de la puissance.

CHAPITRE X

LES GRANDES LIGNES DE LA CLASSIFICATION.

49. Base de la classification. — Les êtres qui composent le règne animal sont si nombreux qu'il a fallu, pour en rendre l'étude possible, les réunir en groupes, les classer à l'aide des ressemblances qu'ils présentent. Si l'on s'était contenté de n'étudier ces ressemblances que sur un ou deux organes, comme par exemple les membres, et de grouper ensemble les animaux sans membres, les animaux à deux membres, à quatre, à six et à huit membres, on aurait fait une *classification artificielle*, parce qu'on aurait réuni des animaux que la nature n'a pas faits absolument semblables, bien qu'ils aient un ou deux organes analogues.

On a dû chercher les ressemblances par le plus grand nombre de caractères, par le plan général des formes extérieures du corps et faire reposer la classification sur la disposition des parties centrales aussi bien que sur celle des organes de mouvement, en un mot, réunir les animaux qui se ressemblent par l'organisation générale et non plus par un seul organe. On a cherché à établir des groupes naturels composés d'êtres organisés dans toutes leurs parties d'une manière analogue et dont un puisse être choisi comme type des autres; on a ainsi appliqué la *méthode naturelle*.

L'espèce, composée d'individus tous semblables, ressemblant aussi à ceux qui leur ont donné naissance, et transmettant leurs caractères par la reproduction se présentait comme la première base de la classification. Mais les espèces diverses sont si nombreuses qu'il a fallu les grouper; on a réuni les espèces qui se ressemblent plus qu'elles ne ressemblent à toutes les autres et l'on a eu les **genres**. En continuant ainsi, on a groupé les genres en **familles**, les familles en **tribus**, les tribus en **ordres**, les ordres en **classes** et enfin les classes en **embranchements**; et on a eu de cette façon une hiérarchie de groupes naturels partant des espèces pour s'élever à des groupes de plus en plus généraux.

A priori, on peut procéder plus simplement et faire deux grands groupes d'animaux, ceux qui ont des os, un squelette intérieur, une colonne vertébrale, et que l'on appellera les **vertébrés**; et ceux qui n'ont pas d'os, pas de pièces solides à l'intérieur du corps, pas de vertèbres, que l'on pourra appeler les **invertébrés**. Mais il vaut mieux adopter les grands groupes naturels proposés par Cuvier et dans lesquels les invertébrés se trouvent groupés d'après la même méthode que les vertébrés, c'est-à-dire d'après leurs caractères généraux tirés de la forme du corps, de la disposition des centres nerveux et de la nature des parties solides qui servent à la locomotion.

50. Embranchements. — Cuvier a divisé le règne animal en quatre embranchements, dont voici les caractères extérieurs:

1º Les **vertébrés**, qui ont un squelette intérieur : tels sont le chien et le mouton, un oiseau, un lézard, une grenouille, un poisson ;

2º Les **annelés** ou **articulés**, qui ont le corps

en anneaux successifs à surface durcie : un hanneton, une écrevisse, un scorpion ;

3° Les **mollusques**, qui ont le corps mou, sans squelette intérieur ni extérieur, souvent une coquille calcaire : l'huître, la moule, l'escargot ;

4° Les **zoophytes**, dont le nom veut dire animal-plante ; quelques-uns ressemblent, en effet, aux plantes, comme l'anémone de mer et les polypes.

On les appelle aussi *rayonnés*, parce que leur corps est symétrique autour d'un point central, comme dans l'oursin et l'étoile de mer.

51. Les vertébrés. — Outre le squelette intérieur qui est leur principal caractère, les vertébrés ont tous le sang rouge, le système nerveux avec une partie centrale analogue à l'encéphale de l'homme et des nerfs, les principaux organes de nutrition semblables à ceux que nous avons décrits dans le corps de l'homme.

Ils sont très différents de forme et de taille ; mais ils se groupent en cinq classes bien distinctes :

Les **mammifères**, qui mettent au monde leurs petits vivants et qui les nourrissent du lait de leurs mamelles ;

Les **oiseaux**, organisés pour le vol, avec le corps couvert de plumes ;

Les **reptiles**, à corps écailleux et à membres courts ;

Les **poissons**, qui respirent l'air dissous dans l'eau et dont les membres sont des palettes appelées nageoires ;

Les **amphibiens**, qui ressemblent aux poissons par la forme du corps et le mode de respiration dans les premiers temps de leur vie, et qui prennent ensuite des membres et une respiration aérienne.

Chacune de ces classes se subdivise à son tour en ordres, tribus, familles, genres et espèces dont il importe de citer les caractères et les types les plus importants, avec quelques espèces nuisibles et quelques espèces utiles.

Les **annelés**, les **mollusques** et les **zoophytes** sont aussi groupés en classes et en tribus ou en familles.

L'étude de tous les groupes principaux sera faite au double point de vue de leur organisation et de leur utilité.

CHAPITRE XI

LES MAMMIFÈRES

52. Caractères des mammifères. — Aux caractères déjà indiqués, *de mettre au monde leurs petits vivants* et *de les nourrir de lait sécrété dans leurs mamelles*, ajoutons que les mammifères ont le sang chaud, le cœur à quatre cavités, la circulation complète ; que leur corps toujours pourvu de membres en possède souvent deux paires, que la peau est habituellement couverte de poils.

Au point de vue des fonctions organiques, tous les mammifères se ressemblent ; mais il y a entre eux bien des différences dans la forme des membres, des dents et de l'estomac, suivant leur genre de vie.

53. Division des mammifères en ordres. — On a groupé les mammifères en ordres d'après le *nombre des membres et la disposition de leurs extrémités*, d'après le *système dentaire* et aussi d'après la *manière dont naissent les petits*. A ce dernier point de vue, il faut signaler les **didelphes** qui mettent au monde leurs petits dans un état imparfait, à tel point que le jeune animal doit rester quelque temps suspendu à la mamelle de la mère pour continuer son développement. Les femelles ont autour des mamelles un repli de la peau qui forme comme une bourse ou poche destinée à soutenir et à loger leur progéniture. Cette poche est soutenue par des os appelés os *marsupiaux*, qui sont la caractéristique des deux derniers ordres de mammifères. Ces

ordres sont les **marsupiaux**, comme la *sarigue* (fig. 23) et les **monotrèmes** comme l'*ornithorinque* qui se rapproche des oiseaux par ses pieds palmés et par l'existence d'un *cloaque* à l'extrémité de l'intestin.

Dans les autres mammifères, c'est la forme et la disposition des membres qui sert d'abord aux subdivisions.

Fig. 23. — La sarigue. (Type des Marsupiaux.)

On appelle **cétacés** ceux *qui manquent de membres abdominaux*, dont les *membres thoraciques sont convertis en nageoires*, dont le corps prend la forme des poissons et qui sont essentiellement aquatiques. Ils ont une nageoire caudale *horizontale* et non verticale comme celle des poissons. La plupart sont de très grande taille ; quelques-uns atteignent plus de vingt mètres de longueur. On cite particulièrement dans cet ordre les *dauphins*, les *cachalots* et les *baleines*.

Les mammifères pourvus de quatre membres, mais dont les membres postérieurs sont palmés et propres à la natation, qui ont un genre de vie aquatique, ont reçu le nom d'**amphibies** : c'est le *phoque* (fig. 24) dont la partie antérieure du corps rappelle la forme des carni-

Fig. 24. — Le phoque.

vores terrestres et le *morse* dont la mâchoire est armée de défenses que l'on utilise comme ivoire pour la fabrication des dents artificielles.

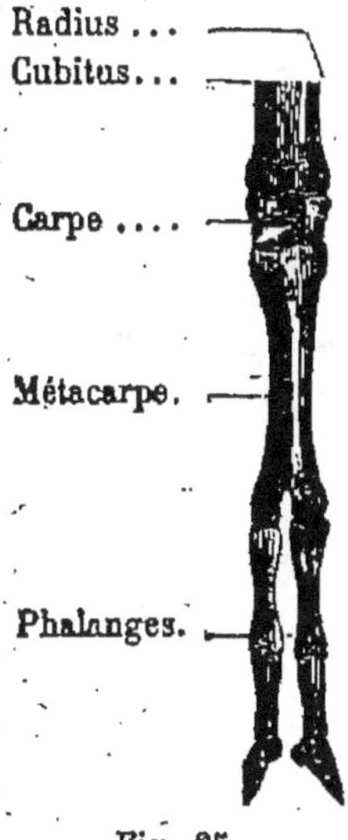

L'extrémité des membres fait classer tous les autres mammifères en **ongulés** et en **onguiculés** ; les premiers ont les doigts enveloppés d'une gaine cornée formant *sabot;* les autres ont à l'extrémité des doigts des *griffes* ou des on-gles.

Les mammifères à sabots, que leurs pieds soient terminés en deux ou quatre doigts (fig. 25-26),

Fig. 25.
Pied de chèvre.

Fig. 26.
Pied de porc.

comme ceux de la chèvre ou du porc, ou en un seul sabot (fig. 27), comme chez le cheval, forment deux ordres : les *ruminants* et les *pachydermes*.

Les **ruminants** qui ont un quadruple estomac formé de la *panse*, du *bonnet*, du *feuillet* et de la *caillette* (fig. 28), mâchent deux fois leurs aliments. Ils sont essentiellement herbivores ; ils avalent l'herbe après l'avoir mâchée grossièrement et l'envoient dans la panse et le bonnet, où elle tombe par une gouttière de l'œsophage ; puis par un mouvement musculaire ils la font remonter dans la bouche où ils la mâchent à nouveau et complètement sous leurs grosses molaires en forme de meules (fig. 29), pour l'envoyer ensuite directement au feuillet, puis à la caillette où commence la digestion stomacale.

Fig. 27.
Pied de cheval.

Les **pachydermes** sont des ongulés qui ne ruminent pas, leur estomac est simple comme celui de tous les mammifères, à l'exception de ceux de

Fig. 29.
Molaires de bœuf.

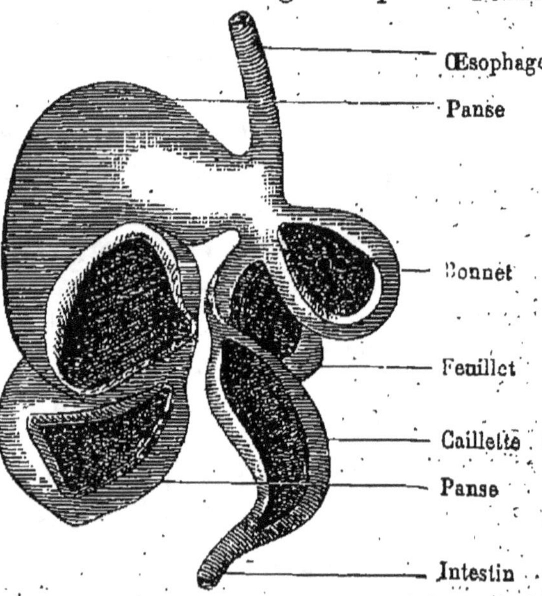

Fig. 28. — Estomacs d'un ruminant.

l'ordre précédent.

Pour grouper les onguiculés, à griffes ou à ongles, on a eu d'abord recours au système dentaire.

On a fait un ordre, les **édentés,** de ceux qui n'ont jamais d'incisives, qui peuvent manquer de canines ou même n'avoir aucune espèce de dents : les *fourmiliers*, les *pangolins* et les *tatous* qui font partie de ce groupe sont tous des animaux exotiques.

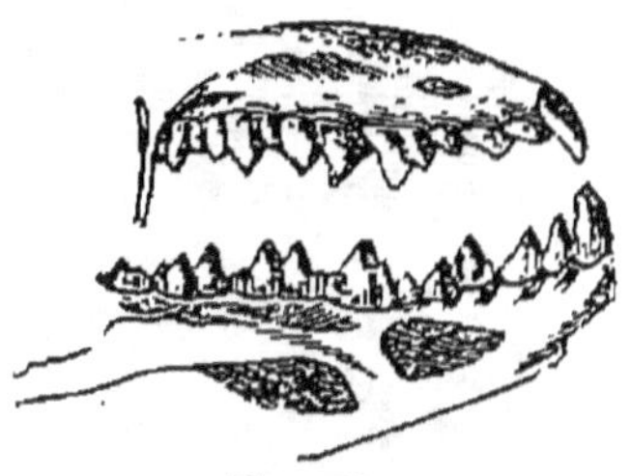

Fig. 30.
Dentition d'un insectivore.

On appelle **rongeurs** ceux des mammifères onguiculés qui manquent de canines, mais qui *ont toujours des incisives*, deux à chaque mâchoire, fortes, taillées en biseau et destinées à ronger ou à mordre.

On désigne sous le nom d'**insectivores** ceux qui

Fig. 31. — La musaraigne.

ont une dentition complète, mais disposée pour prendre et broyer les insectes (fig. 30), tels sont les *hérissons* qui ont le corps garni de piquants, les *musaraignes* (fig. 31), dont la forme se rapproche de celle des rats

et les *taupes* (fig. 32) qui fouissent des galeries dans les
jardins, mais qui détruisent beaucoup de larves d'insectes.

Fig. 32. — La taupe.

On a appelé **chéiroptères** les *chauves-souris* et
les animaux analogues qui se nourrissent de fruits et

Fig. 33. — La chauve-souris.

d'insectes, mais dont le caractère est d'avoir les membres convertis en une sorte d'aile par une membrane qui
réunit les doigts longs et grêles et qui se fixe aux
flancs (fig. 33).

Les **carnivores** constituent l'ordre de ceux qui ont la dentition complète, des incisives propres à couper, des canines fortes pour déchirer, des molaires dont la plupart sont pointues. Les canines sont de véritables crocs, acérés et forts et dont la puissance est encore augmentée par la force d'articulation de la mâchoire infé-

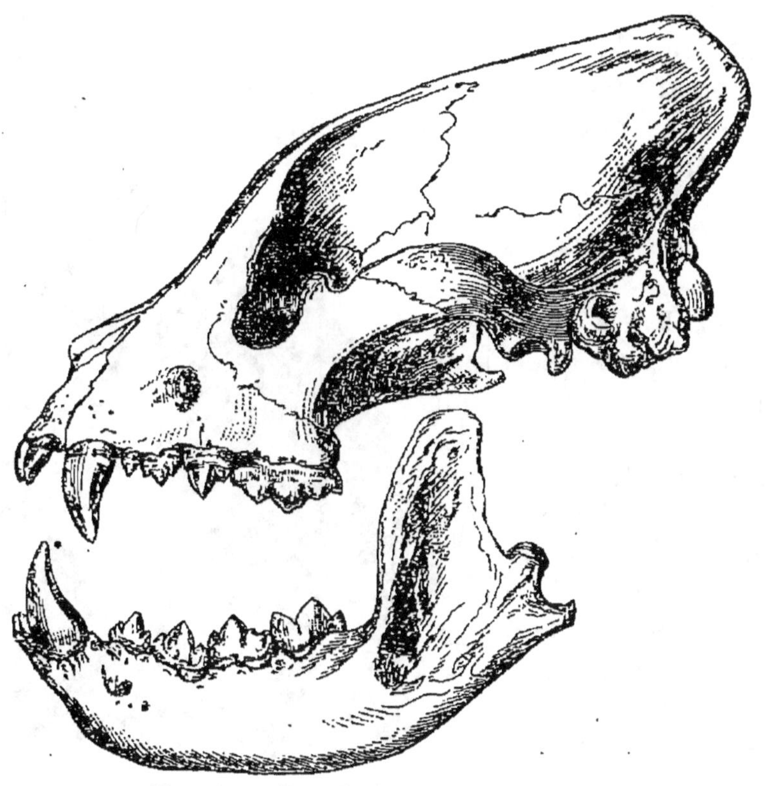

Fig. 34. — Tête d'un carnivore (l'hyène).

rieure. La fig. 34 montre une tête de carnivore avec la mâchoire inférieure désarticulée.

Il reste deux ordres que l'on avait réunis sous le nom de **primates** et qui contiennent les singes et l'homme. On les sépare souvent par la considération des extrémités des membres : les singes ont les quatre membres terminés par une main dont un des doigts est quelque peu opposable aux autres ; et l'homme n'a cette disposition qu'aux membres antérieurs. Mais dans le membre inférieur des singes le cinquième doigt n'est pas absolu-

ment opposable à tous les autres et si l'animal marche
sur le métatarse et les doigts, il ne peut pas mouler cette
extrémité sur les corps à l'égal de celle du membre antérieur. Quoi qu'il en soit, on a souvent groupé les singes
dans l'ordre des *quadrumanes;* et l'homme a formé celui
des *bimanes.*

C'est donc treize ordres de mammifères que l'on peut
distinguer les uns des autres par des caractères saillants,
si l'on sépare l'un de l'autre les deux derniers.

Il nous faut reprendre les principaux d'entre eux pour
y citer les espèces les
plus caractéristiques ou
les plus utiles.

54. Les singes.

—Les singes que Linné
appelait *primates* pour
indiquer leur supério-
rité sur tous les au-
tres mammifères et qu'il
réunissait dans un même
ordre avec l'homme,
ont en général une cer-
taine ressemblance avec
notre espèce dans l'ap-
parence extérieure et
dans la disposition des
organes. Leur nom de

Fig. 35. — Chimpanzé.

quadrumanes rappelle la conformation des extrémités de
leurs membres.

Ceux dont la ressemblance avec l'homme est la plus
approchée ont été appelés **anthropomorphes;** ils
ont trente-deux dents, une queue courte ou nulle et jamais
prenante, les fesses garnies de plaques épidermiques appelées *callosités.* A leur tête est l'*orang outang* des îles
Sumatra, puis le *chimpanzé* de la côte occidentale d'A-
frique (fig. 35), le *gorille* du Gabon qui, avec l'âge, devient d'une force prodigieuse, les *gibbons* de la Malaisie.

Les autres singes de l'ancien continent sont les cynocéphales de l'Afrique, les *macaques*, le *magot* et les *guenons* du Maroc et de l'Algérie.

Les singes du nouveau continent comprennent les *sapajous* à queue prenante et sans callosités, les *ouistitis* tous de petite taille, les *makis* à museau allongé qui ressemblent autant aux carnivores par l'aspect, qu'ils se rapprochent des autres singes par la configuration des membres.

55. Les carnivores. — Les carnivores, tous armés de fortes mâchoires et de molaires pointues et tranchantes, se partagent au point de vue de la marche en deux tribus naturelles : les **plantigrades** qui appuient en marchant toute la plante du pied sur le sol; ainsi sont les *ours* à poil court brun ou blanc et les *blaireaux* à poils longs utilisés pour les pinceaux et les brosses; les **digitigrades** qui ne s'appuient dans la marche que sur le bout des doigts.

Les **digitigrades** forment trois familles : 1° Les **petits carnivores** à corps long, effilé et souple, au pelage lustré fournissant des fourrures estimées, tous très carnassiers; tels sont le *putois*, la *belette*, l'*hermine*, le *furet*, la *martre*, la *loutre* et la *fouine* On recherche la fourrure des martres et de l'hermine; on élève le furet pour la chasse du lapin et on poursuit le putois, la belette et la fouine parce qu'ils s'attaquent aux basses-cours;

2° La **famille des chiens** comprend des animaux plus grands, mais moins sanguinaires que les précédents, avec deux molaires tuberculeuses en arrière

Fig. 36. — Le chien.

de la molaire carnassière. On les groupe en deux genres. Le premier a la langue dépourvue de papilles dures et cornées; on y place le *chien*, le *loup* répandu dans toute l'Europe, le *renard* commun en Europe et dans l'Amérique du Nord, le *chacal* qui habite les contrées chaudes.

Le **chien** est connu de tout le monde pour sa fidélité, ses qualités de gardien, la finesse de son odorat. Les variétés de chiens domestiques qui ont pour l'homme une réelle utilité sont nombreuses: le *dogue*, le *terrier* et le *chien de berger* gardent les troupeaux; l'*épagneul* et le *chien courant*, le *lévrier* et le *basset* sont très esti-

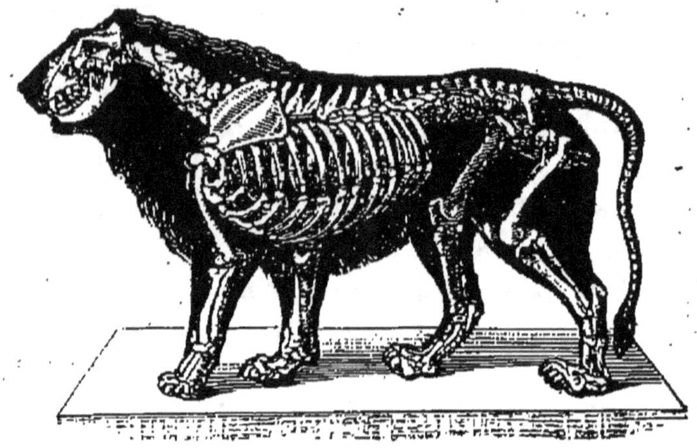

Fig. 37. — Squelette de lion.

més pour la chasse; le *barbet* aux poils frisés et laineux est très susceptible d'éducation.

Le second genre comprend les *civettes*, dont la langue est couverte de papilles dures, les ongles à demi redressés pendant la marche. Ces animaux sécrètent une matière odorante dans une glande voisine de l'anus. Leur organisation en fait des intermédiaires entre les chiens et les chats.

3° La **famille des chats** comprend avec le chat domestique les véritables bêtes féroces. Ils sont forts et agiles, avec des membres puissants, et possèdent des mâchoires très fortement articulées (fig. 37). Leurs ongles se redressent pendant la marche pour se cacher sous un repli de la peau du doigt; un muscle les retient

dans cette position ; et quand ce muscle cesse de se contracter, l'ongle pointu retombe et trace une rainure profonde sur le corps où il se meut (fig. 38). Les principales

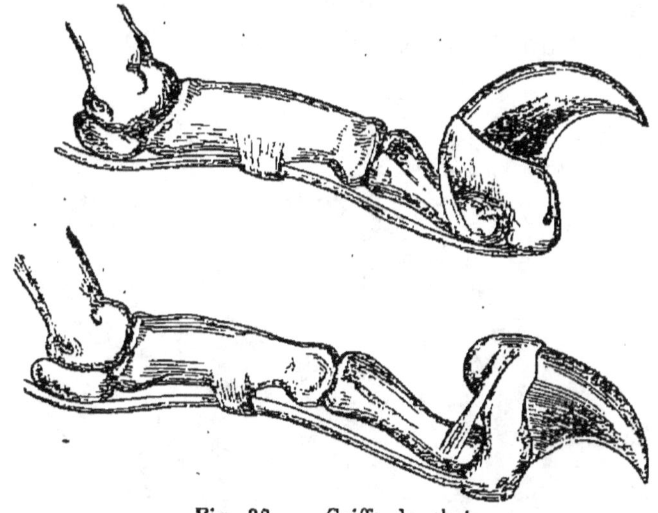

Fig. 38. — Griffe de chat.

espèces sont le *lion*, le *tigre*, la *panthère*, le *léopard*, le
lynx, le *chat sauvage* et le *chat domestique* ; dans un autre

Fig 39. — Chat

genre l'*hyène*, qui vit plutôt de cadavres en putréfaction
que de chair fraîche.

56. Les rongeurs. — Les rongeurs ont tous des
incisives très développées et taillées en biseau ; mais ils
sont très différents les uns des autres dans leurs formes
et dans leur genre de vie. On y remarque surtout :
Les *écureuils* avec leur queue disposée en panache,

leur pelage rouge l'été et gris l'hiver (fig. 40). Les *rats*,
mulots et *surmulots* et les *souris* qui s'attaquent à nos
provisions ; les *loirs* qui dévastent les arbres fruitiers ;
les *campagnols* avec leur queue velue, qui dévastent les
campagnes et dont une espèce habite le bord des cours

Fig. 40 — L'écureuil

d'eau ; les *gerboises* à membres postérieurs très longs ;
les *marmottes* des Alpes ; les *castors* des étangs et des
cours d'eau de l'Amérique ; les *porcs-épics* avec leurs
longs et gros piquants noirs et blancs ; les *lièvres* et les
lapins si connus de tout le monde, et les *cobayes* ou co-
chons d'Inde.

57. Les ruminants. — Les ruminants sont tous

des herbivores à grosses et larges molaires, à pied fendu comme la chèvre, ou fourchu comme le bœuf.

Ils sont très nombreux et portent presque tous des *cornes*. On les a groupés en cinq familles dont chacune réunit un ou plusieurs genres où l'on trouve beaucoup d'espèces utiles.

La première famille comprend les **ruminants à cornes creuses**, formées d'un noyau osseux qui

Fig. 41. — Le lapin.

est le prolongement de l'os frontal recouvert par un étui de substance cornée susceptible de s'accroître toute la vie.

Les genres qui rentrent dans cette famille ont pour types le *bœuf*, le *mouton*, la *chèvre*, l'*antilope*.

Le genre **bœuf** comprend, outre le bœuf ordinaire, dont le mâle porte le nom de *taureau* et dont la *vache* est la femelle, l'*aurochs* à front bombé, à tête crépue. plus grand que le bœuf, mais farouche et indompté : le *bufle* de l'Inde ou de l'Afrique australe, le *bison* d'Amérique.

Le *bœuf domestique*, probablement originaire de l'Asie, existe en tous pays.

La race bovine est de toutes les espèces animales celle qui rend le plus de services à l'homme; elle le nourrit de son lait et de sa chair; elle lui fournit les engrais pour ses cultures; elle laboure ses champs et rentre ses récoltes. C'est avec la peau du bœuf, de la vache et du veau que l'on prépare les cuirs; les poils sont utilisés,

Fig. 42. — Le bœuf.

aussi les os et les cornes, les tendons et l'intestin, même le sang.

La *vache* donne son lait qui sous la forme de lait frais, de beurre et de fromage constitue l'un de nos aliments les plus employés. La race bretonne (fig. 43), de petite taille, est recherchée pour l'excellence du lait qu'elle donne; les races normandes, plus fortes de taille, consomment beaucoup plus, mais donnent une plus grande quantité de lait.

Le bœuf est élevé pour le travail et pour la boucherie.

Les races anglaises d'Hereford et de Durham sont tout particulièrement aptes à l'engraissement. En France, tous les bœufs sont employés au travail dans leurs pre-

Fig. 43. — Vache bretonne.

mière années, et ce n'est que vers l'âge de huit à dix ans qu'on les prépare pour la boucherie par l'engraissement au pâturage et à l'étable. Les races charolaise (fig. 42), normande et garonnaise sont parmi celles qui donnent les animaux les plus forts et les plus recherchés.

Le genre **mouton** qui a les cornes à surface ridée et annelée dirigées en arrière et recourbées de chaque côté de la tête (fig. 44), comprend, outre le *mouton domestique*, l'*argali* des montagnes de l'Asie et le *mouflon* de Corse.

Fig. 44. — Mouton.

Le mouton domestique, dont le mâle porte le nom de *bélier*, et la femelle, le plus souvent dépourvue de cornes, celui de *brebis*, nous rend de grands services ; il donne à l'homme sa chair, sa graisse ou suif et sa toison. C'est peut-être de tous les animaux celui que l'homme a le plus modifié par l'élevage et par le croisement pour en obtenir des toisons fines, soyeuses et touffues, des laines très diverses, ou pour développer des races disposées à un rapide engraissement. Les races françaises les plus estimées sont la race flamande, celle du Berry et les *mérinos* (fig. 45). Il faut citer parmi les races anglaises les *south-downs* et le *dishley*.

La **chèvre** se distingue du mouton par le chanfrein

Fig. 45. — Mérinos

concave de la tête et le bouquet de poils plantés sous le menton. C'est un animal précieux pour les contrées peu fertiles et pour les ménages pauvres; elle cherche sa nourriture sur les coteaux; elle vit de peu et donne un lait nourrissant et pouvant produire un bon fromage. L'espèce du Mont-Dore fournit jusqu'à trois litres de lait par jour employé à la fabrication des fromages.

L'espèce du Thibet donne un duvet laineux qui sert à fabriquer les tissus de cachemire.

Les *antilopes* ont le noyau de leurs cornes plein et et compacte; une seule espèce habite l'Europe occidentale, c'est le *chamois* que l'on chasse dans les Alpes et dans les Pyrénées.

La deuxième famille des ruminants ne comprend que la *girafe*, si curieuse par la longueur du cou et des jambes antérieures et dont les cornes courtes et persistantes sont dé-pourvues d'étui corné et seulement revêtues d'une peau adhérente.

La troisième famille comprend les **ruminants à bois**: les *cerfs*, le *chevreuil*, le *daim*, l'*élan* et le *renne* (fig. 46). Les habitants

Fig. 46. — Renne.

de l'extrême nord se servent du renne comme bête de somme ; ils se nourrissent de sa viande et de son lait, et sa peau leur sert de vêtement.

Les deux dernières familles comprennent l'une les *chevrotains*, dont une espèce produit le musc, et l'autre le *chameau* et le *dromadaire*, si utiles dans le désert, le *lama* et la *vigogne*, dont le poil laineux est très recherché.

58. Les pachydermes. — Les mammifères ongulés non ruminants réunis dans l'ordre des *pachydermes* forment trois familles naturelles très distinctes. La première est nettement caractérisée par la longue *trompe* dans laquelle se prolonge le nez des animaux qui la forment, et par les *défenses* qui se dressent de chaque côté ; les **éléphants** forment le type de cette famille. La troisième comprend le **cheval** et les espèces voisines, qui se distinguent par leurs extrémités composées d'un seul doigt, et terminées, en conséquence, par un *seul sabot*. Les autres pachydermes ont des *sabots multiples* et n'ont jamais la longue trompe des éléphants.

Les *éléphants* sont célèbres par leur intelligence et l'adresse que leur donne leur trompe terminée par une sorte de doigt charnu. Cette intelligence a d'ailleurs été bien exagérée : mais réduit en captivité, l'éléphant est doux avec ceux qui le soignent et leur obéit volontiers. Les éléphants vivent en troupe, sous la conduite de

Fig. 47. — Éléphant.

vieux mâles ; on les chasse pour l'ivoire de leurs défenses ; la durée de leur vie paraît être de deux à trois cents ans.

Cuvier a distingué, pour la conformation des dents molaires l'éléphant des Indes et l'éléphant d'Afrique.

La deuxième famille des **pachydermes ordinaires** comprend des animaux, dépourvus de trompe bien qu'un genre (*tapirs*) ait le nez prolongé et mobile, ils ont seulement quatre, trois ou deux doigts à leurs pieds. On range dans cette famille quatre groupes.

Les *tapirs* ont le nez prolongé en un rudiment de trompe mobile, mais incapable de saisir comme celle des éléphants. Ils ont quatre doigts en avant et trois en arrière. Les uns sont originaires d'Asie, les autres d'Amérique.

Les *rhinocéros*, dont le nom rappelle la singulière conformation, portent sur le museau une ou deux cornes adhérentes à la peau et soutenues par les os du nez. Ce sont de grands quadrupèdes de l'ancien monde.

Les *hippopotames* ont quatre doigts à tous les pieds, le corps épais et trapu, les jambes très courtes, la tête énorme. Leur peau est comme celle des rhinocéros, dénuée de poils. Ils vivent dans les rivières et peuvent plonger une heure sans venir reprendre haleine à la surface de l'eau. Ce sont des animaux de l'Afrique.

Les **porcs** ont en général quatre doigts à tous les pieds; mais les deux médians posent seuls sur le sol, et y forment un pied fourchu qui rappelle

Fig. 48. — Porc.

celui de la plupart des ruminants. Le nez, disposé en un groin mobile, leur permet de fouir la terre, où un odorat très fin leur décèle la présence des racines ou des végétaux souterrains qu'ils recherchent. Leurs canines sont ordinairement proéminentes et forment quatre défenses recourbées de chaque côté de la hure. Le **sanglier** qui habite nos forêts est la souche du porc domestique.

Fig. 49 — Sanglier.

Le **porc** est l'une des espèces domestiques les plus faciles à élever et à nourrir; il est pour nous un très bon moyen de transformer en viande et d'utiliser des matières dont nos autres animaux domestiques ne veulent pas pour nourriture. Le porc croît rapidement, s'engraisse de même; sa chair est saine lorsqu'elle est fraîche. Dans beaucoup de contrées, on la conserve après l'avoir salée et desséchée ou fumée.

Les **solipèdes** se reconnaissent de prime abord par leur *sabot unique* qui annonce l'existence d'un seul doigt développé. On trouve sous la peau les rudiments de deux doigts latéraux, mais ils sont incomplets et ne se voient pas à l'extérieur. Un seul genre, le **cheval,** constitue cette famille, mais c'est un des plus remarquables parmi les mammifères.

Les chevaux ont six incisives à chaque mâchoire, six molaires de chaque côté, en haut comme en bas; entre les molaires et les incisives est un espace vide que l'on nomme la *barre*, et, comme il correspond à l'angle des lèvres, il reçoit, chez les chevaux domestiques, le mors avec lequel on les conduit. Chez les mâles on observe derrière l'incisive externe de la mâchoire supérieure une petite canine qui ne se retrouve pas toujours à l'inférieure. Tout le monde connaît les belles formes et les gracieuses proportions que peuvent offrir les chevaux. Les espèces, d'ailleurs assez semblables, diffèrent par la longueur des oreilles, la légèreté du corps et la coloration de la robe. Le cheval ne se trouve pas à l'état sauvage, si ce n'est dans les pampas de l'Amérique où des chevaux domestiques rendus à la liberté vivent en troupe.

La durée de la vie d'un cheval est d'environ trente ans.

Le *poulain* remplace ses premières incisives par des dents permanentes entre trois et cinq ans; et ces incisives ont, comme d'ailleurs l'avaient les premières, une fossette qui s'efface peu à peu par l'usage et qui a disparu vers l'âge de huit ans. C'est par l'état de la dentition et par la fossette des incisives que les maquignons jugent de l'âge des jeunes chevaux.

Le **cheval** est le compagnon de l'homme dans les travaux et dans les combats.

Fig. 50. — Cheval boulonnais.

Nos races françaises sont différentes les unes des autres par la force ou par la légèreté : le *cheval arabe* est le type des formes sveltes et des chevaux de selle et de guerre ; les *percherons* sont recherchés pour le trait léger ; les *boulonnais* (fig. 50) sont employés au gros trait.

Fig. 51. — Ane.

L'âne marche, trotte et galope comme le cheval, mais avec des mouvements bien plus lents et une force moins grande : il a de longues oreilles, une croix noire sur les épaules, une queue dénudée de longs crins à la base (fig. 51) ; il

est sobre sur la quantité et la qualité de sa nourriture.
Il en existe en France une belle race, celle du Poitou.

Le *mulet*, provenant du croisement de l'âne et du
cheval, est très estimé dans les pays montagneux à
cause de sa sobriété et de la grande sûreté avec laquelle
il marche dans les chemins très difficiles.

RÉSUMÉ. — Le nombre des animaux est si grand qu'il faut
de toute nécessité les réunir en groupes, les classer par leur ressemblances si l'on veut pouvoir les étudier.

Les classifications artificielles qui ne s'appuieraient que sur la
similitude d'un organe, ne peuvent suffire. Il faut donner comme
base à la classification la **méthode naturelle** qui compare les
êtres par leur organisation générale et qui les groupe de manière
que l'un d'eux puisse être choisi comme type pour l'étude des
autres qui lui sont similaires.

L'espèce, qui comprend tous, les individus semblables et ressemblant à ceux qui leur ont donné naissance, est à la base de
la classification. On réunit les espèces en *genres*, les genres en
familles, les familles en *ordres*, les ordres en *classes*, les classes en
embranchements

Sans s'arrêter à la division des animaux en vertébrés et en invertébrés, on peut admettre comme premier groupement les
quatre embranchements proposés par Cuvier.

Les **vertébrés** qui ont un squelette intérieur.

Les **annelés** qui ont la peau durcie, disposée en anneaux successifs.

Les **mollusques** à corps mou, avec ou sans coquille.

Les **zoophytes** ou **rayonnés** dont le corps est symétrique autour d'un point central.

Les vertébrés, dont le principal caractère est d'avoir un squelette intérieur, ont un système nerveux cérébro-spinal comme
celui de l'homme. Ils ont été groupés en cinq classes :

Les *mammifères*, les *oiseaux*, les *reptiles*, les *poissons* et les
amphibiens.

Les annelés, les mollusques et les zoophytes ont été de même
divisés en classes et chaque classe en tribus, familles, genres et
espèces.

Les **mammifères** mettent au monde leurs petits vivants et ils
les allaitent du lait de leurs mamelles; ils ont la circulation
complète, le corps pourvu habituellement de deux paires de
membres, la peau ordinairement couverte de poils.

On les a divisés en ordres d'après leur système dentaire, la
disposition des membres et, en particulier, de leurs extrémités,
la manière dont leurs petits viennent au monde.

Les *marsupiaux* et les *monotrèmes* ont une poche où ils gardent leurs petits quelque temps après leur naissance. Tous les autres mammifères sont dits monodelphes, parce que leurs petits sont tout formés quand ils viennent au monde.

Les mammifères manquant de membres abdominaux, ayant les membres supérieurs en nageoires sont appelés *cétacés*, tels sont les dauphins, les cachalots, la baleine.

Ceux qui ont la vie aquatique avec des membres abdominaux palmés, comme le phoque, sont des *amphibies*.

Tous les autres se classent en ongulés ayant les doigts recouverts d'un sabot corné, et en onguiculés, ayant des griffes ou des ongles ne recouvrant jamais toute l'extrémité des doigts.

Les ongulés comprennent deux ordres : les **pachydermes** à peau épaisse, où l'on remarque les éléphants, le porc et le sanglier, et les solipèdes, comme le cheval et l'âne ; les **ruminants**, qui ont l'estomac à quatre cavités, un régime herbivore, de grosses molaires : tels, le bœuf, le mouton, la chèvre, les cerfs, le renne, le chameau.

Les onguiculés ou mammifères à griffes ou ongles comprennent les *édentés* qui manquent d'incisives et parfois de toutes les dents, comme le fourmilier ; les **insectivores** qui se nourrissent d'insectes comme la taupe et le hérisson ; les **rongeurs**, avec leurs incisives tranchantes en biseau, comme l'écureuil, les rats, le castor, le lièvre et le lapin ; les *chéiroptères*, avec leur membre antérieur en aile, comme les chauves-souris ; les **carnivores**, à mâchoires puissantes, le chien, le loup, le chacal, le renard, les petits carnassiers, le chat, le lion, le tigre, l'ours et le blaireau.

Les êtres supérieurs appelés **primates** contiennent l'espèce humaine et les singes. On les a groupés en *bimanes* et *quadrumanes*, en considérant les extrémités des membres et en admettant que les membres inférieurs des singes sont terminés par une main comme les membres supérieurs.

C'est en tout treize ordres de mammifères dont quelques-uns fournissent à l'homme des auxiliaires ou lui servent par leurs produits.

CHAPITRE XII

LES OISEAUX

59. Caractères généraux. — Les oiseaux se distinguent des mammifères par plusieurs caractères très importants. Au lieu de donner naissance à des petits vivants, ils pondent des œufs ; au lieu de dents, ils ont un bec corné ; au lieu de poils, ils ont des plumes ; enfin, presque tous jouissent de la faculté de se mouvoir dans l'air, et leurs membres antérieurs transformés en **ailes** ne peuvent servir ni à la marche, ni à la préhension des aliments.

Le système respiratoire des oiseaux diffère de celui des mammifères, en ce que les bronches se prolongent au delà des poumons et communiquent avec des sacs membraneux placés dans l'abdomen. L'air pénètre ainsi dans toutes les parties du corps, jusque dans les os même, et les surfaces par lesquelles s'exerce la respiration se trouvent multipliées. La température intérieure est très élevée ; elle peut atteindre 44 degrés centigrades.

La circulation s'effectue de la même façon que chez les mammifères.

Le tube digestif présente trois estomacs (fig. 52) : le **jabot** ou premier estomac, n'est qu'une dilatation de la partie inférieure de l'œsophage. Les aliments s'y entassent de manière à faire saillie en avant du cou, mais ils n'y subissent pas de véritable transformation. Le **ventricule succenturié,** ou second estomac, présente des parois

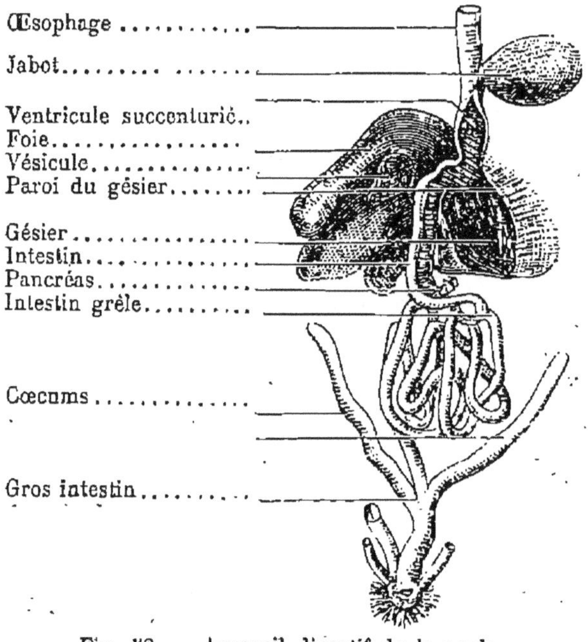

Fig. 52. — Appareil digestif de la poule.

épaisses et glanduleuses qui sécrètent un liquide dont les aliments s'imbibent. Le **gésier,** ou troisième estomac, est formé par une membrane presque cartilagineuse autour de laquelle se trouve une enveloppe musculaire. Comme le bec corné n'est pas susceptible de diviser suffisamment les aliments, c'est dans le gésier que ceux-ci sont broyés. Cet organe est d'autant plus fort que les aliments sont plus durs ; chez les espèces carnassières, il n'a que des parois minces, tandis que chez les granivores, au contraire, il est très épais. Souvent ces dernières espèces avalent de petites pierres qui doivent faciliter l'écrasement et la trituration dans le gésier des grains dont elles se nourrissent.

L'intestin des oiseaux se termine par une poche appelée *cloaque* où arrivent aussi les conduits destinés à la sécrétion urinaire et à la sortie des œufs.

Le squelette des oiseaux (fig. 53), aussi solidement articulé que celui des mammifères, présente une plus grande légèreté : à volume égal, un os d'oie pèse deux fois moins qu'un os de lapin. Les membres antérieurs supportent les **plumes** qui doivent produire le vol ; l'extrémité est une sorte de moignon que l'on désigne vulgairement sous le nom d'aileron. Les membres postérieurs ont une cuisse courte, une jambe plus ou moins longue, suivant les espèces, et à la suite un tarse souvent très développé et habituellement recouvert d'une peau écailleuse et des doigts plus ou moins crochus au nombre de quatre.

Les os du tronc, particulièrement les vertèbres, jouissent de peu de mobilité et sont solidement fixés les uns aux autres. Le sternum est d'autant plus large que le vol doit être plus puissant. Cet os porte sur la ligne médiane une crête saillante appelée **bréchet**, qui est destinée à l'insertion des muscles moteurs des ailes. Les vertèbres cervicales sont très mobiles ; leur nombre n'est pas limité comme chez les mammifères. La longueur du cou est généralement en raison de celle des pattes, disposition nécessaire pour que les oiseaux à longues pattes puissent saisir sur le sol leur nourriture. L'œil des oiseaux est toujours protégé par trois paupières, deux horizontales et une verticale, celle-ci naît de l'angle interne de

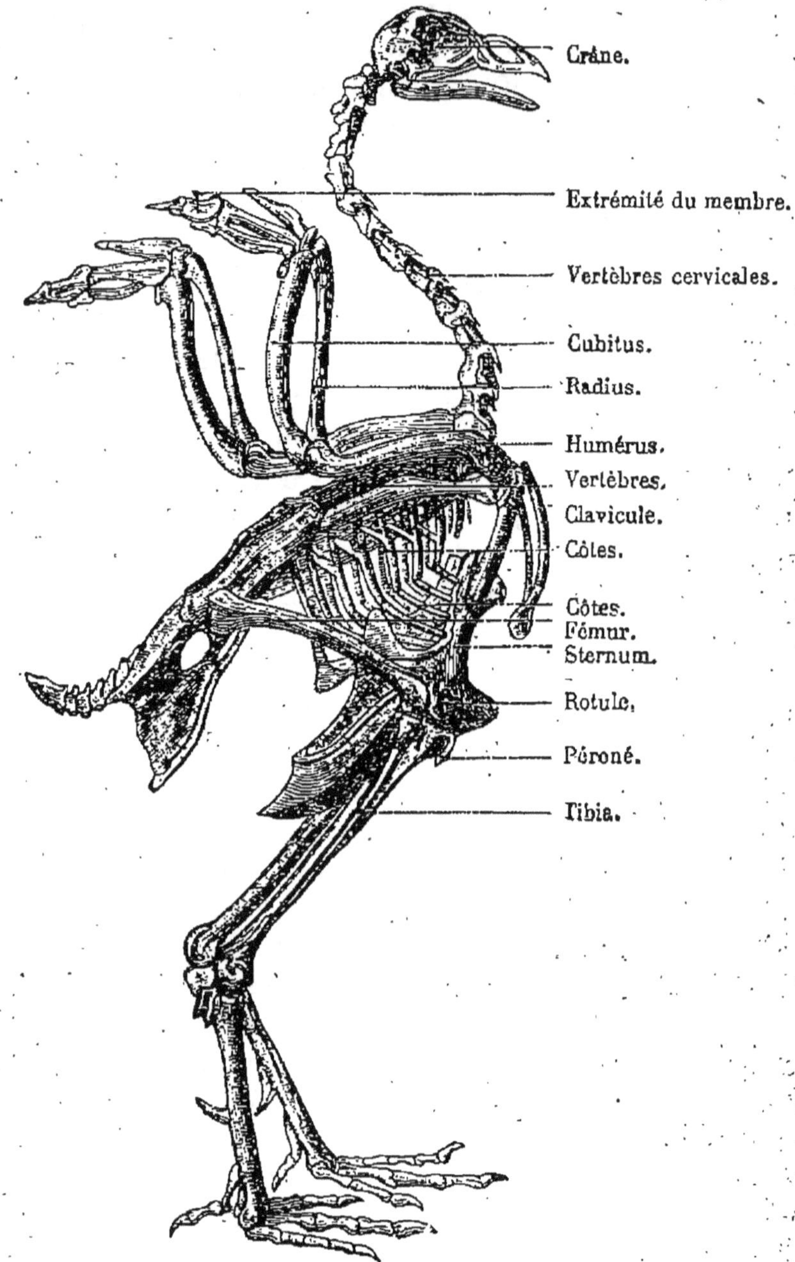

Fig. 53. — Squelette d'oiseau.

l'œil et elle est appelée *paupière clignotante*. La puissance de la vision est très grande chez les oiseaux ; ils

aperçoivent leur proie, quelque petite qu'elle soit, à des distances énormes.

La peau des oiseaux est couverte de **plumes**. Ces plumes se composent d'une tige portant des barbes, ordinairement divisées en barbules. On a souvent appelé tectrices les plumes qui ne remplissent d'autres fonctions que celles de téguments ; elles protègent le corps contre le froid et l'humidité et sont revêtues d'un enduit gras qui les rend imperméables à l'eau. Chez les oiseaux qui doivent habiter les régions froides, il y a en grande abondance, sous les plumes superficielles, un *duvet* plus ou moins fin, que l'on utilise pour remplir les oreillers ou les édredons. Les plumes des membres supérieurs ont un très grand développement et sont disposées en une sorte de palette, avec laquelle l'oiseau bat l'air quand il vole ; on les désigne sous le nom de *rémiges* ou de *pennes* de l'aile (fig. 54). De grandes plumes s'attachent au coccyx et forment la queue ; elles ser-

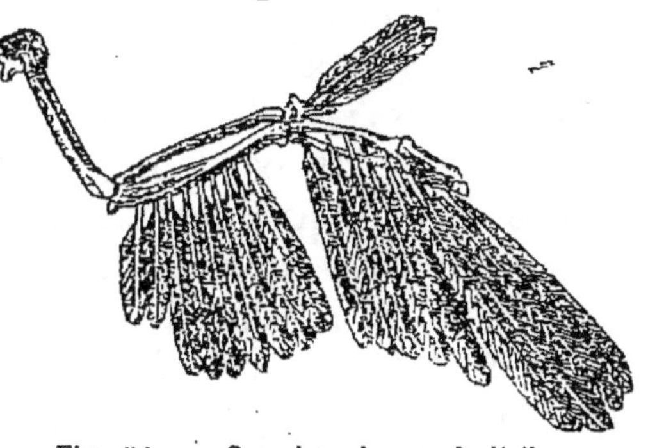

Fig. 54. — Grandes plumes de l'aile.

vent de gouvernail et ont reçu pour cette raison le nom de *rectrices*. Les couleurs du plumage varient d'une espèce à l'autre et présentent les tons les plus divers, des nuances vives et éclatantes à côté de nuances ternes ; les espèces des pays chauds sont particulièrement remarquables par la vivacité et la beauté de leurs couleurs.

Il faut aux oiseaux une grande force musculaire pour s'élever dans un milieu aussi peu dense et aussi peu résistant que l'air ; aussi les muscles de l'aile sont-ils très développés ; ils forment sur les os du sternum et du thorax de chaque côté deux masses de chair épaisses. Chez les grands voiliers les ailes ont un grand développement, une énorme envergure comparée à la longueur du corps de l'animal. Les oiseaux nageurs ont des ailes peu développées ; et les oiseaux coureurs les ont plus petites encore.

Tous les oiseaux ne sont pas sédentaires ; un certain nombre accomplissent périodiquement de longs voyages, ils vont vers les régions chaudes à l'approche de la saison froide et reviennent vers le nord au commencement du printemps.

On nomme *oiseaux de passage* les oiseaux qui sont sujets aux migrations. Sur toute leur route, ils fournissent d'abondantes ressources aux localités qu'ils traversent parce qu'ils y passent par bandes. Les chasseurs les attendent à époques fixes pour les tirer ou même pour les prendre aux filets.

Les oiseaux commencent la série des animaux *ovipares*, c'est-à-dire des animaux qui se reproduisent par des œufs. Les **œufs** des oiseaux ont besoin pour éclore d'être maintenus pendant un certain temps sous l'influence d'une température assez élevée, c'est pour cela que la mère les couve. Dans les pays chauds l'ardeur du soleil suffit presque durant le jour pour assurer aux œufs la température nécessaire. L'incubation est du reste un acte purement physique, et l'on détermine facilement l'éclosion artificielle des œufs en les faisant séjourner dans des fours chauffés à 40° centigrades. Les Egyptiens employaient ce moyen pour la propagation des volatiles domestiques. On l'applique aujourd'hui avec quelque succès dans les *couveuses artificielles* où l'on provoque l'éclosion des œufs en les tenant le temps suffisant à une température constante et où l'on nourrit les jeunes jusqu'à ce qu'ils puissent eux-mêmes chercher leur nourriture.

L'œuf de la poule donne une idée de la constitution de l'œuf chez les oiseaux. L'enveloppe extérieure ou *coque* consiste en une croûte calcaire, extrêmement poreuse, doublée en dedans d'une membrane mince. Vient ensuite un liquide visqueux, transparent, coagulable par la chaleur ; c'est le *blanc de l'œuf* ou *albumine*. Au centre,

est une masse sphérique de couleur jaune, le *vitellus*,
fixé dans sa position par des ligaments très fragiles appelés les *chalazes*. Sur un point de la surface du *jaune*
se voit une tache arrondie et blanchâtre, c'est la *cicatri-
cule* ou le germe du jeune oiseau. Ce germe se développe
par l'incubation en absorbant toutes les matières contenues dans l'œuf. Le jaune et le blanc constituent en effet
deux matières alimentaires : l'une grasse, l'autre azotée,
c'est-à-dire les éléments nécessaires à la formation des
tissus. Le germe trouve dans la chambre à air de l'œuf
l'air indispensable à sa vie.

Le nombre de ces œufs produits à chaque ponte varie

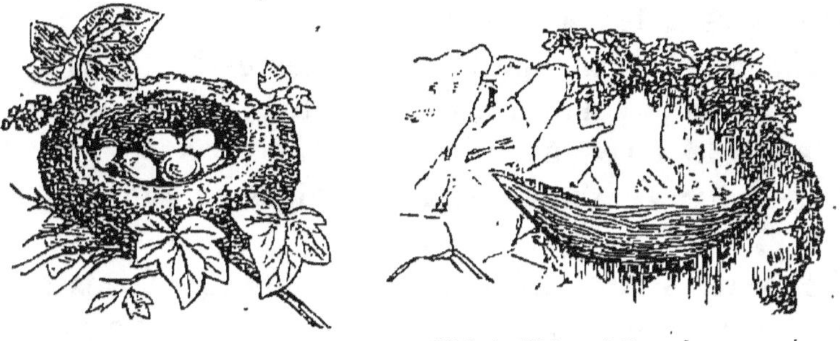

Fig. 55. — Nids d'oiseaux.

avec les espèces. La plupart des oiseaux font un **nid** pour
recevoir leurs œufs et servir de berceau à leurs petits.
Ces nids sont souvent construits avec un art admirable,
formés de branchages, de brins de paille, de matériaux
divers rassemblés et disposés, sous les toits ou contre
les murs des maisons, dans les arbustes et dans les arbres. Chaque espèce a son architecture propre, ses matériaux spéciaux, sa forme caractéristique : beaucoup de
nids sont curieux par la manière dont ils sont dissimulés
ou par les soins que l'oiseau a pris d'en cacher l'ouverture.

60. Division des oiseaux en groupes. —
Cuvier a divisé la classe des oiseaux en six ordres, en
se basant surtout sur la forme des membres et sur celle

du bec ; mais les caractères ne sont pas très tranchés pour tous les groupes ; les espèces d'oiseaux se ressemblent beaucoup plus les unes aux autres que les espèces de mammifères. Les six ordres sont : les *rapaces* ou oiseaux de proie, les *passereaux*, les *grimpeurs*, les *gallinacés*, les *échassiers* et les *palmipèdes*.

Les **palmipèdes** se reconnaissent immédiatement à leurs *pieds palmés*, aux doigts réunis par une membrane qui en fait une rame propre à la natation ; aussi ont-ils des mœurs aquatiques.

Les **échassiers** doivent leur nom à leur long tarse, le plus souvent nu et qui fait ressembler leurs membres postérieurs à des échasses.

Tous les autres oiseaux sont terrestres. Les **gallinacés** ont le vol lourd, le bec court ; ils ont une écaille molle qui leur recouvre les narines.

Les **grimpeurs** ont deux doigts en avant, deux en arrière.

Les **passereaux** comprennent toutes les espèces granivores à bec court droit et faible, aux doigts armés d'ongles peu recourbés.

Les **rapaces,** ou oiseaux de proie ont des griffes solides et crochues, qui en font des *serres* puissantes, un bec très fort, droit à sa base et recourbé à son extrémité en une pointe acérée ; ils sont tous carnassiers.

61. Les Rapaces. — Les rapaces correspondent aux mammifères carnivores. Les uns vivent de petits quadrupèdes ou d'oiseaux, les autres de viande corrompue ; quelques-uns de poissons, de reptiles ou d'insectes. Leurs doigts sont armés de griffes puissantes et crochues, constituant des serres. Leur bec, droit à sa base, se recourbe à son extrémité en une pointe acérée. Leurs ailes sont ordinairement très étendues et la plupart ont un vol très rapide.

On partage les rapaces en rapaces *diurnes* et rapaces *nocturnes.*

Les rapaces diurnes ont les yeux dirigés de

côté. Ils se montrent pendant le jour et recherchent la lumière. Nous citerons : les aigles, les faucons, les gerfauts, les émouchets, les éperviers, les autours, les milans, les buses, les vautours, les condors.

L'aigle habite les montagnes, les falaises escarpées, les sites les plus sauvages et les plus déserts.

Les **faucons** habitent les régions montagneuses du centre et du midi de l'Europe. Ils se nourrissent de gros oiseaux, tels que les faisans, les canards, les oies. Ils sont très forts et en même temps très courageux. Autrefois on dressait pour la chasse des faucons et autres oiseaux de ce groupe, tels que les éperviers, les autours, les hobereaux, les gerfauts. — Les *cresserelles*, plus ordinairement connues sous le nom d'**émouchets**, se nourrissent de rats, de souris, de mulots, de toutes sortes de petits reptiles, et sous ce rapport elles nous rendent quelques services. Par contre, elles s'attaquent souvent aux petits poussins des basses-cours. — Les *émérillons*, de plus petite taille, dont la grosseur est à peu près celle d'une grive, chassent les alouettes et les cailles. — Les *gerfauts* sont les plus acharnés à la chasse des petits oiseaux.

Fig. 56 — Le faucon

L'autour, l'**épervier** et la **buse** habitent nos forêts ; ils guettent les petits oiseaux du haut des arbres, fondent sur eux et les détruisent ; ils s'attaquent aussi aux petits rongeurs, aux lézards, aux limaçons.

Les *vautours* et les *condors* sont les plus grands des rapaces ; ils habitent les plus hauts sommets des contrées montagneuses ; ils recherchent surtout les cadavres, les chairs en putréfaction ; mais ils s'attaquent aussi parfois aux troupeaux et sont assez forts pour enlever des agneaux.

Les **rapaces nocturnes** ont les yeux très gros et dirigés à l'avant de la tête. Ils craignent la lumière, se tiennent cachés le jour et ne sortent ordinairement pour chercher leur nourriture qu'à l'heure du crépuscule. Leur régime est carnassier; ils vivent d'insectes, de petits reptiles, de petits mammifères, qu'ils avalent tout entiers et sans les dépecer. En général, ils ne construisent pas de nid et déposent leurs œufs dans les trous des arbres, dans les vieux murs, dans les rochers ou les nids abandonnés. Ces oiseaux sont à tort l'objet d'une aversion à peu près universelle; on les désigne communément sous le nom d'oiseaux de la mort. Cependant l'agriculture leur est redevable de la destruction d'une foule d'animaux nuisibles et l'on ne devrait pas les détruire.

Le **hibou** *commun* ou *moyen-duc* se trouve dans presque toutes nos forêts, caché parmi les rochers ou dans les cavernes. C'est un chasseur infatigable de mulots et de rats. Son plumage est jaune semé de taches brunes; sa tête porte une double aigrette formée par des plumes redressées. Le **grand-duc,** plus grand que le hibou, porte aussi une double aigrette. On le rencontre moins fréquemment dans nos forêts; il se nourrit de petits rongeurs, attaque les lapins, quelquefois même les tout jeunes chevreuils et ne craint pas de disputer sa proie aux buses. La **chouette** proprement dite n'a point d'aigrettes; c'est à peu près le seul caractère qui la distingue du hibou. La *hulotte* ou **chat-huant** ou chouette des bois, n'a point non plus d'aigrettes; elle est un peu

Fig. 57. — Chat-huant.

plus grande que le hibou et habite les vieux troncs d'arbres. L'*effraie* niche dans les vieilles tours et les clo-

chers. Tous ont le plumage soyeux et font peu de bruit
en volant.

62. Les passereaux. — L'ordre des passereaux se compose d'une infinité d'espèces, généralement
d'assez petite taille, mais qui sont tellement distinctes
les unes des autres sous le rapport de la forme et des
mœurs, qu'il serait assez difficile de leur trouver beaucoup de caractères communs. Leurs tarses sont courts;
leurs doigts, terminés par des ongles faibles et peu cour-
bés, sont au nombre de quatre, trois en avant, un en
arrière; leur bec n'est jamais crochu; enfin leurs narines
sont privées d'écaille. Quelques espèces sont carnivores
et attaquent de faibles oiseaux. Un bien plus grand
nombre sont insectivores ou bien granivores; ces derniers possèdent en général un bec gros et court, très
propre à rompre les enveloppes des graines. Cette différence de régime chez les passereaux prend la plus
grande importance au point de vue de l'agriculture. En
effet, les oiseaux qui vivent exclusivement d'insectes
sont pour nous des auxiliaires utiles, puisqu'ils détruisent des espèces ennemies. Au contraire, les oiseaux qui
vivent de graines nous causent un préjudice considérable, particulièrement ceux qui enlèvent les semailles. Il
paraît donc très rationel de chercher à limiter la multiplication des espèces granivores et de favoriser celle des
insectivores. Mais ce qui est très simple en théorie devient
parfois très difficile dans la pratique : bien peu d'oiseaux,
en effet, sont exclusivement granivores ou insectivores,
et au moment de l'élevage des petits, notamment, les plus
granivores peuvent devenir des insectivores acharnés.
Un couple de moineaux détruit pour nourrir sa couvée
1,600 chenilles environ par semaine. Ce service paye-t-il
les déprédations ordinaires de l'oiseau, tout ce qu'il
peut consommer de grain pendant le reste de l'année? On le croit généralement et on ne détruit pas les
moineaux.

Presque tous les passereaux ont un plumage coloré

des nuances les plus agréables; beaucoup ont le privilège de produire des sons qui plaisent; c'est à cet ordre qu'appartiennent presque tous les oiseaux chanteurs.

Les passereaux ont été divisés en cinq familles.

1. Les *dentirostres* ont le bec échancré par une dentelure : tels sont les *pies-grièches* les *merles*, les *grives*, les *loriots* et les innombrables variétés de *becs-fins*.

Les **pies-grièches** aiment la chair, et elles attaquent les oiseaux, les petits mammifères, quand elles en trouvent l'occasion. Elles se défendent avec succès contre les corneilles, les cresserelles; cependant les plus grosses espèces sont tout au plus de la taille d'une grive. Les **merles,** moins carnassiers que les pies-grièches, préfèrent les baies aux insectes et se trouvent ainsi exempts de la nécessité d'émigrer. Pendant la mauvaise saison, au lieu de changer de climat, ils se retirent dans les foréts d'arbres verts et vivent alors de baies de différentes sortes, particulièrement des baies du genévrier. Les **grives** sont des oiseaux voyageurs; bien peu d'individus de cette espèce passent l'hiver dans nos contrées. La chair de la grive est délicate, surtout en automne, époque où elle vit de raisin. Le **loriot** d'Europe, entièrement jaune avec quelques taches noires, arrive en France à l'époque des fruits et en consomme des quantités énormes; ses dégâts sont en partie payés par la guerre acharnée qu'il fait aux insectes; il est surtout avide de cerises. Les **becs-fins,** reconnaissables à leur bec droit, effilé, pointu, sont de petits oiseaux de buissons, vifs et remuants, le *rouge-gorge*, le *rossignol*, la *fauvette*, le *roitelet*, la *bergeronnette*, le *troglodyte* sont les plus connus.

2. Les *fissirostres* ont le bec court et très largement fendu. Quelques-uns sont diurnes, comme les *hirondelles* et les *martinets*; d'autres nocturnes, comme les *engoulevents*.

Nous possédons dans notre climat quatre espèces **d'hirondelles :** l'hirondelle de fenêtre, l'hirondelle de cheminée, l'hirondelle de rivage et l'hirondelle de montagne : ces noms sont en rapport avec les habitudes des espèces. Les unes et les autres se rendent fort utiles par la destruction d'une énorme quantité d'insectes. Les hirondelles passent leur vie dans l'air ; elles arrivent à l'époque où leur pâture ordinaire commence à se montrer, c'est-à-dire vers l'équinoxe de printemps et elles émigrent vers l'équinoxe d'automne, lorsque les insectes disparaissent. Elles passent la mauvaise saison en Afrique, et vers le mois d'octobre on les voit arriver au Sénégal.

Le **martinet** noir se trouve au printemps et pendant l'été dans toute l'Europe. Il vit d'insectes et niche dans les crevasses des murailles et sur les entablements des habitations. — Les **engoulevents** arrivent et partent en même temps que les hirondelles ; ce sont des oiseaux nocturnes, solitaires, farouches. Ils se tiennent sur la lisière des forêts et se nourrissent de phalènes et d'autres insectes crépusculaires ou nocturnes.

3. Les *conirostres* ont le bec robuste et de forme conique, on distingue parmi eux : les *alouettes*, les *mésanges*, les *moineaux*, les *pinsons*, les *serins*, les *bouvreuils*, les *étourneaux*, les *corbeaux*, les *pies*, les *geais*, les *oiseaux de paradis*.

Les **alouettes** vivent à terre et y font leur nid. Leur nourriture se compose d'insectes, d'herbes, de graines. Elles se tiennent l'été sur les hauteurs et descendent l'hiver dans les plaines. Les alouettes d'automne se vendent dans les marchés, sous le nom de *mauviettes*. Les **mésanges** consomment peu de graines et se nourrissent surtout de larves et d'insectes, qu'elles savent chercher jusque sous l'écorce et dans les bourgeons. Elles sont très carnassières. Les **moineaux** se trouvent dans tous les endroits où l'homme a établi ses cultures. Les **pinsons**, très voisins des moineaux, sont remarquables par la gaieté de leur chant. Il en est de même des *chardonnerets*, ainsi nommés à cause de leur prédilection pour la graine de chardon. Les *linottes*, produisent aussi, les mâles du moins, un chant très agréable. Les *serins*, originaires des îles Canaries, se trouvent aujourd'hui parfaitement acclimatés dans toute l'Europe. Les *bouvreuils* ont un plumage cendré en dessus, et rouge en dessous, avec une calotte noire, ils nichent dans les taillis, le long des chemins, on les apprivoise facilement. Les *étourneaux*, vulgairement appelés *sansonnets*, sont des oiseaux turbulents et bavards, qui se tiennent par troupes sur les arbres, au voisinage des prairies.

Les **corbeaux**, les corneilles, les pies, les geais constituent dans l'ordre des passereaux un groupe remarquable par la grandeur de la taille, par la force du bec, enfin par les habitudes carnivores. Le *corbeau* porte un plumage d'un noir franc, il habite toutes les contrées et vit solitairement dans les endroits écartés. La **pie** est noire avec le ventre et une partie des ailes d'un blanc pur. Le **geai** a le plumage gris sombre et aux ailes de belles plumes bleues quelquefois employées comme parure. Il habite les taillis.

4. Dans le groupe des *tenuirostres*, passereaux à bec grêle et allongé, nous citerons les **colibris** et les **oiseaux-mouches** célèbres par l'éclat inimitable de leur plumage à reflets métalliques, ainsi que par la petitesse de leur taille. Une espèce a la taille d'une abeille, et les petits, lorsqu'ils sortent de l'œuf, sont tout au plus de la grosseur d'une mouche. Les colibris habitent l'Amérique méridionale et se plaisent dans le voisinage des jardins et des habitations. On les prend facilement. Malgré leur petitesse ils sont très courageux; ils se battent avec acharnement pour défendre leur couvée contre des ennemis dix fois plus gros qu'eux.

5. Parmi les *syndactyles*, petite famille caractérisée par la disposition particulière des doigts, nous citerons les **martins-pêcheurs**, assez communs sur le bord des rivières, dans l'Europe méridionale et tempérée et qui sont remarquables par leur beau plumage émaillé de bleu, de vert, de noir et de roux. Leurs mœurs sont solitaires. Ils vivent de poissons. Leur taille est à peu près celle des moineaux.

63. Les grimpeurs. — Les oiseaux réunis sous le nom de grimpeurs n'ont de commun que la disposition de leurs doigts, dont les deux médians sont dirigés en arrière. Les *perroquets* et les *pics* grimpent sur les arbres, les *coucous* ne grimpent pas.

Les perroquets ont le bec gros et court, la langue épaisse et charnue ; ils volent mal, en s'aidant du bec aussi bien que des pattes. Les pattes leur servent également pour porter les aliments à leur bec. Ces aliments consistent surtout en amandes, qu'ils savent retirer de leur enveloppe, quelque dure quelle soit. Les perroquets sont, en général, revêtus des couleurs les plus brillantes parmi lesquelles dominent le rouge, le vert, le jaune, le bleu. Plusieurs espèces possèdent la faculté d'articuler des sons et de répéter des paroles. Cette faculté est due à la structure du larynx inférieur et à la disposition charnue de la langue. Le nombre des espèces est très grand, les tribus principales sont les *aras*, les *kakatoès*, les perroquets proprement dits et les *perruches*.

Les pics représentent les oiseaux grimpeurs par excellence, grâce à leurs ongles forts et crochus qui s'enfoncent dans l'écorce, grâce aux plumes raides et inflexibles, qui font de leur queue un solide arc-boutant, ils vont et viennent avec plus grande facilité le long des troncs d'arbres et sur les grosses branches. Leur bec droit et tranchant fouille l'écorce, en même temps que leur langue très longue et toujours enduite de salive, pénètre dans les interstices pour engluer les larves d'insectes. Ils nichent dans les troncs d'arbres et habitent toutes les forêts du globe. On en trouve six espèces en Europe. La plus connue est le *pic-vert*.

Fig. 58. — Pic-vert.

Les coucous passent l'hiver en Afrique, ils arrivent dans nos climats au mois d'avril et s'en vont au mois de septembre. Ils vivent d'insectes et dévorent des quantités énormes de chenilles. Les coucous ne se construisent point de nids; ils déposent leurs œufs dans les nids d'autres oiseaux insectivores, tels que le rossignol, la fauvette, le rouge-gorge, tous beaucoup plus petits que le coucou lui-même. Le propriétaire du nid couve ces œufs étrangers et élève les petits avec le même soin que s'il s'agissait de sa propre progéniture. A peine le jeune coucou est-il sorti de l'œuf, qu'il se glisse sous le plus proche de ses compagnons et tâche de le placer sur son dos, il l'y retient en élevant les ailes. Puis il se traîne jusqu'au bord du nid, et jette sa charge par dessus; il se débarrasse ainsi peu à peu de toute la couvée.

64. Les gallinacés. — Les oiseaux de l'ordre des gallinacés se rattachent à deux types, dont l'un est représenté par les *pigeons*, l'autre par le *coq*, les *dindons*, les *faisans*, les *perdrix*, les *cailles*.

Les **pigeons** ont le vol puissant, et ils sont en état de le prolonger pendant un temps considérable. Ils vivent ordinairement par paire, bien que, à l'époque des migrations, ils se réunissent parfois en troupes innombrables. Les espèces les plus remarquables sont : le ramier, la tourterelle et le biset ou pigeon de roche. Le *ramier* ne passe en France que la saison chaude, il arrive en mars, et nous quitte vers novembre, pour aller en Espagne ou en Italie. Son plumage est d'un cendré bleuâtre; sa taille dépasse celle des autres pigeons, mais il est très sauvage et ne se reproduit point en domesticité. On recherche surtout, comme oiseau privé, la *tourterelle à collier*, jolie espèce dont la nuque est ornée d'un collier noir. Le *biset* paraît être la souche de nos pigeons domestiques, il habite les bois et niche de préférence au milieu des rochers; de là son nom de pigeon de roche. On distingue parmi les pigeons domestiques un très grand nombre de variétés; l'une d'elle, le *pigeon messager*, a été employée de toute antiquité pour porter les messages. A quelque distance qu'on l'emmène du lieu où sont restés sa femelle

et ses petits, fût-ce à plusieurs centaines de kilomètres,
cet oiseau trouve sa route dans l'air et en quelques heures
il est de retour. La chair des pigeons est un aliment
sain et agréable; en divers pays cependant, en Russie
par exemple, un préjugé religieux empêche de la man-
ger. La fiente des pigeons, la *colombine*, est l'un des engrais les plus riches en azote.

Les gallinacés du second groupe volent péniblement,
leurs doigts sont mal disposés pour se fixer aux branches;
aussi vivent-ils à peu près exclusivement sur le sol. Ils

Fig. 59. — Coq et poule.

forment, en général, de petites troupes composées d'un
mâle et de plusieurs femelles. De tous ces animaux, le
plus important est la **poule** élevée en domesticité
depuis une époque extrêmement ancienne.

Les poules sont des oiseaux précieux, d'un entretien
facile, ne réclamant pour ainsi dire aucun soin, s'accom-
modant de toute espèce de nourriture et trouvant eux-
mêmes la plus grande partie de ce qui leur est nécessaire,
en fouillant dans la terre et dans les fumiers. Les poules
conservent pendant quatre années leur fécondité entière

et pondent presque tous les jours, sauf le temps de l'incubation, depuis la fin de janvier jusqu'à la fin d'octobre; on peut compter en moyenne pour chaque poule sur cinquante à soixante œufs par an. L'incubation dure vingt et un jours; pendant que la poule est sur ses œufs elle cesse de pondre. Il en est de même pendant qu'elle élève ses poussins.

Le **coq**, à l'état domestique, ne partage avec la femelle, ni les soins d'incubation, ni ceux de l'éducation de la jeune famille, mais il défend intrépidement contre toutes les attaques son troupeau de poules et de poussins. C'est un animal noble et fier, toujours prêt au combat.

Dans nos exploitations rurales, les variétés de poules sont très nombreuses. Dans quelques cantons on maintient assez pures des races estimées. Telles sont celles de la Bresse, du Mans et de Caux. En général, on regarde les variétés à pattes jaunes, désignées dans le Nord sous le nom de poules russes, comme préférables pour l'engraissement et les variétés à pattes grises comme meilleures pour la production des œufs.

Les **dindons** ont été apportés du Mexique. Les premiers que l'on vit en France furent mangés aux noces de Charles IX. Ces oiseaux sont les plus volumineux de tous les gallinacés; ils occupent comme produit un rang considérable dans les basses-cours. Les femelles font chaque année, en avril et en août, deux pontes d'une quinzaine d'œufs chacune, l'incubation dure trente-deux jours. Les petits craignent le froid et subissent une crise dangereuse au moment où leurs caroncules charnus se développent. Cette période passée, ils deviennent rustiques, et supportent sans inconvénient les intempéries. L'éducation des dindons se fait principalement en France, dans les départements du sud-ouest.

Les **faisans**, se trouvent dans toutes les régions tempérées de l'Europe, principalement dans les bois plats et humides. Ils se nourrissent de graines et d'insectes, volent mal et seraient bientôt détruits par les chasseurs, si l'on n'établissait pas pour eux des réserves. On les

élève en domesticité, mais leur éducation exige beaucoup
de soins; on les nourrit alors de fròment et de larves de
fourmis. Les mâles, dans l'espèce commune, ont le corps
marron, la queue grisâtre, la tête et le cou d'un vert
doré. Les femelles, plus petites, sont d'un brun terne
mêlé de gris et de roux; elles pondent une quinzaine
d'œufs d'un gris verdâtre semé de taches brunes et éta-
blissent leurs nids dans les buissons; la durée de l'incubation est d'environ vingt-quatre jours. Les faisans
vivent six à sept ans.

Les **cailles,** malgré la lourdeur apparente de leur
vol, traversent chaque année, en septembre, la Méditerranée, pour trouver un climat plus chaud. Le voyage est
extrêmement pénible et quantité périssent pendant la tra-
versée. Chez nous ces oiseaux vivent solitaires ; les mères
seules prennent soin des
couvées, et les petits se
séparent aussitôt qu'ils
sont en état de pourvoir
à leurs besoins.

Les **perdrix,** pen-
dant toute la belle saison,
vivent dans les plaines et
les champs cultivés. Elles
sont d'abord réunies par

Fig. 60. — Perdrix.

troupes ; mais au mois d'avril elles se séparent et
chaque couple va nicher isolément dans quelque sillon. La couvée est de quinze à vingt œufs d'un gris
blanchâtre qui éclosent au bout de vingt et un jours.
Quand la mauvaise saison arrive, les perdrix échappées
aux chasses de l'automne se retirent dans les localités
montagneuses et boisées. On distingue plusieurs espèces
de perdrix. La *grise* a le bec et les pieds gris cendré,
c'est l'espèce la plus commune en France. La *rouge*
un peu plus grosse a le bec et les pattes d'un beau
rouge et se rencontre principalement dans le midi de
la France. Les perdrix et les cailles sont un gibier très
estimé.

65. Les échassiers. — Les échassiers ont les jambes très longues et dépouillées de plumes. Ces longues jambes nécessitent la longueur du col et du bec, afin que l'oiseau puisse aisément saisir à terre ou dans l'eau, sans se baisser, les reptiles, les insectes, les poissons dont il se nourrit. Assez généralement leurs doigts, très longs et presque toujours réunis partiellement par des membranes, forment des sortes de raquettes qui les soutiennent sur les vases molles. Chez la plupart, les ailes sont très développées et le vol est puissant. Plusieurs espèces telles que les *autruches* et les *casoars* sont des oiseaux coureurs; ils ont les ailes très courtes et se trouvent dans l'impossibilité de voler. Outre les autruches, et les casoars, les principaux échassiers sont les *cigognes*, les *hérons* et les *grues*, les *outardes*, les *pluviers*, les *bécasses*, les *râles*, les *poules d'eau*.

Les **autruches** tiennent pour la grandeur le premier rang parmi les oiseaux. Leur taille dépasse deux mètres, le plumage des mâles est noir mêlé de blanc, avec de grandes plumes blanches aux ailes et à la queue; celui des femelles est d'un gris uniforme. Les autruches vivent par troupes dans les déserts sablonneux de l'Afrique. — Le **casoar** représente l'autruche en Australie et dans l'archipel indien, il est encore moins susceptible de voler, car ses plumes ne sont plus guère que des crins. On pratique l'élevage de l'autruche en Algérie, pour les plumes qu'il fournit On pourrait élever le casoar pour sa chair.

Les **cigognes** ont un bec long, droit, conique, aigu. Elles se nourrissent principalement de petits mammifères et de reptiles, et rendent par là service aux contrées qu'elles visitent successivement dans leurs migrations. Ces oiseaux sont célèbres par l'attachement qu'ils portent à leurs petits. Plusieurs peuples anciens leur ont rendu des hommages divins; aujourd'hui encore dans bien des pays, on considère comme favorisée, la maison sur le toit de laquelle une cigogne est venue construire son nid. Indépendamment de la *cigogne blanche* qui passe l'hiver en Afrique et l'été dans l'Europe tempérée, on peut citer la *cigogne noire*, qui fréquente nos marais; et la *cigogne à sac*, dont le cou est muni d'une vaste poche et qui habite l'Inde et le Sénégal. Les plumes que cette espèce porte des deux côtés du croupion sont employées sous le nom de *marabouts*. Au Sénégal, on élève en domesticité les cigognes à sac, et on leur enlève leurs plumes lorsqu'elles sont suffisamment longues. Les **hérons** ont un long bec fendu jusqu'aux yeux et souvent garni de dentelure. Ils s'en servent pour saisir dans l'eau les poissons et les grenouilles qui

Fig. 61. — Héron.

composent leur ordinaire habituel. Lorsque la pêche est insuffisante, ils se rejettent sur les vers, les mollusques et les reptiles. Les **grues** ont le cou très allongé, la tête petite, le bec droit et peu fendu. L'espèce la plus connue est la grue cendrée, gros oiseau de plus d'un mètre de hauteur, que nous voyons chez nous au printemps et à l'automne. Dans leurs migrations, les grues voyagent par troupes nombreuses, et dessinent dans l'air un triangle au sommet duquel se trouve un chef qui conduit la marche.

La **bécasse** est un gibier très estimé. On chasse également le *râle*, le *pluvier* et le *vanneau*.

66. Les palmipèdes.

66. Les palmipèdes. — Les palmipèdes avec leurs pieds en rame pour la nage se divisent en groupes d'après le développement des ailes ou d'après la palmure des doigts ou enfin d'après la conformation du bec. On les classe ordinairement en quatre familles distinctes : les *grands voiliers à longues pennes* comme les albatros, les pétrels, les mouettes, les goélands, les hirondelles de mer ; les *totipalmes* comme les frégates, les cormorans, les pélicans ; les *lamellirostres* dont le bec est garni sur ses bords de lamelles semblables à de petites dents : les cygnes, les oies, les canards et l'eider ; les *plongeurs* à ailes courtes ne servant pas au vol : les grèbes, les plongeons et les pingouins.

Les **albatros** sont les plus grands, les plus forts, peut-être les mieux armés, des oiseaux marins. Ils se nourrissent de poissons ; on les voit réunis par milliers sur les carcasses de baleines. Ils se rencontrent surtout dans les mers australes. Les **pétrels** habitent les mêmes latitudes. Cependant quelques petites espèces viennent jusque sur nos côtes. On les appelle vulgairement oiseaux des tempêtes, parce qu'ils n'apparaissent guère sur les grèves que lorsque le mauvais temps les chasse de la haute mer : ils semblent ainsi annoncer les orages. Les **goélands** et les **mouettes** fourmillent sur toutes les côtes. Ces oiseaux vivent non seulement des poissons qu'ils prennent en volant près de la surface, mais encore de tous les débris que la mer rejette. Ils nichent dans les interstices des rochers. Les **hirondelles de mer** quittent souvent les rivages pour remonter le long des cours d'eau. Leur agilité est extrême ; elles ne restent jamais en repos.

Les **frégates**, séparées de la tribu précédente par quelques détails de conformation, sont de tous les oiseaux, ceux dont le vol est le plus puissant et le plus soutenu, mais elles ont les pieds très courts et l'énorme étendue de leurs ailes les empêche de pouvoir se reposer à la surface des eaux. Elles habitent les régions tropicales et font une guerre acharnée aux poissons volants. Les **pélicans** portent sous leur énorme bec une poche membraneuse dans laquelle ils entassent, comme dans un réservoir, les produits de leur pêche. Ils habitent particulièrement les pays chauds ; cependant on en trouve en assez grande quantité dans certaines parties de l'Europe orientale. Ils fréquentent les eaux douces ou salées et se réunissent pour pêcher en commun. Ce sont des pêcheurs très habiles et dont la voracité est insatiable, de sorte que la présence d'une troupe de pélicans suffit pour dépeupler en très peu de temps une rivière. Les **cormorans** sont tout aussi voraces que les pélicans; ils ne sont pas moins habiles pêcheurs, ils habitent nos contrées, sur les étangs et les rivières, ils plongent admirablement et savent poursuivre les poissons entre deux eaux. Le cormoran commun est de la grosseur d'une oie, son plumage est noir, il fréquente de préférence les rivages de la mer.

Le **cygne** commun, ou cygne à bec rouge, vit depuis longtemps à l'état domestique sur nos pièces d'eau. D'un caractère doux et paisible, il est doué d'une très grande force musculaire. La vie des cygnes est très longue et l'on en cite qui ont dépassé un siècle. Les **oies** n'ont ni l'élégance, ni la beauté ex-

Fig. 62. — Oie.

térieure des cygnes; ce sont des oiseaux de basse-cour, utiles pendant leur vie par les plumes, le duvet et l'engrais qu'ils fournissent, encore utiles après leur mort par leur chair, leur foie et leur graisse. — Les oies savent pourvoir à leur nourriture; elles paissent dans les champs; elles ont à peine besoin d'être surveillées, se tiennent elles-mêmes en troupes. Elles nichent à terre et pondent huit à douze œufs d'un vert sale dont l'incubation dure de vingt à trente jours. Leur existence est très peu aquatique, elles recherchent plutôt le voisinage des eaux que les eaux mêmes. Leur nourriture consiste en herbes et graines. Les *oies sauvages* passent l'hiver dans les régions tempérées et l'été dans celles du Nord.

Les **canards** forment une nombreuse tribu, dans laquelle on range quantité d'espèces, telles que les *macreuses*, les *eiders*, les *souchets*, les *canards communs*, les *sarcelles*. Toutes ces espèces ont le bec élargi aux extrémités, les jambes courtes et placées fort en arrière; leur cou est moins long que celui des oies et des cygnes. On trouve sur nos côtes la macreuse et la double macreuse, l'une et l'autre noires. Le *canard sauvage* quitte, à l'entrée de l'hiver, les régions boréales et descend vers le midi de l'Europe. Il apparaît en France par petites bandes qui se dispersent dans les marais et sur le bord des rivières. Cette espèce est la souche des canards domestiques. Ceux-ci occupent dans la basse-cour une place importante. Ils prospèrent sans exiger presque aucun soin ni aucune dépense. Tous les débris sont utilisés par eux comme aliments. Leur chair est estimée, ainsi que leurs œufs souvent préférés à ceux de la poule, et l'on tire parti de la plume et du duvet qu'on leur enlève l'été. On élève dans la Normandie une grande quantité de canards. Les *canetons* de *Duclair* dits de Rouen jouissent d'une grande réputation auprès des gourmets. L'**eider** est une espèce tout à fait septentrionale, que la rigueur des grands hivers amène parfois accidentellement jusque sur nos côtes. Cet oiseau, un peu plus volumineux que le canard domestique, a le corps protégé par un duvet extrêmement épais. Il emploie ce duvet pour garnir son nid. C'est là qu'on le prend pour l'employer aux édredons.

Les **grèbes** vivent sur les eaux douces et dans le voisinage de la mer ; ils volent un peu, mais nagent et plongent bien plus souvent qu'ils ne volent. Le plumage du ventre, chez les grèbes, est d'un beau blanc argenté. On l'emploie pour faire des manchons ou des cols en guise de fourrure.

Les **pingouins** se subdivisent en pingouins communs et grands pingouins. Les premiers, de la grosseur d'un canard, quittent l'hiver les mers arctiques pour les mers tempérées. Les seconds, beaucoup plus grands et encore plus mal organisés pour le vol, se tiennent constamment parmi les glaces flottantes. Les **manchots** sont munis d'ailes-nageoires tout à fait impropres au vol, passent en pleine mer plus de six mois de l'année et n'abordent sur les rivages que le temps nécessaire à l'incubation des œufs et à l'éducation des petits. Pleins d'agilité lorsqu'ils se trouvent sur l'eau, leur élément favori, ils ont à terre l'allure la plus disgracieuse ; ils se traînent plutôt qu'ils ne marchent, et sont incapables d'opposer la moindre résistance à leurs ennemis. Les diverses espèces sont répandues autour des

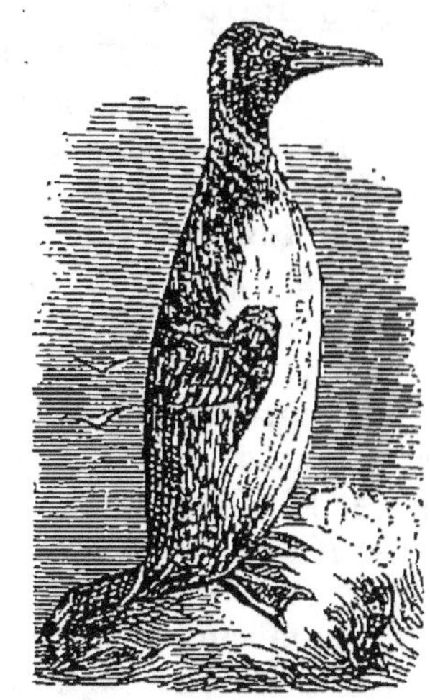

Fig. 63. — Grand Manchot.

côtes de l'Australie, de l'Amérique et de l'Afrique méridionale.

RÉSUMÉ. — Les oiseaux sont des vertébrés aériens, dont le corps est couvert de plumes, les membres antérieurs convertis en ailes et les membres postérieurs terminés par des doigts couverts d'une peau écailleuse et au nombre de quatre.

Le squelette présente les mêmes divisions que celui des mammifères ; seulement, à la tête, au lieu de dents, les deux mâchoires forment un étui corné qui constitue le **bec** ; les vertèbres cervicales sont très nombreuses ; le sternum est très développé et la clavicule est en forme de fourchette.

Le tube digestif présente trois renflements : le jabot, le ventricule succenturié et le gésier ; l'intestin est court et se termine par un cloaque.

La respiration des oiseaux est très active ; les bronches se prolongent au delà des poumons dans des sacs contenus dans l'abdomen.

Les plumes présentent une partie creuse et cornée, puis une tige solide qui la continue et qui porte de chaque côté les barbes et les barbules. Le corps de l'oiseau est souvent recouvert immédiatement de plumes très fines et très soyeuses qui constituent le duvet.

Les oiseaux pondent des œufs et ils les couvent un certain temps pour les faire éclore.

Les oiseaux se ressemblent beaucoup ; mais, en considérant les membres, la forme du bec, et en tenant compte du genre de vie, on a pu les grouper en six ordres :

Les **palmipèdes** ont les doigts réunis par une membrane qui en fait une palette propre à la natation ; ce sont les canards, les oies, les cygnes, les goélands, les albatros, les mouettes, les pétrels, les pélicans, les frégates et les cormorans, les pingouins, les manchots et les grèbes.

Les **échassiers** ont les membres postérieurs allongés, les tarses très longs, ressemblant à des échasses ; c'est le héron, le pluvier, le vanneau, la bécasse, la cigogne et la grue, l'autruche et le casoar.

Les **grimpeurs** ont deux doigts d'un côté, deux doigts de l'autre, assez souvent le bec crochu ; ce sont les perroquets, les pics et les coucous.

Les **gallinacés** sont granivores, ont le bec court, le vol difficile (à part la famille des pigeons) : la poule, la pintade, le dindon, le faisan, le paon, la perdrix et la caille, les pigeons et les tourterelles font partie de ce groupe.

Les **oiseaux de proie** ont les serres puissantes à ongles forts et crochus, le bec très fort : c'est l'aigle, le vautour, l'épervier, le faucon, les émouchets, les buses et les nocturnes, comme le hibou, le chat-huant, le grand-duc, l'effraie et la chouette.

Le groupe des **passereaux** renferme un grand nombre d'espèces de nos forêts, à bec court et jamais crochu, la plupart granivores ou insectivores, les merles, les grives, les loriots, le rossignol, la fauvette, le roitelet, la bergeronnette, les hirondelles et les martinets, les alouettes, les mésanges, les moineaux, les pinsons, les corbeaux, les pies et les geais et les petites espèces de colibris et d'oiseaux-mouches.

CHAPITRE XIII

LES REPTILES ET LES AMPHIBIENS

67. Caractères généraux des reptiles.

— Les reptiles sont des vertébrés à sang froid qui subissent les variations de la température ambiante. Ils sont ovipares comme les oiseaux; ils respirent toute leur vie par des poumons. Ils ont les membres très courts ou ils en manquent; ils n'ont jamais ni poils, ni plumes : leur peau a un épiderme en écailles dures qui forment comme un fourreau solide autour du corps.

Une des particularités de leur organisation, c'est le mode de circulation du sang dans le cœur : le cœur n'a le plus souvent que trois cavités, deux oreillettes et un ventricule; de telle sorte, qu'il arrive dans ce ventricule unique du sang rouge venu des poumons, et en même temps du sang noir versé par l'oreille droite et revenant du corps; le sang qui est envoyé au corps, dans tout le réseau circulatoire, contient donc une partie qui n'a pas été régénérée par la respiration. Une famille de reptiles, celle des crocodiliens, a un cœur à deux ventricules, mais le mélange de sang artériel et de sang veineux peut encore se faire par une communication directe entre l'artère pulmonaire et l'aorte.

Les reptiles ont été divisés en trois ordres : les **chéloniens** ou **tortues**, couverts d'une carapace dure et ayant les mâchoires garnies d'un bec corné; les **sauriens** ou **lézards**, à corps allongé avec membres courts et des mâchoires garnies de dents; les **ophidiens** ou **serpents** qui sont dépourvus de membres.

68. Les chéloniens ou tortues. — Le corps des tortues est recouvert par une sorte de double bouclier solide formant une boîte très résistante dans laquelle l'animal est enfermé et d'où sortent, par une échancrure antérieure, la tête et les pattes d'avant, et par une échancrure postérieure, les pattes abdominales et la queue. Le dessus de ce coffre solide est plus ou moins voûté, et porte le nom de **carapace**; il est formé par les côtes, élargies, soudées entre elles par leurs bords et par le développement des vertèbres. Le dessous, appelé **plastron**, est une pièce aplatie formée par le sternum considérablement élargi. C'est donc la cage osseuse du thorax qui enferme l'animal et sur laquelle s'appuient à l'intérieur les membres.

Cette bizarre conformation modifie la respiration; comme la poitrine ne peut se dilater et se resserrer, ainsi que cela a lieu chez les autres vertébrés, pour l'entrée et pour la sortie de l'air dans les poumons, les tortues avalent l'air par un véritable mouvement de déglutition. La bouche est dépourvue de dents; elle a les mâchoires recouvertes d'un bec corné d'une nature analogue à celui des oiseaux.

On distingue par leurs formes extérieures les *tortues terrestres*, les *tortues d'eau douce* et les *tortues marines*.

La **tortue de terre** (fig. 64) a la carapace très bombée, les pattes courtes, grosses et terminées en moignon; elle vit d'herbe et de limaçons; elle s'engourdit l'hiver, qu'on l'ait mise à l'abri du froid ou qu'elle se soit creusé un terrier dans le sol.

Fig. 64. — Tortue terrestre.

La **tortue d'eau douce** a les pieds palmés, la carapace moins bombée et les plaques écailleuses moins dures.

Les **tortues marines** ont les extrémités des pattes terminées en nageoires sans doigts distincts; la carapace est trop petite pour recevoir la tête et les membres. La *tortue franche* et le *caret* sont les deux espèces les plus recherchées. C'est le caret qui fournit l'*écaille* disposée en lames épidermiques sur sa carapace. La chair de la tortue franche est estimée des navigateurs comme un aliment précieux. Ces deux espèces appartiennent aux mers tropicales; elles atteignent une très grande taille, si on les compare aux tortues de terre : on a trouvé des tortues franches de 2 mètres de long et d'un poids de 300 kilogrammes.

69. Les sauriens. — Les sauriens ont le corps allongé, écailleux à la surface, les pattes courtes. Ils ont les côtes comme les autres vertébrés. Les mâchoires sont armées de dents coniques et pointues recourbées en arrière; leur régime est carnassier.

En tête se placent les grands crocodiliens qui habitent les rives des grands fleuves des pays chauds : les *crocodiles* du Nil, les *gavials* du Gange et les *caïmans* de l'Amérique.

Les autres sauriens, dont quelques-uns habitent nos contrées, sont les *lézards* (fig. 65), les *caméléons* et les *géckos*.

70. Les ophidiens ou serpents. — Les ophidiens n'ont pas de membres; leur corps très allongé et très flexible, avance sur le sol par une série de

Fig. 65. — Lézard.

flexions latérales; on dit qu'ils *rampent;* le ventre ne quitte pas la terre, excepté à la partie antérieure du corps qui se redresse pour élever la tête de l'animal et pour la diriger en tous sens. La mâchoire des serpents est très extensible; ils peuvent avaler des animaux plus gros qu'eux-mêmes. La langue est longue et grêle, mais ce n'est pas un dard, comme on le croit généralement; les espèces de serpents qui infiltrent dans leur morsure un venin dangereux le produisent dans des glandes placées près de l'œil et le versent par des dents spéciales implantées dans la mâchoire supérieure et appelées **crochets.**

On place en dehors des serpents proprement dits, pour les rapprocher des sauriens, les **orvets**, que le vulgaire appelle *serpents de verre*, parce qu'ils rampent et que leur corps se rompt quand on les saisit. Ils ont sous la peau quatre moignons figurant les membres qui les rapprochent de l'organisation des lézards. Il sont d'ailleurs très inoffensifs.

Les *serpents non venimeux*, qui n'empoisonnent pas par leur morsure, n'ont pas de dents en crochets saillants et mobiles. Ils comprennent les *boas* et les *couleuvres*. Le **boa** est de grande taille et doué d'une force considérable, les grandes espèces, qui atteignent jusqu'à douze mètres, s'enlacent autour de leur proie, l'étouffent, la pétrissent peu à peu et l'avalent.

Les **couleuvres** sont communes en France et ne mesurent pas plus d'un mètre de long ; on trouve la cou-

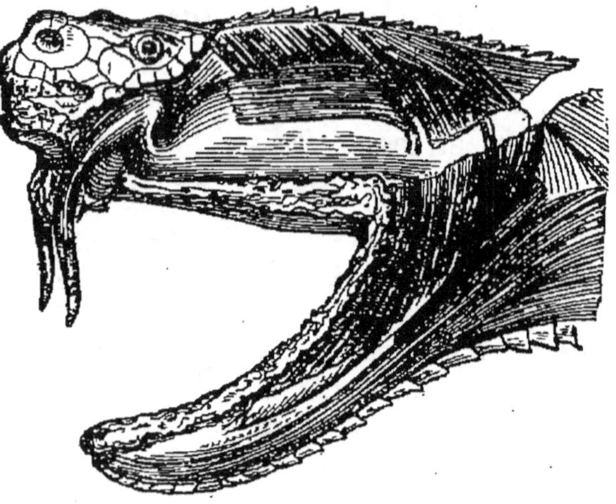

Fig. 66. — Appareil venimeux du serpent à sonnettes.

leuvre à collier, la vipérine, la couleuvre verte et jaune qui vivent d'insectes dans les bois ou sur les sols incultes ; ni l'une ni l'autre ne sont dangereuses.

Les **serpents venimeux** ont la bouche armée en avant d'une paire de *crochets* longs et mobiles, habituellement couchés dans un bourrelet que présente la gencive et se redressant aussitôt que l'animal ouvre la bouche pour mordre. La base de ces crochets reçoit le canal d'une glande située sur le côté de la tête (fig. 66) ; cette glande sécrète le venin et elle est

Fig. 67. — Serpent.

placée de façon que les muscles qui ferment la bouche la compriment, de sorte que l'animal ne peut mordre sans qu'une portion de venin ne vienne dans la plaie

Les **najas** de l'Inde, l'**aspic** de l'Égypte, les **crotales** ou *serpents à sonnettes* et les **vipères** sont les espèces dangereuses. Le venin de la vipère, rapidement mortel pour les petits animaux, n'est pas aussi dangereux pour les grands animaux, ni pour l'homme. Il n'en faut pas moins se mettre à l'abri des effets d'une morsure en cautérisant la plaie avec un fer rougi, ou avec de l'ammoniaque. Le venin des crotales et des najas a une action foudroyante extrêmement rapide : il amène la mort en quelques heures. Les crotales doivent leur nom de *serpents à sonnettes* à une série de cornets épidermiques posés autour de la queue et qui sonnent les uns contre les autres quand l'animal remue.

LES AMPHIBIENS

71. Caractères généraux des amphibiens. — Les amphibiens, qui tirent leur nom de leur double genre de vie aquatique et terrestre, sont aussi appelés **batraciens**. Adultes, ils ressemblent aux reptiles; ils ont comme ceux-ci le sang froid, la circulation incomplète, le cœur avec un seul ventricule, et la respiration pulmonaire; ils diffèrent cependant des reptiles en ce qu'au lieu d'une peau à épiderme sec et écailleux, ils ont la peau humide et dépourvue de toute écaille. Dans le jeune âge, leur organisation ressemble à celle des poissons. Le jeune amphibien que l'on nomme **têtard** et qui est si commun dans les eaux stagnantes, a la forme d'un poisson à grosse tête; il respire par des branchies et son corps, dépourvu de membres, est terminé par une queue aplatie en forme de nageoires. Plus tard, il perd ses branchies et prend des poumons; sa respiration devient aérienne ; et, en même temps, ses formes extérieures changent, la queue diminue et disparaît, et les membres se forment. Ces métamorphoses sont le caractère saillant de ce genre d'animaux; quelques-uns d'entre eux conservent à l'âge adulte leurs branchies en même temps qu'ils ont des poumons, tel est l'*axolotl* du Mexique.

71. Principaux batraciens — Les batraciens ne sont pas nombreux en espèces, nous citerons seulement les *grenouilles*, les *crapauds* et les *salamandres*.

Les **grenouilles** adultes ont quatre membres bien conformés et dont les postérieurs sont disposés pour permettre à l'animal de sauter; les doigts palmés leur rendent la natation possible. La *grenouille verte* est l'espèce la plus commune; on la mange dans beaucoup de pays.

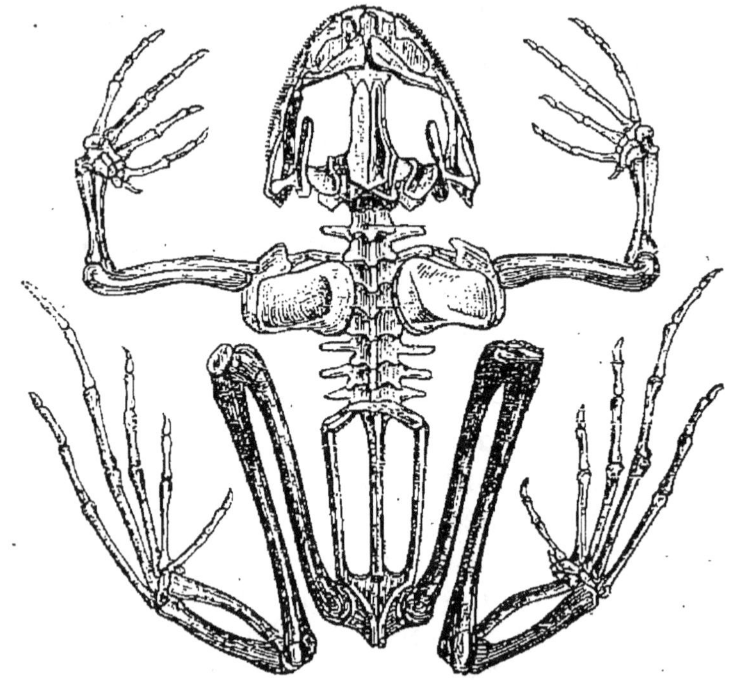

Fig. 68. — Squelette de grenouille.

La *grenouille rousse* vit plus à terre que la précédente, elle recherche pour sa nourriture les limaces. La *rainette* a les doigts terminés par une pelote visqueuse qui lui permet de grimper aux arbrisseaux; elle a le dessus du corps vert, le ventre pâle et roux, une ligne jaune et noire de chaque côté.

Les **crapauds**, avec leur peau pustuleuse suintant un liquide âcre, sont les plus repoussants des batraciens. Mais ils ne possèdent aucun venin, et l'humeur qui suinte de leur corps n'a des propriétés irritantes que pour les petits animaux et pour quelques tissus délicats comme celui de l'œil de l'homme. Le *crapaud commun*, d'un gris roux, habite tous les lieux obscurs et humides, et il saute très mal; le *crapaud brun*, qui habite près des eaux, saute assez bien; le *crapaud à ventre jaune* de nos mares vaseuses nage presque aussi bien que les grenouilles.

Les **salamandres** conservent une longue queue qui, chez les espèces aquatiques, est aplatie sur les côtés et forme nageoire. La *salamandre commune* vit à terre dans les lieux humides; les *tritons* vivent dans les. mares.

Tous ces batraciens se nourissent d'insectes et, à ce titre, ils peuvent être considérés comme des animaux utiles.

RÉSUMÉ. — Les **reptiles** sont des animaux à sang froid, ovipares, à circulation incomplète, le cœur n'ayant en général qu'un ventricule avec deux oreillettes; la respiration est pulmonaire à tous les âges. L'épiderme de la peau forme sur le corps des plaques écailleuses et dures qui se tiennent et se renouvellent en masse comme un fourreau.

On en fait trois groupes: les **tortues**, avec leur carapace très dure, leurs membres courts et leur bouche en forme de bec, les **sauriens**, écailleux comme les crocodiles et les lézards, et les **serpents,** dont un certain nombre ont la bouche munie d'un appareil venimeux, comme les najas, les crotales et la vipère·

Les **amphibiens** ou **batraciens** ont la respiration branchiale, le régime aquatique et les formes des poissons dans leur jeune âge; ils prennent plus tard des poumons et des membres. Leur peau est nue.

Les principaux sont les grenouilles, les crapauds et les salamandres.

CHAPITRE XIV

LES POISSONS

73. Caractères généraux des poissons. — Les poissons ont le corps tout d'une venue, la peau couverte d'écailles; leur respiration est aquatique et s'effectue par des **branchies.** Le cœur, partagé seulement en deux cavités, une oreillette et un ventricule, ne reçoit que le sang veineux, venant du corps; il l'envoie d'abord aux organes respiratoires où il redevient artériel et de là dans tout le corps. Les poissons, comme les reptiles et les batraciens, sont des animaux à sang froid qui prennent la température du milieu où ils vivent. Ils sont exclusivement dans l'eau; leurs membres sont transformés en nageoires.

Les organes respiratoires des poissons, les **branchies**, se trouvent logées au fond de la bouche, dans une cavité qui communique au dehors par deux ouvertures latérales que l'on nomme les **ouïes.** Ces branchies se composent générale-

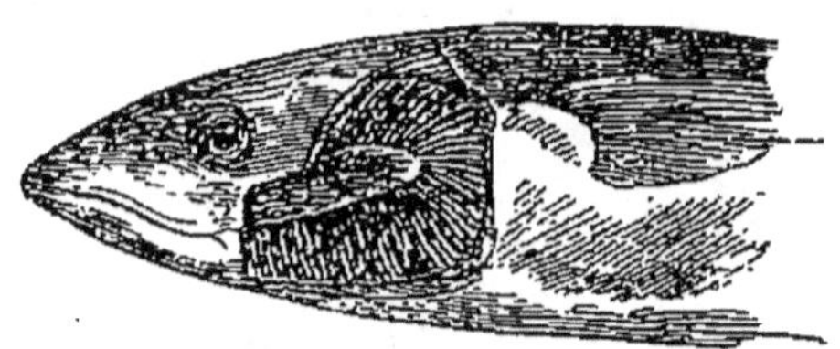

Fig. 69. — Tête de maquereau montrant les branchies.

ment de lamelles fixées comme les dents d'un peigne sur quatre paires d'arceaux osseux, que l'on appelle les *arcs branchiaux*, et qui, avec d'autres parties osseuses, forment autour de la cavité respiratoire une enveloppe protectrice. Les ouïes sont protégées par des plaques osseuses mobiles appelées **opercules** et qui se soulèvent ou s'abaissent pour laisser passage à l'eau ayant servi à la respiration. Les lamelles branchiales reçoivent une infinité de petits vaisseaux sanguins. L'eau introduite par la bouche arrive en contact avec ces lamelles et cède au sang, à travers la pellicule membraneuse qui les sépare, une partie de l'oxygène de l'air qu'elle tient en dissolution; en même temps, elle prend en échange de l'acide carbonique. Après avoir servi à la respiration, elle est expulsée par les ouïes.

Les poissons respirent donc, en réalité, de la même manière que les autres vertébrés, c'est-à-dire qu'ils absorbent de l'oxygène et exhalent de l'acide carbonique; mais leurs organes respiratoires sont disposés de telle sorte qu'ils ne peuvent agir efficacement que dans l'eau, c'est bien l'air dissous dans ce liquide, bien qu'il n'y soit qu'en faible proportion, et non l'air libre de l'atmosphère, qui doit fournir l'oxygène nécessaire à la respiration.

Les poissons périssent dans l'atmosphère, parce que leurs lamelles branchiales, ne flottant plus dans un liquide, se collent les unes aux autres, se dessèchent, et cessent de présenter une surface suffisante. Néanmoins, certaines espèces possèdent la faculté de vivre quelque temps hors de l'eau, parce que leur cavité branchiale est construite de manière à pouvoir retenir une petite provision de liquide, qui vient peu à peu humecter les branchies quand le poisson est hors de l'eau. Placés dans une eau privée d'air par l'ébullition, ou bien dans laquelle l'acide carbonique a remplacé l'oxygène, les poissons périssent asphyxiés.

L'appareil locomoteur des poissons comprend deux sortes d'organes, désignés sous le nom de **nageoires**. De ces nageoires, les unes sont disposées des deux côtés du corps et représentent les membres : on les nomme les *nageoires paires*, les autres placées sur la ligne médiane, se rattachent plus ou moins directement à la colonne vertébrale ; on les désigne sous le nom de *nageoires impaires*. On retrouve dans les premières de ces nageoires les équivalents des membres, mais les os qui les forment n'ont rien de commun avec les os des membres des mammifères. Les nageoires médianes ou impaires sont soutenues par des baguettes ou rayons de nature osseuse ou cartilagineuse, qui pénètrent dans le corps de l'animal et vont rejoindre les apophyses très allongées des vertèbres.

Les nageoires paires qui répondent aux membres thoraciques sont appelées **nageoires pectorales**. Elles ne manquent que dans un petit nombre d'espèces. Elles sont indépendantes l'une de l'autre, et occupent les environs des ouïes. Les nageoires qui répondent aux membres abdominaux sont dites **nageoires abdominales** ou ventrales. Elles manquent dans les poissons apodes, tels que les anguilles, les lamproies ; elles sont placées près des nageoires pectorales chez les morues, les merlans, les vives ; au-dessous des pectorales, chez les perches, les mulets ; sous l'abdomen, chez les carpes et les harengs. Parmi les **nageoires impaires**, on distingue d'abord les **nageoires dorsales**, qui sont simples chez les anguilles, doubles chez les saumons, triples chez les morues et qui, chez les turbots et les poissons plats de forme analogue, règnent tout le long de la région dorsale. A l'extrémité de la colonne vertébrale, se trouve, dans presque toutes les espèces, une nageoire, tantôt simple, tantôt fourchue, la *nageoire caudale* ou la queue. Enfin auprès de l'anus, et toujours sur la ligne médiane, existe généralement une *mageoire anale*, tantôt simple, comme chez la perche, tantôt double, comme chez la morue.

Les poissons nagent dans l'eau comme les oiseaux nagent dans l'air, c'est-à-dire qu'ils exercent, au moyen de leurs organes locomoteurs, sur le liquide au milieu duquel ils vivent, une pression assez énergique pour que ce liquide leur offre un point d'appui résistant. La partie postérieure du corps fonctionne comme une sorte de rame. Il existe chez la plupart des poissons un organe particulier, nommé **vessie natatoire**, parce qu'elle aide à la natation. Cette vessie, logée dans l'abdomen, se gonfle ou se vide d'air à la volonté de l'animal, en sorte que le corps, diminuant ou augmentant de volume, s'abaisse ou s'élève sans aucun effort des nageoires. Quand la vessie est gonflée, l'animal augmente un peu de volume sans augmenter de poids, et la poussée du liquide tend à le faire monter. C'est le contraire quand la vessie diminue. On ne trouve point de vessie natatoire chez les espèces qui se tiennent habituellement au fond de l'eau.

Le **squelette** des poissons présente les mêmes parties que celui des mammifères ; mais ces parties sont modifiées en raison des conditions spéciales au milieu des

quelles les poissons vivent. Les os qui forment la tête
sont très nombreux ; mais ceux des membres ne sont
qu'à l'état de rudiment, ce sont pour la plupart de longues aiguilles dures et pointues, droites ou courbes,

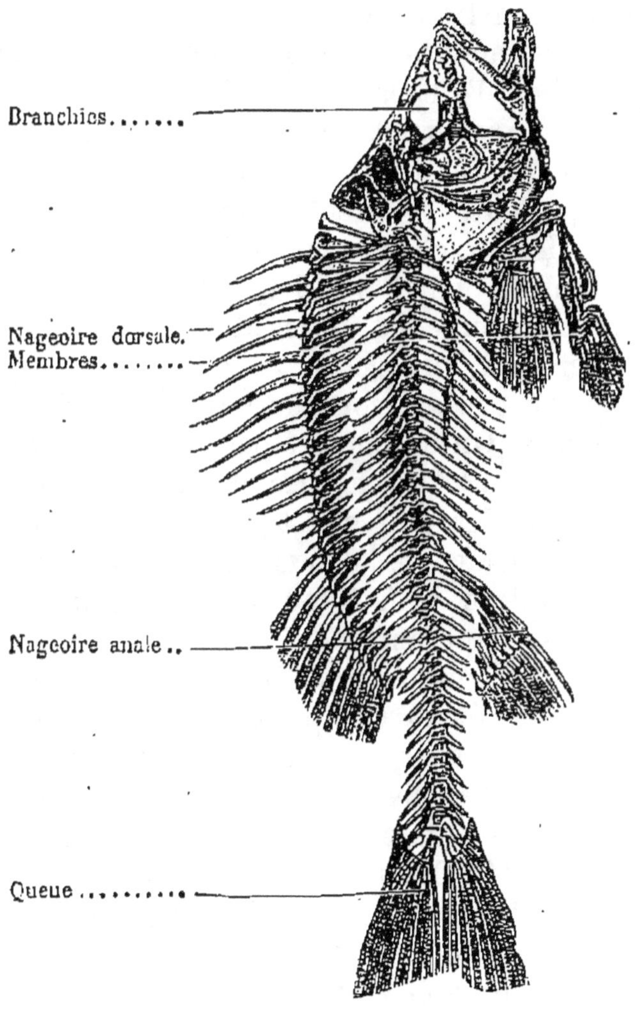

Fig. 70. — Squelette de poisson (carpe).

soutenant les muscles comme les os des mammifères soutiennent les chairs et les principaux organes. Les côtes
sont rudimentaires dans beaucoup d'espèces, et les
nageoires en forme de palettes sont soutenues par des
pointes solides plantées dans les muscles ou reliées aux
os par des cartilages. Chez un grand nombre d'espèces,

la matière minérale manque à peu près complètement, et le squelette reste cartilagineux. Cette différence de composition des os a fait partager tout d'abord les poissons en deux groupes bien distincts : les poissons osseux et les poissons cartilagineux.

La peau est nue chez quelques poissons, comme les lamproies. Chez d'autres, comme les anguilles, elle paraît nue, parce que les écailles sont pour ainsi dire noyées dans le tissu qui les porte. Habituellement, les *écailles* sont bien distinctes; souvent même, elles sont enchâssées dans le derme; elles prennent la consistance osseuse et elles offrent de brillants reflets; chez les coffres, elles sont groupées comme les pièces d'une mosaïque et forment une sorte de cuirasse.

La fécondité des poissons surpasse celle de tous les autres animaux. On ne compte pas moins de neuf à dix millions d'œufs chez les morues et chez les esturgeons. Après la ponte, les poissons abandonnent simplement leur frai à la surface de l'eau et cessent de s'en occuper en aucune manière. Mais il faut remarquer que ces animaux choisissent toujours pour pondre des endroits que l'instinct leur indique comme favorables au développement de leur postérité. Chaque espèce a ses conditions particulières. Plusieurs poissons entreprennent, au moment de la ponte, des voyages considérables, à la recherche des endroits où ils puissent déposer leur œufs en toute sécurité. Chaque année, les saumons quittent ainsi la mer et remontent les fleuves, sans se laisser arrêter par les obstacles. Ils vont instinctivement retrouver les eaux claires. A l'inverse, les anguilles descendent vers la mer à l'époque où elles doivent reproduire et, si on les retient dans des étangs, on les voit tenter d'en sortir. Tandis que tous les jeunes saumons descendent à la mer, les jeunes anguilles, en filets à peine perceptibles, remontent les fleuves.

Le frai des poissons est recherché par beaucoup d'oiseaux et beaucoup d'insectes; celui d'une espèce peut même être détruit par une autre espèce. On parvient à le protéger et à favoriser l'éclosion des œufs et l'élevage des jeunes en recueillant les œufs fécondés par la laitance et en les conservant dans des bassins où l'on suit le développement des jeunes poissons. C'est ce qui constitue la *pisciculture*, qui a permis de repeupler les cours d'eau d'espèces qui en avaient presque disparu.

74. Principaux groupes de poissons. — La classe des poissons renferme un très grand nombre d'espèces que l'on a pu réunir en deux grands groupes :

1° Les *poissons osseux*, dont les arêtes, si grêles qu'elles soient, sont dures et rigides ;

2° Les *poissons cartilagineux*, dont les arêtes et tout le squelette gardent une nature cartilagineuse tout le temps de la vie de l'animal.

Dans chacun de ces deux grands groupes, on peut établir des ordres distincts, d'après la forme et la disposition des branchies, la forme et la position des nageoires, la disposition de la mâchoire supérieure. Nous citerons surtout ceux qui renferment des espèces utiles.

Poissons osseux. — 1. Le premier groupe des poissons osseux est caractérisé par une *nageoire dorsale formée de rayons durs* terminés en pointe acérée. Il renferme la **perche** et l'*épinoche* qui, dans les eaux douces et courantes, font la chasse aux petits poissons ; et, dans la mer, le *bar*, le *rouget*, les *vives*, les *thons* et les *maquereaux*. Le **bar** était estimé des Romains, très commun dans la Méditerranée, il fournit un mets recherché. Le **thon** est un poisson de grande taille que l'on pêche à deux époques de l'année sur les bords de la Méditerranée ; sa chair cuite se conserve marinée dans le sel ou confite dans l'huile. Le **maquereau** est une belle espèce colorée de bleu sur le dos et d'un blanc d'argent sur le ventre ; il arrive chaque été en grandes troupes sur les côtes de l'Océan, où on le pêche pour le consommer frais ou salé.

2. Le deuxième groupe comprend des poissons dont

toutes les nageoires ont des rayons souples et dont *les quatre nageoires paires sont séparées, les unes, près de la tête, les autres, sous l'abdomen.* On y compte beaucoup de poissons d'eau douce, et, parmi les poissons de mer, les *anchois*, les *sardines* et les *harengs;* dans les espèces

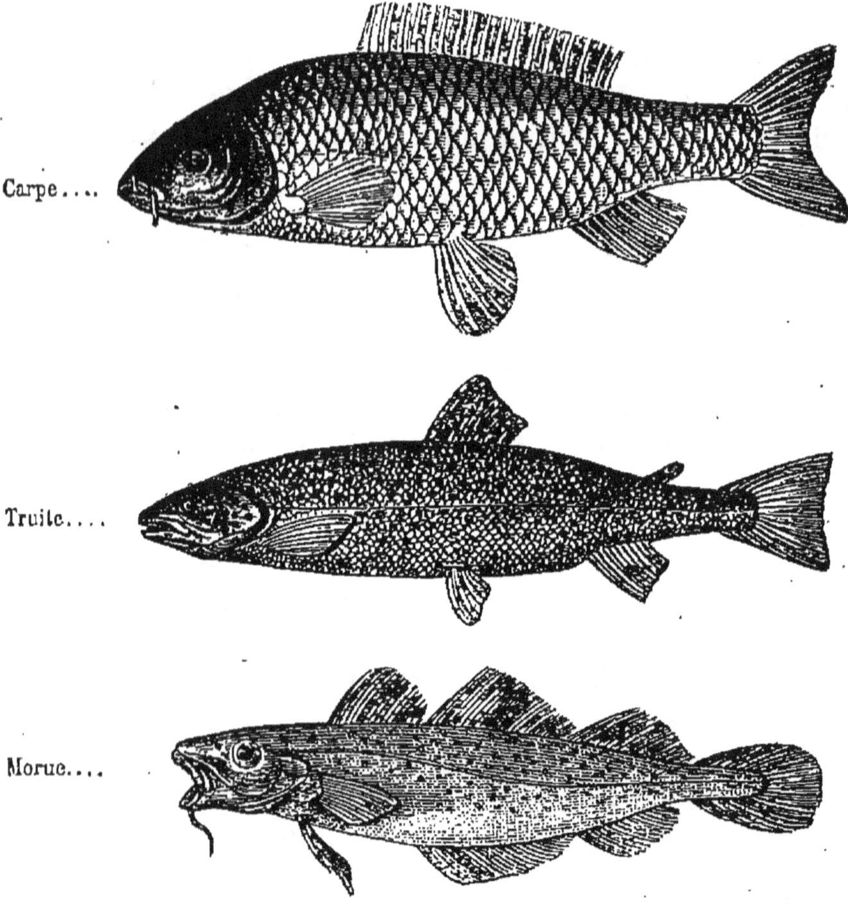

Fig. 71. — Poissons.

qui vont à la fois de la mer aux fleuves et de l'eau salée dans l'eau douce, la *truite* et le *saumon.*

C'est d'abord la **carpe** des étangs et des rivières, remarquable par sa fécondité (fig. 71); les *dorades*, que l'on connaît dans nos bassins sous le nom de *poissons rouges;* le *barbeau,* le *goujon,* la *tanche,* les *ables,* le *meunier,* le *gardon,* le *véron,* qui peuplent nos rivières;

le *brochet*, très vorace, qui se nourrit de petits poissons; la **truite** (fig. 71) et le **saumon**, si estimés pour la qualité de leur chair et qui habitent, soit sur les côtes maritimes, soit dans les fleuves qu'ils remontent pour aller déposer leurs œufs en eaux claires et courantes. A cette dernière famille, on rattache l'**éperlan**, également très estimé.

On pêche en mer l'**anchois**, que l'on prépare pour servir d'assaisonnement, la **sardine**, que l'on garde dans l'huile et qui figure sur toutes les tables, le **hareng**, qui vient des mers du Nord en légions, et dont la pêche en novembre et décembre est très productive et occupe des milliers de navires sur les côtes de la Manche et de la mer du Nord. Le *hareng frais*, ou *salé*, ou *sauri*, c'est-à-dire fumé, est un aliment à bas prix qui est une ressource pour une multitude de familles pauvres.

3. Le troisième groupe de poissons osseux comprend ceux dont *les deux paires de nageoires figurant les membres sont rapprochées l'une de l'autre et près de la tête*. On y trouve deux familles importantes de poissons de mer : la *morue* et les *poissons plats*.

La **morue** (fig. 71) est un poisson d'un mètre de long qui peuple les mers du Nord. Des milliers de marins quittent chaque année nos rivages pour aller sur les bancs de Terre-Neuve ou sur les côtes de Norvège pêcher la morue. Le poisson est préparé sur place : la tête est séparée du corps et sert à la nourriture des pêcheurs, le foie est mis de côté pour donner *l'huile de foie de morue*, la colonne vertébrale et les côtes sont enlevées quand elles sont grosses, le reste est salé avec soin ou parfois desséché au soleil; la morue verte ou salée est consommée dans tous les mondes. Les petites morues pêchées sur nos côtes sont consommées fraîches sous le nom de cabeliaux. Il en est de même des **merlans**, que l'on pêche sur les côtes de l'Océan.

Les **poissons plats** ont le corps en lame mince et non symétrique; les deux moitiés ne sont pas pareilles, l'une porte les deux yeux, elle est colorée en gris, l'autre est blanche. Telles sont les *soles* (fig. 72); les *limandes*, les *barbues*, les *turbots*, communs sur nos marchés.

4. Le quatrième groupe de poissons osseux comprend des animaux très allongés avec une nageoire dorsale et anale très longue, ayant tous la forme de nos **anguilles** d'eau douce. Les **congres** ou anguilles de mer, dont la taille dépasse souvent deux mètres, sont

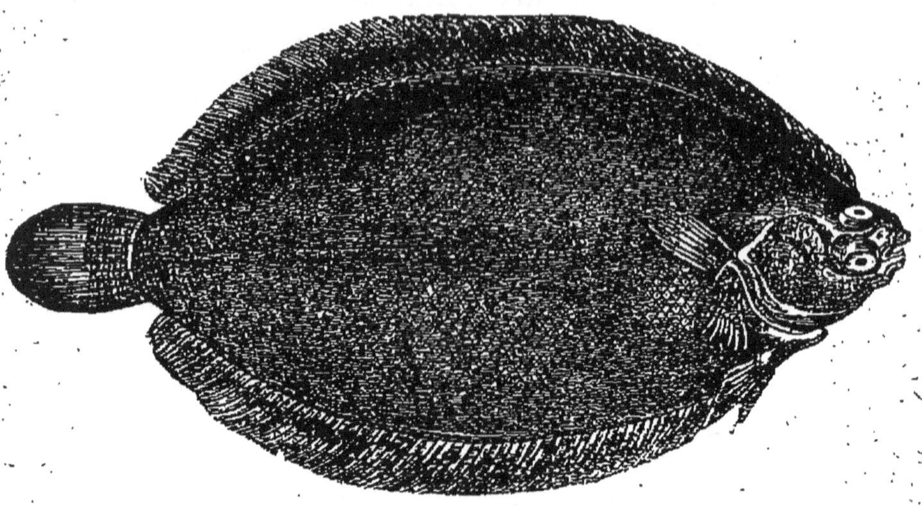

Fig. 72. — Sole.

estimés pour leur chair blanche et savoureuse. Ce groupe comprend la **gymnote**, une sorte d'anguille électrique des étangs et des lacs de l'Amérique méridionale.

Poissons cartilagineux. — Les deux principaux ordres de cette sous-classe se distinguent par la structure de leurs branchies; les uns ont les branchies libres comme les poissons osseux et une seule ouverture de chaque côté pour les ouïes, ce sont les **sturoniens;** les autres ont les branchies adhérentes par leurs deux bords et plusieurs ouvertures rangées en séries pour les ouïes, ce sont les **sélaciens.**

L'esturgeon est le type du premier groupe; il

mesure depuis 1 mètre jusqu'à 5 et 6 mètres ; les petites espèces sont recherchées pour la table ; dans toute l'Europe orientale, on fait avec les œufs du petit esturgeon ou *sterlet* un mets estimé sous le nom de *caviar*. Les grandes espèces des grands fleuves de la Russie sont pêchées pour la préparation de la *colle de poisson*, que l'on retire de la vessie natatoire du grand esturgeon.

Les *squales* et les *raies* constituent le second groupe. Les squales comprennent les **roussettes** ou *chiens de mer* et le **requin**, que sa voracité rend redoutable, surtout quand il est de grande taille.

Les **raies** (fig. 73) ont le corps aplati par un très large développement des nageoires pectorales qui se rejoignent en avant pour se confondre avec le museau et s'unissent en arrière aux deux côtés de l'abdomen. On mange la *raie rouge* et la *raie cendrée*.

La **torpille** est une sorte de raie qui jouit de

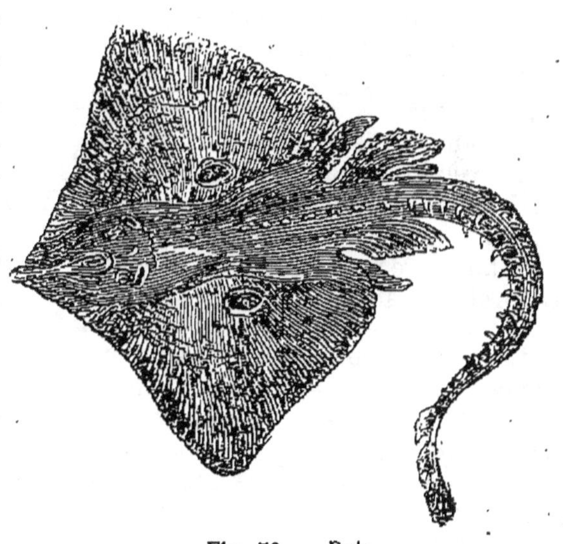

Fig. 73. — Raie.

la propriété curieuse de donner des commotions électriques aux êtres qui l'approchent.

En dehors de ces deux groupes, il y en a un troisième formé par les poissons *suceurs*, ainsi appelés parce que la bouche est convertie en un suçoir plus ou moins circulaire.

La *grande* **lamproie** et la lamproie de rivière sont très estimées. On trouve de petites lamproies de 15 à 20 centimètres, assez semblables à des vers, dans la vase des ruisseaux et des petits cours d'eau.

RÉSUMÉ. — Les poissons ont le corps tout d'une venue, la peau couverte d'écailles, les membres remplacés par des palettes ou nageoires.

Ils ont le sang froid, un cœur à deux cavités seulement (oreillette et ventricule) placé sur le trajet du sang veineux. Ils respirent par des **branchies** en lamelles placées des deux côtés de la tête, baignées d'eau et sur la grande surface desquelles le sang vient se répandre pour se revivifier par l'oxygène de l'air dissous dans l'eau.

Les **nageoires** des poissons sont de deux sortes: celles qui figurent les membres et qui vont par paire; les autres qui sont *impaires* et posées sur la ligne médiane du corps, les nageoires dorsale et anale et la queue en palette verticale.

Une vessie spéciale, gonflée d'un gaz, aide à la natation et porte le nom de *vessie natatoire*.

Les poissons se reproduisent d'œufs que certaines espèces pondent en nombre très considérable.

On divise les poissons en deux grands groupes: les poissons osseux à arêtes dures et les poissons cartilagineux dont le squelette reste sans matière calcaire incrustée.

Les **poissons osseux** forment plusieurs ordres d'après la disposition et la forme des nageoires. Voici les caractères des principaux:

1° La nageoire dorsale est à rayons durs; la perche, le bar, le thon et le maquereau sont dans ce groupe;

2° Les nageoires abdominales sont loin des nageoires pectorales, rentrent dans ce groupe la carpe et la plupart des poissons d'eau douce, l'anchois, la sardine et le hareng, la truite et le saumon;

3° Les nageoires des membres sont près de la tête; on cite dans ce groupe la morue et les poissons plats;

4° Le corps est allongé avec une seule paire de nageoires comme chez les anguilles et les congres.

Les **poissons cartilagineux** forment deux groupes d'après la disposition des branchies.

L'esturgeon est le type du premier. Les squales et les raies avec leurs ouvertures multiples aux ouïes rentrent dans le second.

Enfin la lamproie avec son corps cylindrique sans nageoires paires, sa bouche en suçoir, forme le dernier groupe, celui des poissons suceurs.

Un grand nombre de poissons frais ou salés ou confits entrent dans l'alimentation; la morue et le hareng sont ceux que l'on consomme en plus grande quantité.

CHAPITRE XV

ANNELÉS OU ARTICULÉS

75. Caractères généraux. — Les animaux qui forment le deuxième embranchement n'ont pas de pièces solides internes; mais la surface du corps est durcie en une sorte de squelette externe. Elle est formée **d'anneaux** solides, jouant les uns sur les autres à l'aide des parties molles qui les unissent et des muscles qui les font mouvoir. Un certain nombre de ces anneaux portent des prolongements articulés, composés de segments mobiles les uns sur les autres et formant les membres. Ces membres sont donc des étuis solides et creux, à l'intérieur desquels sont logés les muscles. Le corps des annelés se compose d'un nombre variable d'anneaux et dans beaucoup d'espèces plusieurs anneaux peuvent se joindre et paraître se fondre en une seule masse, comme dans le céphalo-thorax de l'écrevisse. La peau n'est pas chez tous les annelés coriace et résistante.

Le système nerveux n'est plus contenu dans une enveloppe solide, spéciale, en une seule masse centrale, comme l'encéphale des vertébrés. Il est formé de deux longs cordons accolés ou voisins, suivant la ligne médiane du corps et renflés à chaque anneau en **ganglions nerveux**, d'où partent des filets allant à la périphérie du corps (fig. 74). Chaque anneau possède donc un ganglion double formé d'une moitié droite et d'une moitié gauche distincte.

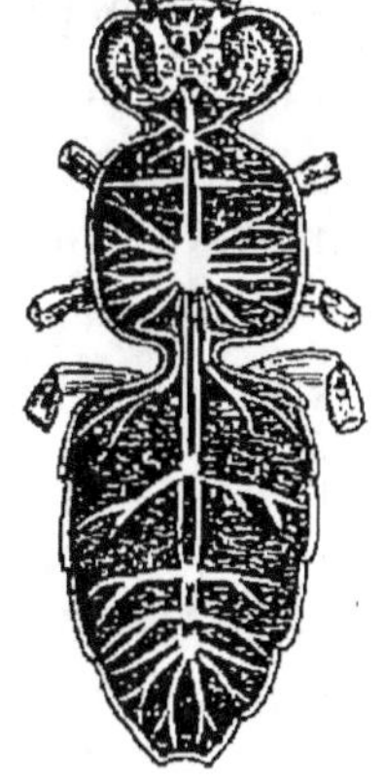

Fig. 74.
Système nerveux
de l'abeille.

La première paire de ganglions constitue une sorte de *cerveau;* les deux ganglions antérieurs sont placés dans la tête, au dessus de l'œsophage. Ils sont unis à ceux de la deuxième paire par deux cordons enveloppant l'œsophage latéralement comme un anneau qu'on appelle le **collier œsophagien;** tous les autres ganglions sont près de la face ventrale du corps.

Le sang des articulés est généralement incolore, excepté chez les annélides ; la circulation se fait bien plus par lacunes que par vaisseaux ; l'organe impulseur est une sorte de poche charnue qui figure le cœur, ou un vaisseau contractile, appelé **vaisseau dorsal,** à cause de sa position.

La respiration est tantôt aquatique, tantôt aérienne, elle s'effectue dans ce dernier cas, par des **trachées,** sorte de lacunes qui ouvrent à l'air le long du corps et qui portent ce gaz dans des cavités internes dont les parois sont imbibées de sang.

On peut établir dans l'embranchement des annelés cinq classes qui se distinguent facilement les unes des autres : les **insectes,** les **myriapodes,** les **arachnides,** les **crustacés** et les **vers.** Les quatre premières classes sont à pieds articulés, tandis que la dernière est sans pieds et sans squelette extérieur, avec des membres, quand ils existent, réduits à de simples tubercules charnus garnis de soies rudes et courtes groupées en petits pinceaux. Les trois premières classes ont la respiration trachéenne et la quatrième la respiration par branchies. Les myriapodes ont un grand nombre d'anneaux distincts et beaucoup de pattes; les arachnides ont le corps en deux parties dissemblables et les insectes ont le corps en trois parties dont une donne attache aux pattes.

INSECTES

76. Caractères généraux des insectes. — Les insectes, qui forment la classe la plus nombreuse des annelés, ont le corps revêtu d'un épiderme corné et partagé en trois parties distinctes : la **tête,** le **thorax** et l'**abdomen** (fig. 75).

La **tête,** formée de deux anneaux intimement unis,

porte les deux yeux, les antennes, la bouche et les organes de la manducation. Les **yeux** (fig. 76) sont
composés d'un grand nombre d'yeux simples accolés, et
leur surface apparaît comme formée d'une multitude de
facettes. Les **antennes** sont des prolongements articulés qui nais-
sent près des yeux
et qui paraissent
être destinés au
sens de l'odorat
et du toucher.
La **bouche**

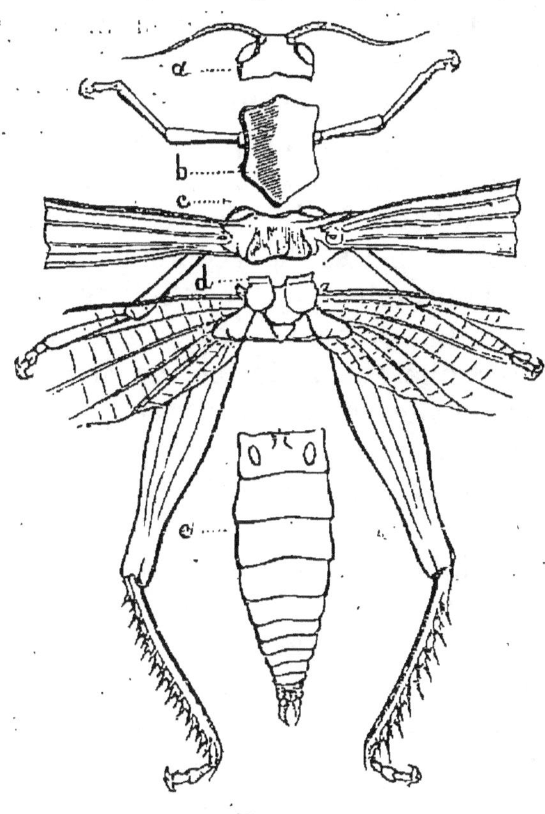

Fig. 75.
Les trois parties du corps d'un insecte.
a. Tête.
b c d. Anneaux du thorax.
e. Abdomen.

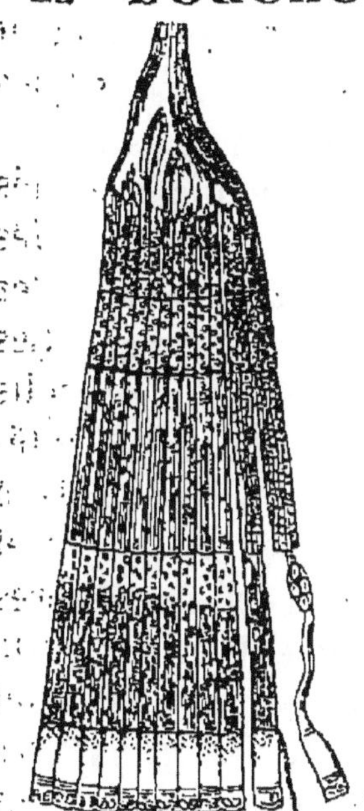

Fig. 76. — Œil composé
d'un insecte.

est différente, suivant que l'insecte est broyeur ou
suceur. Chez les insecteurs broyeurs, ce n'est pas, comme
chez les vertébrés, une cavité close enfermant les organes
destinés à déchirer et à broyer les aliments; c'est un orifice sur le bord duquel sont placées les pièces dures
extérieures et saillantes qui représentent les mâchoires;
ces pièces dures, qui se meuvent horizontalement, sont
en plusieurs paires, dont la première porte le nom de

mandibules, et la seconde, de *mâchoires*; les pièces médianes s'appellent les *lèvres* et les filaments articulés aux mâchoires portent le nom de *palpes*. Lorsque l'insecte se nourrit de liquides qu'il doit *sucer*, toutes les pièces précédentes sont transformées en un long tube rigide ou flexible, solide ou mou, que l'on nomme bec ou *trompe*.

Le **thorax** est formé de la réunion de trois anneaux : celui de l'avant ne porte qu'une paire de pattes; l'anneau médian porte la deuxième paire de pattes et la première paire d'ailes; le troisième anneau porte, avec une paire de pattes, la seconde paire d'ailes chez les insectes à quatre ailes (fig. 75). Les insectes ont donc *six* pattes et ordinairement *deux* ou *quatre* ailes; tous ces membres diffèrent de forme, de disposition et de grandeur, suivant les espèces, et servent à classer les insectes en ordres.

L'abdomen porte ordinairement huit ou neuf anneaux, jamais de membres, mais parfois un appendice terminal en forme d'*aiguillon* ou de *tarière* pour percer les corps durs et y déposer les œufs. Chaque anneau de l'abdomen a une paire de *stigmates* ou d'orifices conduisant l'air aux trachées.

Un des caractères les plus saillants est tiré des **métamorphoses :** les insectes se reproduisent d'*œufs* que l'on appelle parfois la graine, mais ils ne prennent pas de suite leur forme définitive; ils subissent des transformations dont la série constitue de très curieuses métamorphoses.

Au sortir de l'œuf, l'insecte est un *ver*, auquel on donne le nom de **larve.** Les larves des papillons sont ordinairement appelées *chenilles*; toutes les autres gardent le nom de vers; ainsi les *asticots* des pêcheurs sont les larves de certaines mouches; le *ver blanc*, si redouté des jardiniers, est la larve du hanneton. La larve, d'abord très petite, s'accroît très rapidement; c'est souvent sous ce premier état que l'insecte prend tout son accroissement, aussi les larves ont-elles la bouche puis-

samment armée et font-elles en général bien plus de
dégats que les insectes à l'état parfait.

Fig. 77. — Bombyx du mûrier sous les trois états.

Quand la larve est arrivée à son développement, elle
s'enveloppe d'un cocon ou d'une sorte d'étui formé par
les parties extérieures de son corps soudées et durcies,
et elle passe un temps plus ou moins long dans l'insen-

sibilité : c'est l'état de **nymphe** ou de **chrysalide**.

Enfin l'insecte perd son enveloppe cutanée de chrysalide et sort avec les formes et les organes de **l'insecte parfait** (fig. 77). Un grand nombre vivent peu à cet état définitif, le temps seulement d'accomplir leur ponte ; mais quelques espèces vivent plus longtemps.

Un certain nombre d'insectes ne parcourent pas ces trois états : il en est qui naissent avec tous leurs organes et n'ont besoin que de les développer ; ceux là n'ont point de métamorphoses, tels sont les poux et, en général, les aptères. D'autres naissent avec des formes analogues à celles de leur état parfait, sauf qu'ils sont dépourvus d'ailes ; les ailes leur poussent plus tard, ils n'ont que des demi-métamorphoses ; ainsi sont les sauterelles.

77. Groupement des insectes en ordres. — Pour grouper les insectes en ordres, le premier caractère auquel on s'adresse, c'est la présence ou l'absence d'ailes et le nombre de ces organes. On appelle **aptères** les insectes sans ailes, **diptères,** les insectes à deux ailes, et **tétraptères,** les insectes à quatre ailes. On trouve bien, exceptionnellement, une espèce sans ailes, comme la punaise des lits, que l'on place avec les insectes ailés, à côté des punaises des bois, qui ont deux paires d'ailes, ou encore quelques espèces à une seule paire d'ailes dans des groupes à quatre ailes ; mais ces anomalies n'empêchent pas la division précédente d'être très générale.

Dans une classification très complète, on fait plusieurs ordres d'aptères et deux de diptères, nous n'entrerons pas dans ces détails.

Les insectes à quatre ailes forment tout d'abord deux séries très distinctes : ceux qui, comme les *libellules*, les *guêpes*, les *papillons*, ont les quatre ailes de même consistance et semblables les unes aux autres ; et ceux, comme les *hannetons*, les *sauterelles*, les *punaises* des bois, qui ont les deux paires d'ailes dissemblables et la première paire partiellement ou complètement durcies et formant au repos comme une sorte de couvercle protecteur de la seconde paire.

Dans la série aux quatre ailes membraneuses, il y a des distinctions à établir, et c'est dans la forme de la bouche qu'il faut en chercher pour les ajouter à celles que les ailes peuvent donner.

Les papillons ont les ailes couvertes de fines écailles colorées qui leur ôtent la transparence et leur donnent des teintes variées ; ils forment l'ordre des **lépidoptères** (ailes écailleuses). La bouche est conformée en suçoir ou trompe.

Les libellules ont des ailes membraneuses sans écailles, soutenues par un réseau de côtes rigides ou nervures, de là le nom de **névroptères** donné à cet ordre, dont tous les représentants ont la bouche munie de mandibules et de mâchoires destinées à broyer.

Les guêpes et les abeilles ont les quatre ailes membraneuses sans nervures fortes ; leur bouche est constituée pour broyer et pour sucer ; elle a des mandibules propres à diviser les corps solides ; mais, au lieu de mâchoires, il y a une languette allongée, une sorte de trompe molle propre à sucer le suc des fleurs : c'est l'ordre des **hyménoptères**.

La série des insectes aux quatre ailes dissemblables se classe en trois ordres distincts. Ceux dont les ailes de la première paire ne sont cornées qu'à la base et membraneuses à l'extrémité, formant des demi-étuis, que l'on appelle des *demi-élytres* ; ils composent l'ordre des **hémiptères**, dont la bouche n'a ni mandibules, ni mâchoires distinctes, mais une sorte de bec ou suçoir affectant la forme d'un tube corné avec lequel l'insecte perfore les membranes, les écorces ou les feuilles pour sucer les liquides dont ces tissus organiques sont imprégnés.

Les insectes dont la première paire d'ailes est entièrement cornée, en étuis complets ou *élytres*, forment deux ordres :

Les **orthoptères**, comme les sauterelles, dont les secondes ailes sont pliées longitudinalement sous les élytres, à partir de leur point d'attache, de manière à s'ouvrir comme un éventail ;

Les **coléoptères**, dont les ailes membraneuses se replient transversalement au repos pour se cacher sous les élytres.

Ainsi limitée, la classification des insectes comprend huit ordres : les *coléoptères*, les *orthoptères*, les *hémiptères*, les *névroptères*, les *hyménoptères*, les *lépidoptères*, les *diptères* et les *aptères*. Chacun d'eux comprend beaucoup d'espèces, dont nous citerons ici seulement les principales.

78. Coléoptères. — Les nombreux coléoptères se reconnaissent tous à leurs **élytres** qui recouvrent les secondes ailes et cachent plus ou moins complètement le thorax et l'abdomen. Leurs métamorphoses sont complètes ; la larve est un ver blanc ou coloré dont la bouche est organisée pour broyer, comme le sera celle de l'insecte parfait. On les a groupés, pour les étudier, en quatre familles, d'après le nombre d'articles que l'on compte aux *tarses*, c'est-à-dire à la partie terminale des pattes. Les uns ont cinq articles à toutes les pattes, d'autres, quatre ou seulement trois, et quelques-uns, cinq articles aux pattes antérieures et moyennes, et quatre aux pattes postérieures.

Le premier groupe comprend d'abord des insectes *carnassiers* qui détruisent beaucoup d'autres insectes, comme le **carabe** doré que l'on appelle vulgairement jardinier, les **cicindèles**, les *dytiques*, les *hydrophiles*, les *scarabées*, les *lucanes* ou *cerfs-volants ;* puis des espèces qui vivent de matières animales et végétales desséchées, tels sont les **dermestes**, qui dévorent les matières animales comme le lard, les

Fig. 78.
Cicindèle champêtre.

lainages, les fourrures, les parchemins, et enfin, des es-
pèces dont les larves d'abord, et les insectes parfaits ensuite, dévorent les plantes : le **hanneton** (fig. 79) est le type de ces coléoptères nui-sibles aux cultures. Il vit seulement quelques semaines à l'état d'in-secte parfait, mais pen-dant ce temps il dé-pouille les arbres de

Fig. 79. — Hanneton et sa larve.

leurs feuilles. La femelle pond soixante à quatre-vingts œufs qu'elle enfouit en terre. Les larves qui en sortent se creusent des galeries, s'attaquent aux racines des plantes ; ce sont les gros **vers blancs** que la taupe détruit et que les jardiniers pour-suivent à cause de leurs dégâts.

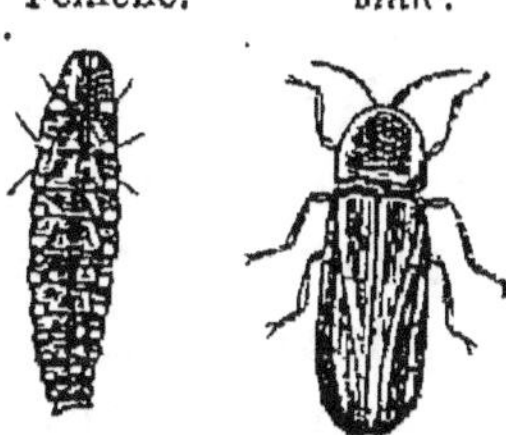

Fig. 80. — Ver luisant.

D'autres espèces ont des anneaux de l'abdomen lumineux dans l'obscu-rité ; tel est le *ver luisant* (fig. 80) ou lampyre, et le *taupin* (fig. 81), qui, mis sur le dos, peut sauter en l'air avec une certaine vigueur.

Le deuxième groupe est très riche en espèces nuisibles, qui vivent de substances végétales et dont les larves habitent dans les fruits, ou les grai-nes, ou même les écorces des arbres. Ce sont d'abord les insectes à tête pro-longée en bec, tous de petite taille, mais tous grands destructeurs : le

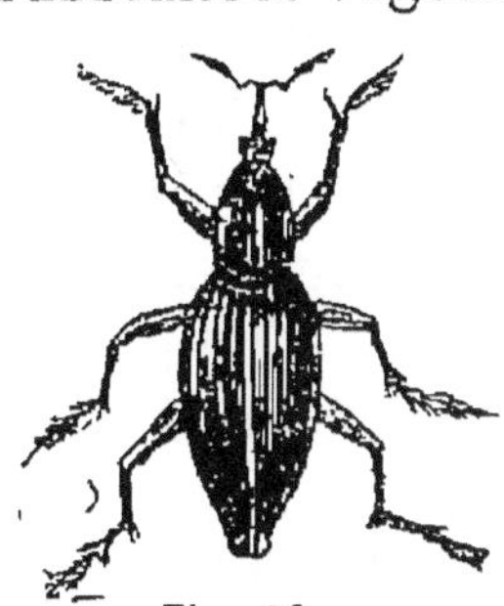

Fig. 82.
Charançon du blé
(longueur = 0ᵐ005)

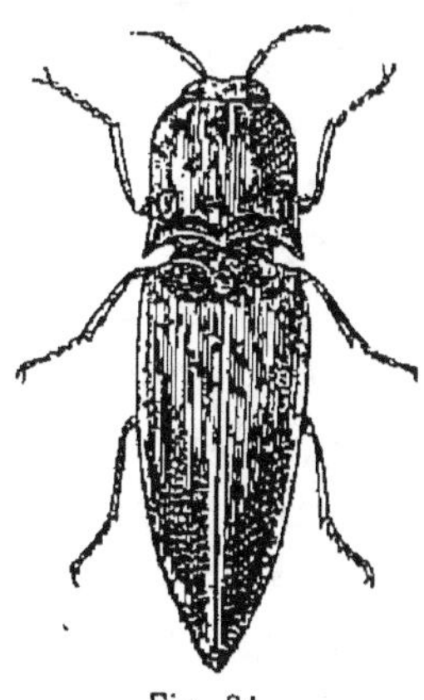

Fig. 81.
Taupin lumineux.

charançon du blé (fig. 82), dont la larve, logée dans un grain de blé, le dévore complètement pour se développer et subir ses métamorphoses, le *charan-çon des noisettes*, celui des pommes, la *bruche* du pois, l'*attelable* de la vigne, dont la larve vit dans les feuilles roulées, les *scolytes* et les *bostriches*, que l'on a réunis sous le nom de *xylophages* (mangeurs de bois), leurs larves s'attaquent en effet aux bois; elles se creusent des galeries sous l'écorce ou même dans le bois dur.

À côté de ces petites espèces s'en trouvent d'autres plus grandes, dont le corps est allongé et les antennes très longues, les principales sont les **capricornes** et les *altises*.

La **cantharide** ou mouche d'Espagne est un beau coléoptère dont les élytres sont d'un vert à reflets dorés; on la trouve en été sur le frêne et le lilas, mais elle habite surtout les contrées méridionales. On la dessèche pour obtenir une poudre qui est spécialement employée pour les vésicatoires.

Les **coccinelles** forment un groupe à part, avec leur corps globuleux et leurs élytres courtes et tachetées; elles font la chasse aux pucerons et nous débarrassent d'un certain nombre de ces parasites de nos végétaux cultivés, mais leur nombre est insuffisant en regard de l'énorme quantité des pucerons à détruire.

79. Orthoptères. — Les orthoptères, caractérisés par des élytres recouvrant des ailes plissées en éventail, n'ont que des demi-métamorphoses; ils naissent avec des formes presques semblables à celles de l'insecte parfait. Les uns ont toutes leurs pattes semblables et courent avec une certaine agilité; les autres ont les jambes postérieures très allongées, fortement musclées et peuvent sauter avec vigueur.

Parmi les *orthoptères coureurs* se trouve le **kakerlac** ou **kankrelac**, si répandu dans les colonies et sur les navires, où il dévore le linge et les matières desséchées que l'on conserve et les **blattes** des cuisines et des boulangeries qui s'attaquent aux farines et au pain.

Les *orthoptères sauteurs* sont les *sauterelles*, les *grillons*, les *courtilières*, les *criquets*. Les **grillons** qui vivent aux champs ont une espèce qui habite dans les maisons de ferme derrière les fours et les cheminées et qui a reçu le nom de *cricri* à cause du chant monotone et continu qu'ils font entendre. Les **courtilières** ou *taupes grillons*, nuisent aux cultures potagères en coupant les racines des plantes dans leurs galeries souterraines. Les **criquets** et les **sauterelles** sont communs dans toutes les prairies; mais dans certaines contrées, les sauterelles sont en si grand nombre, qu'elles détruisent toutes les récoltes des pays sur lesquels elles s'abattent et deviennent une cause d'insalubrité en se putréfiant quand elles meurent après avoir tout détruit. C'est un fléau redouté en Algérie et dans tous les pays d'Orient.

La **forficule** ou *perce-oreille* est un genre intermédiaire entre les coléoptères et les orthoptères.

80. Hémiptères. — Les hémiptères dont le caractère est de n'avoir que des demi-élytres, n'ont que des demi-métamorphoses. On cite dans cet ordre les *punaises des bois* et les *punaises des lits*, les *cigales*, le *phylloxera*, les *pucerons* et les *cochenilles*.

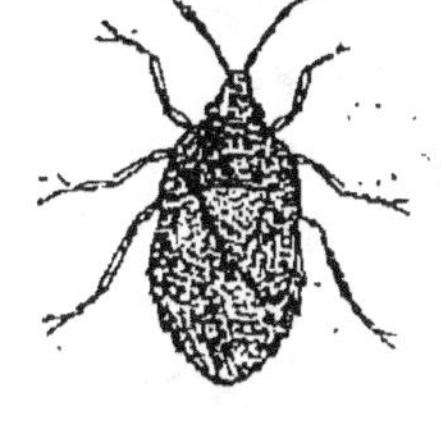

Fig. 83.
Punaise des bois.

Les **cigales** à l'état de larves vivent sous terre et s'attaquent aux racines des plantes, dont elles pompent la sève à l'aide de leur suçoir. A l'état adulte, elles ont un organe musical différent de celui des sauterelles vertes, que l'on appelle à tort des cigales. Cet organe se compose de pièces dures mues par des muscles, situées au-dessous de l'abdomen, et dont les vibrations produisent un chant monotone. Les **punaises** répandent autour d'elles une odeur repoussante, quand on les inquiète ou qu'on les écrase. L'espèce des lits manque d'ailes et d'élytres. Le **phylloxera**, qui vit sur les feuilles et sur les racines de là vigne, a détruit les plus riches de nos vignobles et occasionné de très grands dégâts.

Les **pucerons** sont doués d'une fécondité étonnante; ils couvrent parfois littéralement certaines parties des plantes et font périr les bourgeons ou les boutons à fleurs.

Les **cochenilles** fournissent des matières colorantes. Une espèce qui vit sur un chêne constitue le *kermès* utilisé dans la teinture. Une autre espèce de l'Inde produit sur certains figuiers la *gomme-laque*. La cochenille du nopal qui vit sur le cactus des contrées chaudes, sert à faire le carmin et l'écarlate.

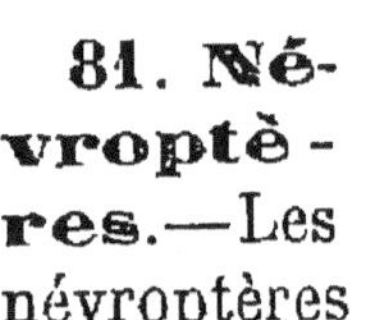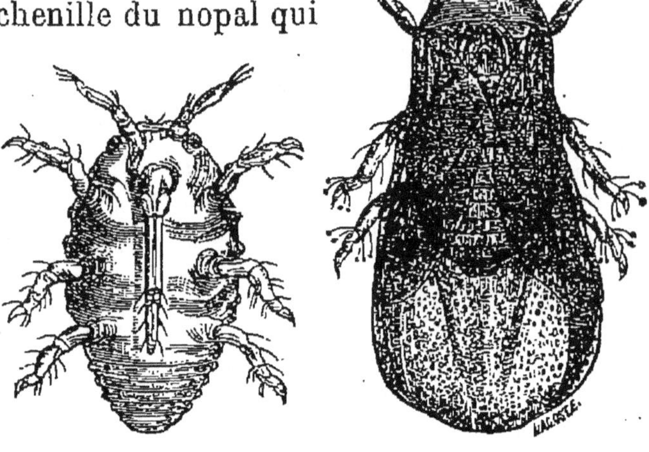

Fig. 84. — Phylloxera (très grossi).

81. Névroptè-res.—Les névroptères dont les ailes fines sont fortement nervées ont pour type les *agrions* et les **libellules** ou *demoiselles*. L'espèce la plus nuisible est celle des **termites** ou *fourmis blanches* dont les larves exercent de grands dégâts dans les matières ligneuses et en particulier dans les bois de construc-

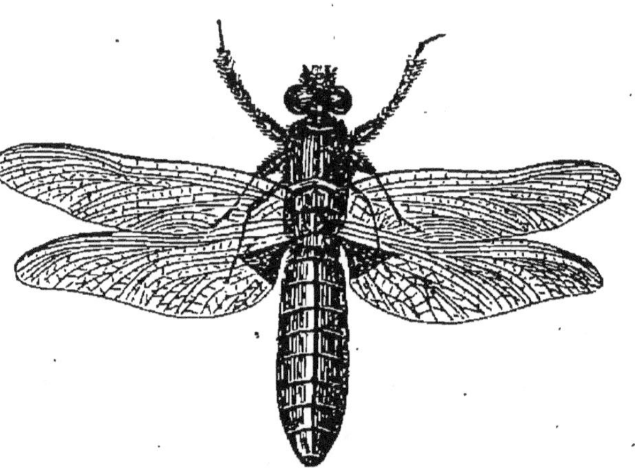

Fig. 85. — Libellule.

tion. Les termites vivent par colonies nombreuses avec des femelles imparfaites et infécondes ou *neutres* qui travaillent pour la colonie à côté des femelles proprement dites dont la fonction principale est la reproduction. Les ports du sud-ouest, La Rochelle et Rochefort ont eu souvent à souffrir de leurs dégats.

82. Hyménoptères. — Les hyménoptères, caractérisés par quatre ailes membraneuses, une bouche en suçoir, ont presque tous un aiguillon ou une tarière à l'abdomen. Les uns s'en servent pour faire un trou où ils déposent leurs œufs, les autres versent dans leur piqûre une liqueur irritante. Parmi les premiers, il faut citer l'*ichneumon* et les *cynips*; **l'ichneumon** perce le corps d'une chenille et y dépose ses œufs; les larves se développent aux dépens du corps de la chenille qui périt. Les **cynips** piquent les diverses parties des végétaux et y déterminent la production d'excroissances qui ont reçu le nom de *galles*. La noix de galle qui fournit une couleur noire et l'encre provient d'un chêne du Levant; dans nos contrées, les galles en pomme ou en groseille sont nombreuses sur les rameaux et les feuilles des chênes, ainsi que les galles moussues sur le rosier sauvage (fig. 86) : ce sont des piqûres de cynips qui les ont déterminées.

Fig. 86. — Cynips du rosier.

Les autres hyménoptères sont les *fourmis*, les *guêpes*, les *bourdons* et les *abeilles*. Ils vivent en colonies nombreuses composées de peu de femelles, parfois même d'une seule, d'un assez grand nombre de *mâles* et de beaucoup plus d'ouvrières ou *neutres*.

Les fourmis neutres n'ont pas d'ailes, ni le plus souvent d'aiguillon; elles vivent en grand nombre dans des tertres creusés de galeries où elles assemblent leurs provisions et élèvent leurs larves; leurs mœurs sont très curieuses.

Les trois autres espèces, **guêpes**, **bourdons** et

Neutre ou ouvrière.   Femelle ou reine.   Mâle ou faux-bourdon.

Fig. 87. — ABEILLES.

abeilles, se construisent des nids avec des alvéoles régulières et géométriques, le tout disposé en gâteaux. Il n'y a qu'une reine dans la colonie. Les neutres vont recueillir le pollen des fleurs qu'elles rapportent avec leurs pattes en brosse; en même temps qu'elles sucent le nectar des fleurs et qu'elles le rendent sous forme de miel. On élève l'abeille pour la cire et pour le miel.

Un *essaim* d'abeilles comprend une fe-melle ou *reine*, quatre à cinq cents mâles ou *frelons* et

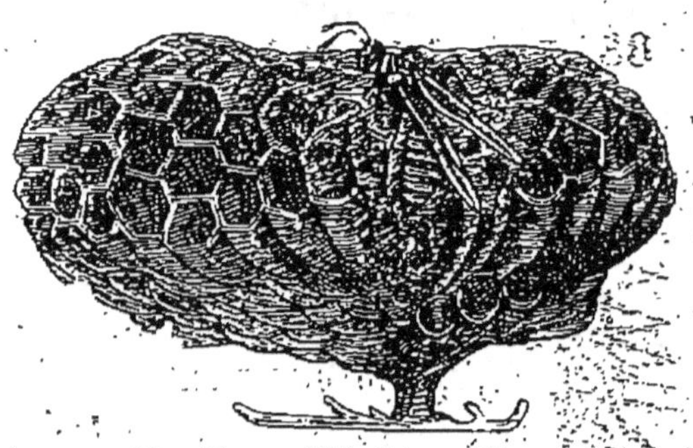

Fig. 88. — Nid d'une guêpe.

sept à huit mille *ouvrières* ou neutres (fig. 87). A l'état de nature, elles habitent dans les creux des arbres; nous leur offrons des habitations sous le nom de *ruches*. Les ouvrières seules travaillent à recueillir le pollen des fleurs à l'aide d'une sorte de brosse dont leur dernière paire de pattes est garnie. Avec leur trompe allongée, elles pompent le liquide sucré qui se trouve au fond des corolles. Le **miel** est formé de ce liquide sucé dans les fleurs par les abeilles et auquel elles ont fait subir un commencement de digestion. La **cire** est sécrétée par les anneaux de l'abdomen. Elle sert à la confection des gâteaux qui remplissent la ruche et qui contiennent les alvéoles où sont logés les

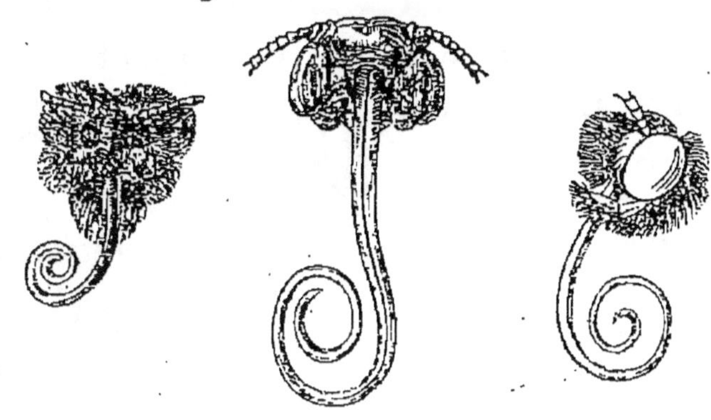

Fig. 89. — Trompes de papillons.

œufs et les larves, ainsi que les provisions nécessaires à toute la colonie.

Tout l'été, les abeilles amassent leurs provisions qu'elles mettent en gâteaux pour leurs *ruches* et dont on leur soustrait une partie en automne quand leur amas a été assez abondant.

83. Lépidoptères. — Les *lépidoptères* ou **papillons** sont remarquables par leurs métamorphoses complètes et leur bouche disposée en trompe (fig. 89); ils naissent tous à l'état de ver, se développent très rapidement sous la forme de **chenilles** pourvues de cinq à huit paires de pattes, de mandibules et de mâchoires puis

Fig. 90. — Chenille du sphinx du caille-lait.

Fig. 91.
Chenille du vanesse (paon de jour).

santes pour dévorer les feuilles des végétaux (fig. 90 et 91). A l'état parfait, l'insecte a les quatre ailes couvertes de fines écailles brillantes et colorées. Ils vivent peu de temps à l'état de papillons, et suivant leurs habitudes on les a groupés en *diurnes* qui sillon nent l'air le jour, en *crépusculaires* qui ne sortent que le soir et en *nocturnes* qui ne prennent leurs ébats que la nuit.

Les **papillons diurnes** sont nombreux : c'est le *vulcain*, le *paon de jour*, le *grand porte-queue*, le *grand papillon du chou*, le *citron*, le *papillon bleu*, toutes espèces nombreuses dans les campagnes pendant la belle saison.

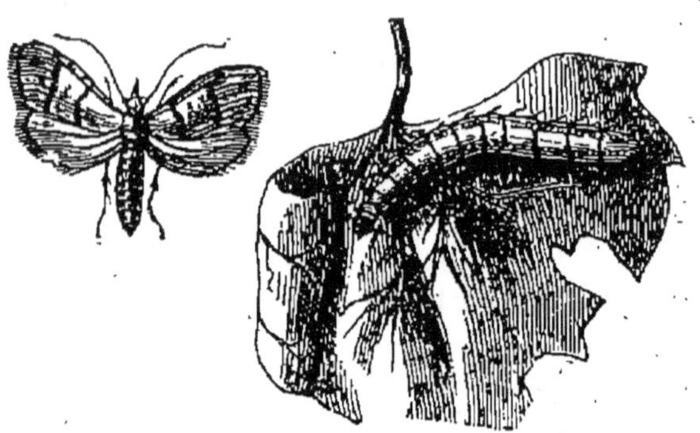

Fig. 92. — Pyrale de la vigne et sa chenille.

Les **papillons crépusculaires** sont de grande taille ; tels sont les *sphinx* dont le sphinx tête de mort, très friand de miel et ennemi des ruches, et celui de la vigne ; leurs chenilles sont grosses et longues.

Les **papillons nocturnes** sont très nombreux et renferment beaucoup d'espèces nuisibles : l'*hépiale* du houblon dont la chenille mange les racines de la plante ; les *cossus* du saule et du marronnier qui s'attaquent au bois, la *pyrale* de la vigne (fig. 92), les *phalènes*, les *teignes* (fig. 93),

Fig. 93. — Teigne tapissière (très grossie).

nuisibles à l'état de larve, s'attaquant aux étoffes de laine où elles se creusent des galeries ou encore aux grains de blé qu'elles soudent en petite masse et qu'elles vident peu à peu ; les *bombyx* dont les nids attachés aux branches des arbres fruitiers produisent, si on n'a pas soin de les détruire à temps, un très grand nombre de chenilles qui ont dépouillé l'arbre en quelques jours.

En revanche, c'est une espèce de *bombyx*, le *bombyx du mûrier* qui produit la soie et que l'on élève pour cet objet.

Le ver à soie est la chenille du bombyx du mûrier (fig 77), papillon de nuit dont les ailes sont blanches et le corps velu. La chenille est d'abord un petit ver noir de quelques millimètres, puis elle s'accroît rapidement. Au moment où elle va prendre son état de chrysalide, elle file une soie très fine qu'elle rassemble en cocon, au milieu duquel elle passe son deuxième état; enfin elle perce son cocon et en sort à l'état de papillon. Ce papillon ne vit qu'un jour ou deux pendant lesquels il pond des œufs, appelés la *graine*, d'où sortiront de nouveaux vers.

On élève les vers à soie dans la région du Midi où croît le mûrier. On les fait éclore à une température de 25°; on nourrit les chenilles ou vers avec des feuilles de mûrier dont ils consomment une grande quantité. On recueille les cocons une fois qu'ils sont filés par l'animal; on en met quelques-uns de côté pour y laisser développer l'insecte parfait et recueillir de la graine, et on dévide les autres pour en obtenir la soie.

84. Diptères. — Les *diptères* n'ont que deux ailes et la bouche organisée pour sucer des matières liquides; ils constituent la grande variété des **mouches** grosses et petites. Certains diptères ont la trompe terminée par une pointe acérée et aplatie comme une lancette avec laquelle ils piquent le corps de l'homme et des animaux, tel

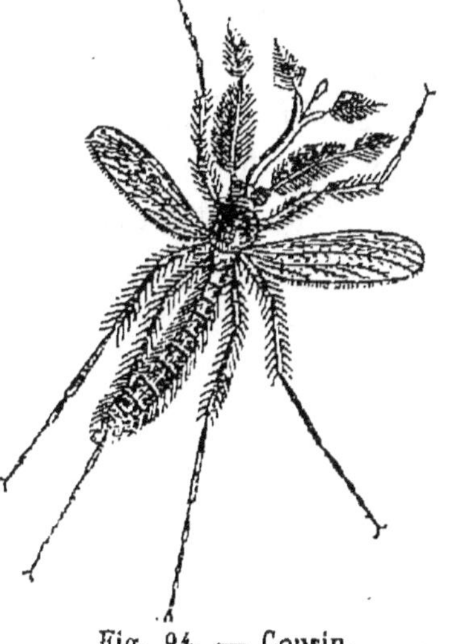

Fig. 94. — Cousin.

est le **cousin** (fig. 94) aussi le **taon**. D'autres déposent leurs œufs dans la peau des animaux domestiques, comme l'*œstre* du cheval, ou sur les viandes, comme la *mouche à viande*, ou encore dans les fruits que leurs larves dévorent. Beaucoup vivent de matières putrides et corrompues et servent ainsi à nous débarrasser de substances nuisibles ou infectieuses. Leurs métamorphoses sont complètes, mais les larves n'ont ordinairement pas de pattes; à cet état elles portent le nom vulgaire d'*asticots*.

Il y a des milliers d'espèces de **mouches** : la *mouche à viande*, la *mouche dorée*, la *mouche vivipare* qui pondent leurs œufs sur les viandes fraîches ou sur les chairs en putréfaction et dont les larves se développent avec une surprenante rapidité; la *mouche commune* si incommode parce qu'elle salit tout dans nos appartements. Quelques espèces peuvent être dangereuses quand elles ont séjourné sur des cadavres d'animaux en putréfaction.

On cite en outre les **œstres** qui déposent leurs œufs sur la peau des mammifères, de façon que l'animal en se léchant les introduise dans sa bouche; les larves se développent alors dans le tube digestif qu'elles quittent au moment de passer en chrysalide et de devenir insecte parfait.

Fig. 95.
Œstre de cheval
(grandeur naturelle).

Les *taons* sucent le sang des grands animaux et les tourmentent ainsi par leurs piqûres.

Les *cousins* s'attaquent à l'homme et font sur la peau des piqûres qui produisent des démangeaisons intolérables.

85. Aptères. — Les insectes sans ailes forment trois groupes distincts : les **thysanoures** avec l'abdomen garni de sortes de fausses pattes dont ces insectes se servent comme de ressort pour sauter; les **parasites** comme les *poux* dont les pattes sont courtes et ne peuvent jamais servir à sauter; ils n'ont pas les yeux composés; les **suceurs** comme la *puce* dont les pattes sont allongées et organisées pour sauter et dont la bouche est un suçoir.

RÉSUMÉ. — L'embranchement des **annelés** ou **articulés** est formé d'animaux qui n'ont pas de pièces solides à l'intérieur du corps mais dont la peau est durcie en anneaux successifs plus ou moins apparents et sur lesquels les membres et les muscles prennent leur point d'appui.

Le système nerveux n'a plus comme chez les vertébrés une portion centrale unique et des cordons périphériques. Il est formé d'une double rangée de ganglions disposés le long de la ligne médiane du corps. Les deux premiers sont soudés et ils sont réunis aux ganglions de la deuxième paire par un double cordon en anneau dans lequel passe l'œsophage et qu'on appelle le *collier œsophagien*.

Le sang des articulés est incolore hormis chez les annélides. La circulation a lieu par lacunes et l'organe impulseur paraît être réduit chez les insectes à un vaisseau situé le long du corps et appelé le *vaisseau dorsal*.

La respiration est aquatique chez quelques groupes et elle a lieu par des branchies, tandis qu'elle est aérienne chez le plus grand nombre et s'effectue par des tubes appelés *trachées* qui prennent l'air par des ouvertures extérieures appelées *stigmates*.

On établit cinq classes dans les articulés; elles sont caractérisées par le nombre des membres et l'appareil respiratoire:

Les **insectes**, qui ont six pattes, le corps en trois parties distinctes;

Les **myriapodes**, ayant des anneaux nombreux qui portent chacun une paire de pattes;

Les **arachnides**, qui ont huit pattes et qui respirent par des sortes de poumons;

Les **crustacés**, qui sont recouverts d'une enveloppe dure, qui ont dix pattes et qui respirent par des branchies;

Les **vers**, appelés aussi *annélides* qui n'ont pas de membres, à moins que l'on ne considère comme tels les paquets de cils portés par leurs anneaux;

Insectes. — Les insectes ont le corps en trois parties distinctes : la *tête* porte les antennes, les yeux composés et les organes de de la manducation, mandibules et mâchoires chez les insectes carnassiers, mandibules en forme de bec ou de trompe chez les insectes suceurs.

Le *thorax* a trois anneaux dont chacun porte une paire de pattes et dont le dernier ou les deux derniers portent chacun une paire d'ailes.

L'abdomen varie de forme; il n'a jamais de pattes; il est parfois terminé par un aiguillon comme chez les abeilles, guêpes et analogues. C'est sur les deux côtés de l'abdomen qu'ouvrent les stigmates des trachées.

Les insectes subissent presque tous des métamorphoses. Quand elles sont complètes, il y a trois états : la *larve*, ver ou chenille avec la bouche armée pour broyer les feuilles; la *chrysalide* ou nymphe, état de repos et d'immobilité pendant lequel l'insecte prend ses organes définitifs, l'*état parfait* dans lequel l'insecte se reproduit par la ponte.

Les insectes sont très nombreux. On les groupe, d'après l'absence ou la présence et le nombre des ailes, en **aptères, diptères, tétraptères.**

Les *aptères*, comprennent les thysanoures, les poux et les puces.

Les *diptères* comprennent tous les genres de mouches à deux ailes, avec les taons, les œstres et les cousins.

Les insectes à quatre ailes forment six groupes assez commodes à distinguer, trois qui ont les quatre ailes membraneuses et trois dont les ailes supérieures sont dures en partie ou en totalité.

On cite dans les insectes aux quatres ailes membraneuses :

1º Les **lépidoptères** ou **papillons** à ailes poussiéreuses et colorées, presque tous nuisibles dans leur état de chenille, à part le bombyx du mûrier qui est élevé pour la *soie* qu'il file avant d'entrer en chrysalide.

2º Les **hyménoptères** à aiguillon dont les principaux sont les ichneumons, les guêpes, les fourmis, les bourdons et surtout les abeilles que l'on élève pour le miel et la cire qu'elles produisent.

3º Les **névroptères** à ailes nervées comme les libellules et les termites.

Dans les insectes dont les ailes supérieures sont demi-dures ou **hémiptères**, on cite les punaises des bois et des lits et les cochenilles.

Dans les insectes à *élytres* dures rentrent les **orthoptères** dont les ailes membraneuses sont plissées en éventail: tels sont les blattes, les sauterelles et les grillons; et les **coléoptères** dont quelques espèces carnassières comme le carabe sont utiles parce qu'elles détruisent d'autres insectes mais dont la plupart comme le hanneton, le charançon s'attaquent aux grains ou aux racines des plantes.

CHAPITRE XVI

MYRIAPODES ET ARACHNIDES

86. Myriapodes. — Les *myriapodes* comprennent un certain nombre d'animaux articulés dont le corps est composé d'une série d'anneaux à peu près tous semblables; les premiers forment la tête, et la plupart de autres portent une paire de pattes: on a surnommé ces animaux les *mille-pieds*. Ils respirent comme les insectes par des *trachées* ou tubes aériens dont les ouvertures extérieures sont en dessous de chaque anneau. Ils vivent

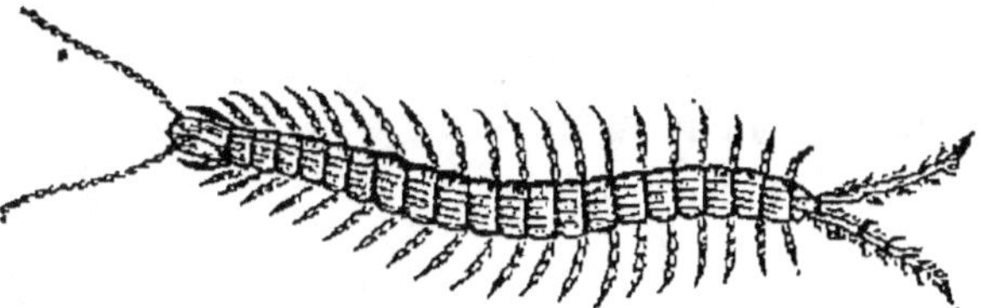

Fig. 96. — Mille-pieds scolopendre.

sous les pierres, au pied des vieux arbres, dans les lieux humides.

On y distingue les *iules* et les *scolopendres*; la morsure de ces derniers est douloureuse.

87. Arachnides. —Les arachnides ont en général le corps divisé en deux parties un **céphalothorax** et un **abdomen.** La tête est dépourvue d'antennes et des pièces buccales qui sont propres aux insectes; l'abdomen ne porte jamais ni pattes, ni fausses pattes. Les appendices sont ordinairement au nombre de six paires partant toutes du céphalothorax, les deux premières paires, appelée **pinces** ou *palpes*, servent à la préhension des aliments; les quatre autres paires servent à la locomotion. C'est à cause de la présence de ces huit pattes que les arachnides ont été parfois appelés les *octopodes*.

Les grands arachnides respirent par des organes feuilletés, en forme de sacs placés sous l'abdomen et auxquels on a donné le nom de *poumons* parce qu'ils servent à une respiration aérienne. Les autres ont des *tubes trachéens* venant s'ouvrir par des stigmates des deux côtés des anneaux de l'abdomen.

Cette classe comprend trois groupes naturels : les *araignées*, les *scorpions* et les *mites*.

Les **araignées** ont l'abdomen renflé portant en arrière un appareil en forme de tubercules d'où sortent les fils soyeux dont elles tissent leur toile. La tête porte trois ou quatre paires d'yeux petits et simples qui paraissent seulement comme des points brillants. La bouche est garnie de mandibules armées d'un crochet et renfermant une glande veni- meuse ; il y a deux palpes al- longées aux ma- choires. Les arai- gnées piquent avec leurs man dibules les in- sectes qu'elles poursuivent ou qu'elles ont pris dans leur toile ; elles les engour- dissent par leur venin, leur su- cent le sang et délaissent ensuite leur proie.

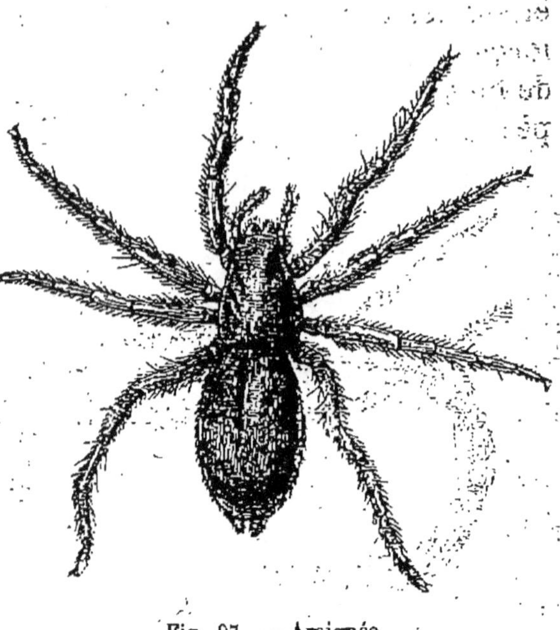

Fig. 97. — Araignée.

Si quelques grandes espèces, comme la *tarentule* de l'Italie méridionale ou les grandes *migales* peuvent cau- ser à l'homme quelques accidents par leur morsure, nos petites espèces indigènes ne sont gênantes que par leurs toiles et elles détruisent un grand nombre d'insectes. Les *fils de la vierge*, si abondants sur les prairies au prin- temps ou à l'automne sont produits par de petites arai- gnées du genre *épéire*.

Le **scorpion** a le corps allongé et l'abdomen en an- neaux terminé par un crochet aigu qui possède à sa base une glande venimeuse. C'est l'arme avec laquelle l'animal pique et empoisonne. Son venin, peu dangereux pour l'homme, n'est réellement actif que pour les petits ani- maux. En avant du corps, les palpes sont disposées en fortes pinces.

Le scorpion d'Europe ne mesure guère que trois cen- timètres sans la queue, celui d'Afrique qui est trois fois plus long est plus redoutable.

Les **mites** ou **acariens** sont de très petites espèces qui vivent en parasites sur les substances animales
et sur les êtres vivants. Ils sont très variés dans leur
forme, et grossis au microscope ils apparaissent munis
de huit tentacules comme des pattes d'araignée. Une espèce occasionne la *gale* de l'homme, une autre se déve

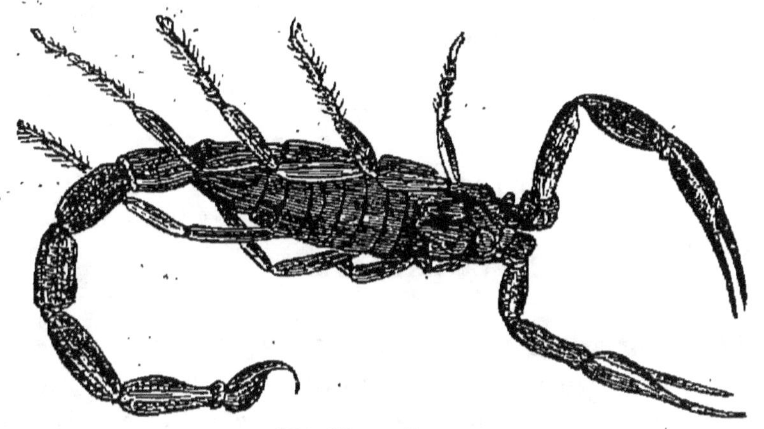

Fig. 98. — Scorpion.

loppe sur les oiseaux de basse-cour et porte le nom de
pou des poules; le *tique* des chiens est une autre variété;
enfin les provisions de bouche, comme le fromage, en
contiennent un certain nombre.

RÉSUMÉ. —Les **myriapodes** appelés vulgairement *mille-pieds*
ont un grand nombre d'anneaux avec chacun une paire de pattes; ils respirent par des trachées et vivent dans les lieux humides. On y cite les iules et les scolopendres.

Les **arachnides** ont le corps formé de deux parties; le céphalothorax qui porte la tête sans antennes, les appendices en forme
de pinces ou de palpes et les quatre paires de pattes, l'abdomen
globuleux chez les araignées, allongé avec des anneaux successifs
chez les scorpions. La plupart des arachnides respirent l'air accu-
mulé dans des sortes de poches feuilletées placées sous l'abdomen
et considérées comme des poumons.

On distingue trois groupes d'arachnides : les *araignées*, les *scorpions* et les *mites*.

Les *araignées* ont l'abdomen renflé et à la partie postérieure de
cet organe les *filières* d'où sortent les fils soyeux dont l'animal
tisse sa toile. Les mandibules sont garnies de crochets en communication avec une glande dont le venin foudroye les insectes
que l'araignée pique.

Les principales espèces sont les tarentules, les migales et les épéires.

Le *scorpion* a deux pinces fortes près de la tête; son corps est allongé et l'abdomen est terminé par un crochet venimeux. C'est un petit animal qui en France ne mesure pas plus de 3 centimètres sans la queue.

Les *mites* ou *acariens* sont de très petites espèces vivant en parasites, comme le sarcopte de la gale de l'homme, l'acarus de la poule, le tique du chien, ou bien, dans les substances alimentaires comme les mites du fromage.

CHAPITRE XVII

CRUSTACÉS

88. Caractères et principaux types. — Les crustacés qui doivent leur nom à la nature calcaire de l'enveloppe extérieure de leur corps ont la respiration aquatique s'effectuant par des *branchies*. Les premiers anneaux sont réunis pour constituer le *céphalothorax*, tandis que l'abdomen est en anneaux distincts. A la partie antérieure du corps sont deux *paires d'antennes* dont les unes sont parfois très allongées. Ce qui les distingue au premier abord des autres articulés, c'est qu'ils ont au moins *cinq* paires de pattes et quelquefois sept; aussi les appelle-t-on *décapodes*. Assez souvent ces membres sont suivis d'appendices rudimentaires posés sous l'abdomen lorsqu'il est allongé et appelés *fausses pattes*; leur usage est variable; chez les écrevisses femelles les fausses pattes portent les œufs pendant leur développement; chez les cloportes elles portent les branchies; dans tous les cas elles peuvent servir à la natation.

Les **Crustacés décapodes**, ainsi nommés de leurs dix pattes, contiennent les espèces les plus grandes et les plus connues. Ils ont les branchies à l'avant du céphalothorax, à l'insertion des pattes mâchoires, c'est-à-dire de la seconde paire d'appendices tentaculaires; la paire antérieure d'appendices porte souvent des *pinces* volumineuses à crochets courts mus par des muscles très forts.

L'abdomen est allongé et terminé par une nageoire comme chez l'*écrevisse* ; ou bien il est très peu développé, replié sous le corps et invisible quand on voit l'animal par sa face dorsale comme chez les *crabes*. Les yeux sont portés sur des pédoncules.

Les **crabes** fournissent plusieurs espèces utiles, que l'on mange aux bords de la mer : l'*étrille* commune qui est brune et qui a les pattes marquées d'une raie bleue disparaissant à la cuisson, le *crabe vulgaire* de nos côtes qui est d'un gris verdâtre, le *tourteau*, très large atteignant parfois une grande taille, le *maia* ou *lithode* dont la carapace est hérissée d'épines et que les marins appellent *araignée de mer*.

Fig. 99. — Crabe.

Les décapodes à abdomen développé sont la *grande* **langouste** dépourvue de pinces, avec de longues an-

Fig. 100. — Ecrevisse.

tennes dures, une carapace hérissée de piquants ; elle est estimée comme un mets recherché ; le **Homard** à antennes très courtes et à pinces très fortes ; l'**Écrevisse** qui habite les eaux douces : les **crevettes**,

bouquets et *salicoques* dont les palpes antérieures sont
terminées par de petites pinces et qui portent au milieu
de la tête une corne droite et dentée; les *crangnons*
que l'on mange sous le nom de crevettes et dont la carapace ne rougit pas à la cuisson comme celle des autres
crustacés.

On rapproche du groupe précédent les *chevrettes*, sorte
de petites crevettes des ruisseaux s'agitant vivement
dans les eaux douces, et les *cloportes* qui vivent dans

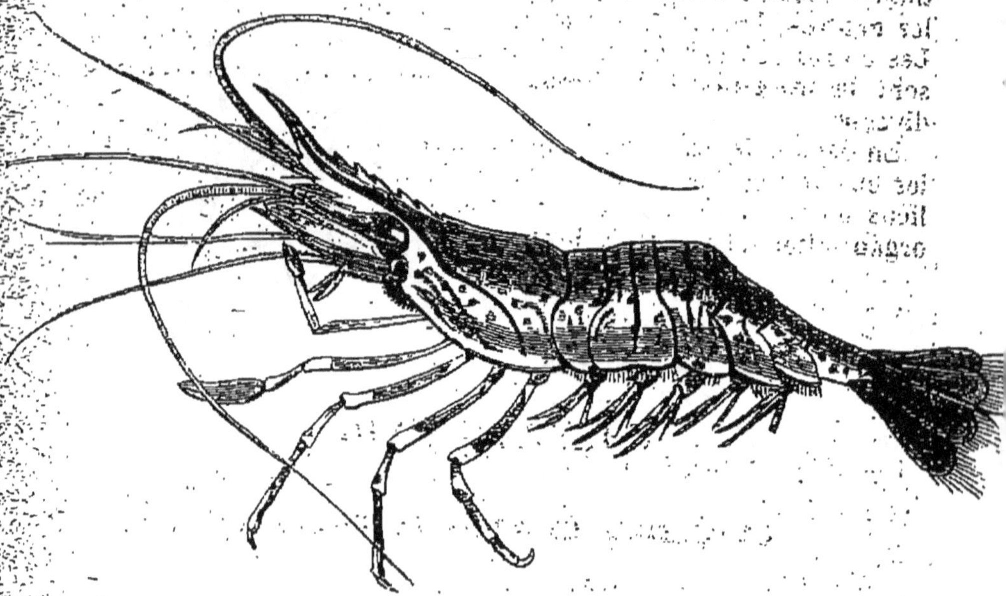

Fig. 101. — Grosse crevette.

l'air, dans les lieux humides et dont on redoute les dégâts dans les serres chaudes où ils rongent les racines
des plantes.

En outre des espèces précédentes, il existe un grand
nombre de petits animaux marins ou d'eau douce que
l'on range aussi dans les crustacés, mais dont l'organisation est loin d'être aussi complète. Ils n'ont aucun
genre d'utilité et ils n'intéressent que les naturalistes.

RÉSUMÉ. — Les **crustacés** doivent leur nom à leur carapace
dure qui rougit à la cuisson. Ils ont la tête et le thorax réunis,
deux paires d'antennes dont une ordinairement longue, les yeux

portés sur des pédoncules, deux paires de palpes dont la première est souvent garnie de pinces, cinq paires de pattes. L'abdomen est souvent long, en anneaux visibles et terminé par une nageoire ; il porte des fausses pattes qui peuvent servir à la natation et dans quelques espèces comme l'écrevisse à retenir les œufs pendant leur développement.

La respiration est branchiale et les branchies sont diversement situées, à l'avant de la tête, à la jonction de la seconde paire de palpes dans les espèces aquatiques, le long de l'abdomen dans les espèces terrestres.

Les **crustacés décapodes** contiennent les espèces les plus grandes et les plus utiles : les uns ont l'abdomen replié sous le thorax et peu développé, par suite une forme de disque : ce sont les **crabes**, l'*étrille*, le *tourteau*, le *maïa* dont on mange la chair. Les autres ont l'abdomen en anneaux successifs et visibles : ce sont la **langouste**, le **homard**, l'**écrevisse**, les **crevettes** diverses.

En dehors de ces espèces recherchées pour leur chair, on cite les chevrettes des eaux douces et courantes et les *cloportes* des lieux humides ; puis un certain nombre de petites espèces d'une organisation inférieure et dont aucune n'a d'utilité.

CHAPITRE XVIII

ANNÉLIDES ET VERS INTESTINAUX

89. Annélides. — Sous le nom général de **vers**, on désigne une série d'animaux à corps cylindrique allongé, dont quelques espèces se rapprochent des annelés par la disposition en anneaux, tout en différant par l'absence de membres articulés. Le corps est mou, il n'a jamais d'enveloppe dure à la surface.

On classe dans un premier groupe, sous le nom d'**annélides,** ceux dont le corps est formé d'anneaux ; et, dans un second groupe, les **vers intestinaux** et autres parasites analogues.

Les **annélides** ont le corps allongé ; la plupart ont les anneaux pourvus de tubercules charnus d'où sortent des soies raides disposées en deux rangées et qui servent à l'animal à se fixer ou à se mouvoir; d'autres se fixent à l'aide de ventouses. Leur respiration est en général aquatique et s'effectue par des branchies.

Un premier groupe habite dans des tuyaux pierreux que leur peau a sécrétés; on les nomme *tubicoles* : les **serpules**, dont on trouve les tubes sur presque tous les corps sous-marins, sont les plus communes; elles portent leurs branchies en houppes près de la tête (fig. 102).

Un grand nombre d'annélides errantes portent des branchies le long du corps en forme de petits arbustes ramifiés : telles sont les **néréides** et les **arénicoles** (fig. 103),

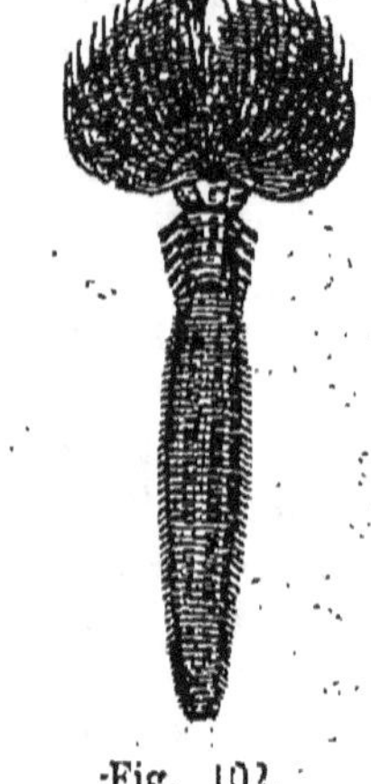

Fig. 102.
Serpule retirée de
son tube.

qui vivent dans la vase, sous les pierres et que les pêcheurs recherchent pour amorcer leurs lignes.

Fig. 103. — Arénicole des pêcheurs.

Le **lombric** ou *ver de terre* forme un troisième groupe qui manque de branchies et qui vit hors de l'eau. Les vers de terre se tiennent dans les sols humides et ils périraient dans de la terre desséchée; on les voit

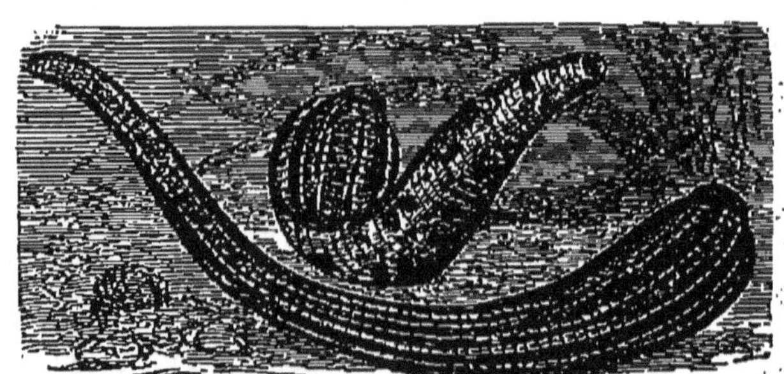

Fig. 104. — Sangsue.

remonter à la surface du sol et sortir de leurs galeries après une pluie ou un arrosage. Leurs soies locomotrices ne sont pas apparentes; mais elles existent cependant sous la forme de petites épines.

Les **sangsues** n'ont pas de soies locomotrices; elles progressent et se fixent à l'aide des ventouses qu'elles ont aux deux extrémités du corps. Leur bouche est garnie de trois petites mâchoires dentelées en scie avec lesquelles elles incisent la peau des animaux sur lesquels elles s'appliquent; grâce à leur ventouse buccale, elles sucent le sang en pratiquant le vide autour de la plaie et elles se gorgent en peu de temps. On les élève pour les usages de la médecine dans des marais naturels ou artificiels, où l'on fait passer de temps en temps un animal comme un âne dont elles peuvent sucer le sang.

90. Vers intestinaux. — Les vers intestinaux qui vivent en parasites dans le corps de l'homme et des animaux sont parfois réunis sous la dénomination générale d'**helminthes**; on en trouve trois formes principales qui diffèrent notablement les unes des autres, et qui sont caractérisées par *l'ascaride* ou ver blanc des enfants, par la *douve* du foie et par le *ténia*.

Les **ascarides** sont des vers à corps allongé, en forme de fuseau, sans appendices locomoteurs d'aucune sorte. Leur peau est lisse et sans anneaux. Ils ne subissent pas de métamorphoses. Ils vivent tous en parasites; ceux du tube intestinal de l'homme ont été appelés *lombricoïdes*, à cause de leur ressemblance de forme avec les lombrics.

On en rapproche les *oxyures*, beaucoup plus petits, qui se tiennent dans le rectum des enfants, aussi les *strongles* et les *dragonneaux*, qui vivent dans des abcès sous-cutanés déterminés par leur présence.

On en rapproche aussi les **trichines** de la chair de porc, et même les *anguillules* de la colle et du vinaigre.

La trichine ne devient adulte qu'après avoir visité plusieurs hôtes successifs; elle habite d'abord les muscles de divers animaux, notamment du porc. Si l'homme mange une chair infestée de trichines, ces petits animaux deviennent adultes et se reproduisent dans son tube digestif; ils traversent les parois de l'intestin pour gagner les muscles et ils déterminent des désordres graves qui peuvent amener la mort.

C'est probablement par l'eau non filtrée prise comme boisson que les œufs d'ascarides pénètrent dans le tube digestif des enfants.

Les **douves** du foie de mouton ont le corps aplati comme une feuille et terminé par des ventouses. Elles subissent des métamorphoses; les embryons qui sortent des œufs sont couverts de cils vibratils, s'attachent aux très jeunes gastéropodes aquatiques puis finalement aux herbes d'où elles passent dans l'estomac, puis dans le foie des moutons. C'est par milliers que l'on compte dans certaines années les moutons tués par ces parasites.

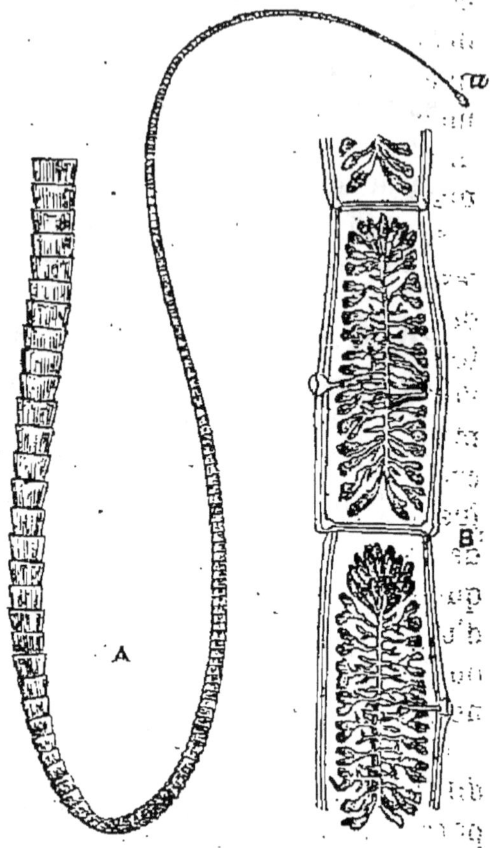

Fig. 105. — Ténia.

A. une portion du ver en forme de ruban.
B. Deux anneaux très grossis.

Le **ténia** ou ver solitaire est le type de la classe des *cestoïdes*, appelés aussi *vers rubanés*, parce qu'ils ont le corps long de plusieurs mètres, aplati, formé d'une série d'articles attachés les uns aux autres, comme une sorte de ruban aminci à l'une de ses extrémités.

La partie antérieure amincie est appelée la *tête*; c'est un anneau pourvu d'une couronne de crochets et de quatre ventouses; c'est lui qui enfonce ses crochets dans l'intestin de son hôte pour maintenir en place la chaîne tout entière et utiliser à son profit les sucs élaborés par la digestion. Tous les autres anneaux du corps ne sont que des organes de reproduction, de sorte qu'un ténia est comme une colonie de douves engendrées par l'anneau de tête et pouvant se continuer indéfiniment tant que cet anneau n'a pas été détruit. Voilà pourquoi les médecins ne manquent jamais, lorsqu'ils font rendre un ver solitaire, de s'assurer si la tête fait partie de la masse expulsée.

Les métamorphoses du ténia, et, en général, de tous les cestoïdes, sont curieuses; ces animaux, comme les douves, n'arrivent à leur hôte que par un chemin détourné. L'œuf du ver solitaire de l'homme pénètre dans l'estomac des porcs quand ceux-ci mangent des excréments humains. De cet œuf sort un embryon muni de crochets, à l'aide desquels il chemine dans les tissus et jusque dans les muscles; là, il s'enveloppe d'une sorte de vésicule ou de poche pleine d'une sérosité, dans laquelle l'embryon à crochets formant l'anneau de tête d'un ténia se trouve encapuchonné comme dans une outre. Cette vésicule et son contenu constituent ce qu'on nomme une *hydatide* ou un **cysticerque**.

Quand un porc contient beaucoup de cysticerques, on dit qu'il est *ladre*. Si un animal ou l'homme mange du porc ladre, les cysticerques qui s'y trouvent, introduits dans l'estomac d'un animal supérieur, sont dans un milieu favorable à leur développement; ils sortent de leur kyste et ils deviennent des ténias véritables pourvus de nombreux articles qui s'empliront d'œufs et qui se détacheront ensuite pour disperser ces œufs et fournir à leur tour de nouveaux parasites.

La surveillance de la viande des porcs s'impose si l'on veut éviter de livrer à la consommation des viandes atteintes de ladrerie, c'est-à-dire contenant des cysticerques de ténia. Elle doit être exercée dans tous les marchés avec une grande vigilance. La cuisson à l'eau bouillante détruit ces kystes de parasites; mais le grillage de la viande ne les détruit pas tous s'ils y existent.

RÉSUMÉ- — La dernière classe des annelés porte le nom de **vers.** Elle comprend des animaux qui diffèrent beaucoup les uns des autres, mais que l'on peut réunir en deux groupes : les *annélides* et les *vers intestinaux* parasites de l'homme et des animaux supérieurs.

Les **annélides** ont encore le corps allongé, en anneaux distincts et visibles. La plupart ont, à la place de membres articulés, des paquets de soies dures disposés latéralement, qui leur servent à progresser et à se mouvoir; les autres ont des ventouses.

On y distingue surtout les *serpules* et autres *tubicoles*, qui se construisent des tubes calcaires dans lesquels elles habitent; les *arénicoles* et les *néréides* des vases et des eaux douces; les *lombrics* ou vers de terre et les *sangsues*.

Les **vers intestinaux** qui vivent en parasites dans le corps de l'homme et des animaux supérieurs et qui sont souvent réunis sous le nom d'*helminthes*, présentent trois formes différentes : les *ascarides*, avec leur forme en fuseau, les *douves* aplaties et à ventouses et les *vers rubanés*, dont le *ténia* est le type. Les deux dernières formes comprennent des animaux qui subissent des métamorphoses; le ténia notamment est d'abord un kyste ou cysticerque dans les muscles du porc avant de prendre sa forme définitive dans le tube digestif de l'homme ou des animaux.

Pour combattre la propagation de tous ces parasites, il faut filtrer les eaux qui pourraient en contenir les germes et soumettre à la cuisson les viandes qui peuvent en être infestées.

CHAPITRE XIX

MOLLUSQUES

91. Caractères généraux. — Les mollusques n'ont ni squelette intérieur comme les vertébrés, ni la peau durcie comme les annelés : leur corps est mou. La plupart sont pourvus d'une **coquille** qui leur sert d'abri, mais malgré cette enveloppe solide, ils ne présentent aucune trace de membres articulés.

Les **coquilles** présentent deux formes très tranchées : les unes comme la coquille spiralée de l'escargot

sont d'une seule pièce; les autres comme la coquille de
l'huître sont de deux pièces réunies par une charnière,
de deux *valves* entre lesquelles l'animal se tient et qu'il
peut fermer complètement. Les *coquilles bivalves* sont
formées d'une série de feuillets calcaires d'autant plus
larges qu'il sont plus à l'intérieur; les feuillets extérieurs sont les plus anciens, et à mesure que l'animal
s'accroît il étend la surface intérieure de sa maison; la
coquille est produite peu à peu par un repli de la peau
qui y adhère comme une sorte de doublure et qu'on
nomme le **manteau.** Dans les coquilles univalves
l'accroissement a lieu par l'étendue des spires, le manteau apparaît encore comme un bourrelet charnu autour de l'ouverture de la coquille et celle-ci peut être
fermée par un disque mobile qui porte le nom d'*opercule.*

Le système nerveux des mollusques n'a pas un organe
central comme celui des vertébrés, ni une double chaîne
ganglionnaire comme celui des annelés; on y trouve
encore deux ganglions qui présentent l'apparence d'un
collier œsophagien, le reste se compose de petites masses
irrégulièrement distribuées.

Les organes de nutrition varient beaucoup suivant la
forme des animaux. La respiration est en général aquatique et s'effectue par des branchies, excepté chez quelques espèces terrestres comme l'escargot et la limace où
elle a lieu dans une sorte de cavité que l'on a comparée
à un poumon.

On a groupé les mollusques d'après la forme extérieure
de leur corps, d'après certains organes tentaculaires,
d'après la disposition des branchies : on peut citer cinq
classes comme dans les embranchements précédents, les
céphalopodes qui ont autour de la bouche de
longs pieds ou tentacules; les **gastéropodes** dont
le manteau forme sous le corps un repli charnu mobile
qui sert à l'animal pour se déplacer; les **brachiopodes** qui ont une coquille bivalve et deux longs
palpes ou bras tentaculaires; les **acéphales** dans lesquels la tête n'est pas distincte du reste du corps; enfin

les *mollusques d'organisation inférieure* que l'on divise parfois en *bryozoaires* et en *tuniciers*.

92. Les céphalopodes. — Les céphalopodes ont une tête bien distincte pourvue de deux yeux et entourée de huit ou dix grands bras charnus ou *tentacules* qui sont garnis de suçoirs nombreux à l'aide

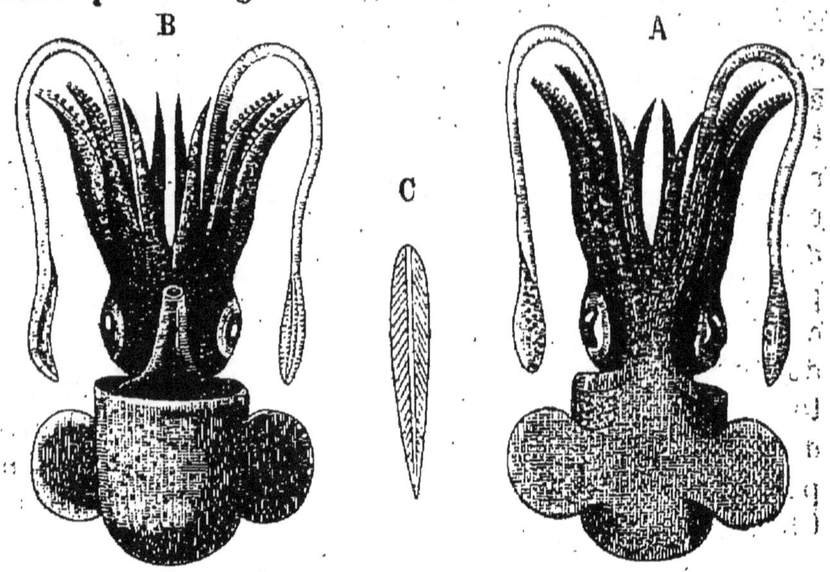

Fig. 106. — Sépiole. (*Classe des Céphalopodes.*)
A, vue en dessus ; B, vue en dessous ; C, osselet dorsal.

desquels l'animal saisit les objets ou s'y attache. Le corps est en forme de sac. Ces mollusques vivent dans la mer et respirent tous par des branchies ; ils se meuvent d'avant en arrière en utilisant l'eau qui a servi à leur respiration ; ils la chassent avec force devant eux à travers une sorte d'entonnoir que l'on appelle **siphon**, et ils trouvent ainsi le moyen de reculer par saccades.

Les plus grandes espèces de céphalopodes comprennent les **poulpes** ou *pieuvres* et les **calmars**, communs dans toutes les mers et même sur les côtes et redoutés des pêcheurs à cause de leurs longs bras à ventouses. La seule espèce que l'on puisse considérer comme utile c'est la **seiche** (fig. 106) ; elle a dix bras, le corps aplati entouré d'une nageoire membraneuse ; elle pos-

sède une sorte de petite coquille interne cachée sous la
peau du dos,
c'est l'*os de sei-*
che ou *biscuit*
de mer que l'on
donne souvent
aux oiseaux en
cage pour leur
aiguiser le bec.
Une des parti-
cularités de tous
ces animaux et
de la seiche en
particulier,
c'est qu'ils pro-

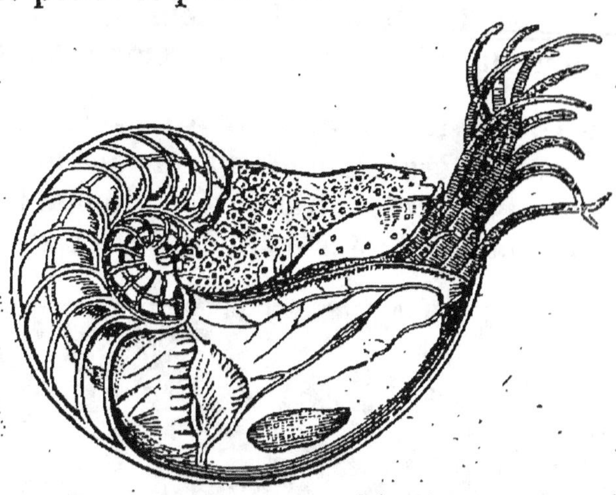

Fig. 107. — Nautile. — Coquille sciée pour montrer
les cloisons et le siphon.

duisent un liquide noir, une **encre** qu'ils lancent autour d'eux dans l'eau pour la troubler et masquer la
direction qu'ils prennent à l'animal qui les
poursuit. C'est avec l'encre des seiches que les
Chinois fabriquent la sépia et l'encre de Chine.

Quelques céphalopodes possèdent une coquille; *l'argonaute* femelle en fabrique une élé-
gante pour y déposer ses œufs; le **nautile** a
une coquille cloi-
sonnée dont il ha-
bite la partie exté-
rieure et dont toutes
les autres cloisons
sont traversées par
le *siphon*. Il existe
encore actuelle-
ment plusieurs es-
pèces de nautiles

Fig. 109. — Ammonite.

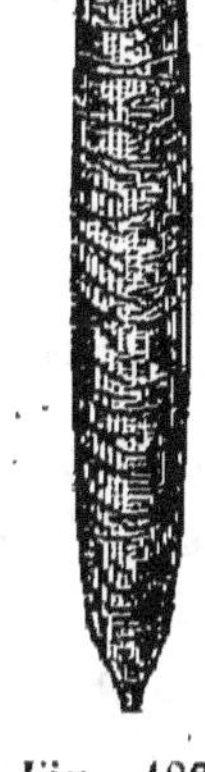

Fig. 108
Bélemnite
mucronée.

dont les coquilles recouvertes sur les deux faces d'une *na-*
cre fine présentent à l'intérieur la disposition de la fig. 107.

Parmi les espèces de céphalopodes disparus, dont on
retrouve les coquilles dans les terrains secondaires, il
faut citer les **bélemnites** (fig. 108) et les **ammo-**

nites diverses, entièrement enroulées ou partiellement déroulées (fig. 109) dont les représentants sont nombreux surtout dans les terrains jurassique et crétacé.

93. Les gastéropodes. — Les gastéropodes ont pour caractère principal d'avoir au-dessous du corps un plan musculaire contractile fonctionnant comme un pied. Ils ont la tête moins distincte du corps que les céphalo-

Fig. 110. — Escargot des vignes. (Mollusque gastéropode.)

podes, mais toujours apparente en dehors du manteau. Ils ont deux paires de tentacules inégalement développés dont l'une porte les yeux et dont l'autre paraît être un organe de sensation. Plusieurs gastéropodes manquent de coquille ; la plupart en ont une spiralée, *univalve*, avec un *opercule* pour en fermer l'orifice quand l'animal s'y est retiré. La forme de la coquille est très variable mais le plus souvent c'est une sorte de cône enroulé en un certain nombre de tours. Plusieurs de ces coquilles sont recherchées pour leurs formes curieuses et leurs couleurs brillantes.

Quelques gastéropodes vivent à terre dans les lieux humides et respirent par suite l'air atmosphérique. C'est la **grande limace** qui n'a qu'un embryon de coquille,

en bouclier près de la tête et qui s'attaque, comme
aussi les pe-
tites espèces,
aux plantes
de nos pota-
gers; les **co-
limaçons**
ou **escar-
gots** qui
vivent de
feuilles et de
fruits et dont
on recherche
les grandes
espèces pour
aliments; les
lymnées
à coquille co-
nique et les
**planor-
bes** à co-
quille aplatie

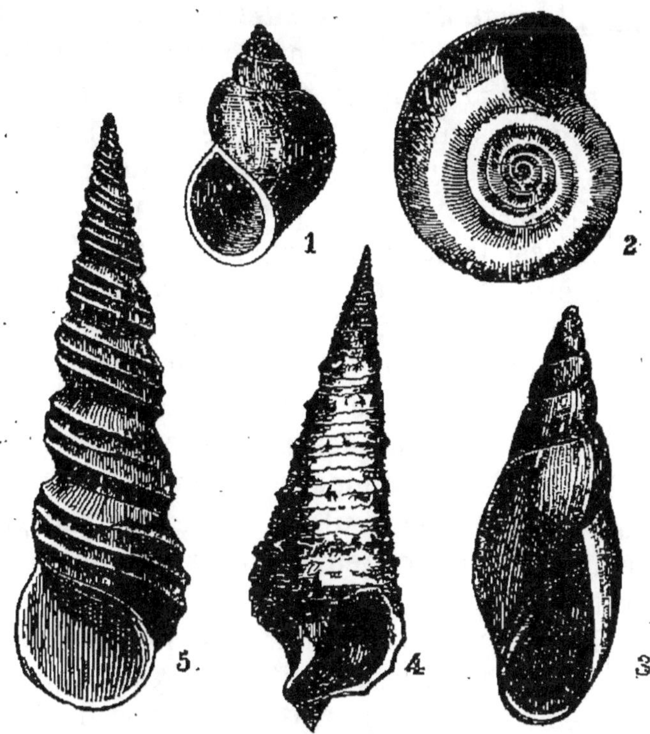

Fig. 111. — 1. Paludine. 2. Planorbe. 3. Lymnée.
4. Cérithe. 5. Mélanie.

(fig. 111) qui vivent dans les eaux stagnantes, se nourrissent des feuilles de végétaux aquatiques et servent de
pâture aux gros insectes d'eau.

Tous les autres gastéropodes respirent par des bran-

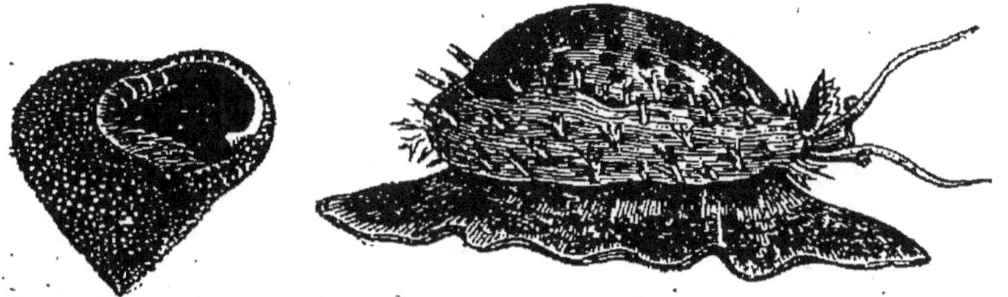

Fig. 113. — Troque.   Fig. 112. — Porcelaine tigrée.

chies : ils habitent tous la mer, à l'exception des *paludines* (fig. 111) qui vivent dans les eaux douces. On peut
citer les *porcelaines* (fig. 112) les *rochers*, les *pourpres*,

les *volutes*, les *troques* (fig. 113) les *casques*, les *buccins*, les *haliotides*, les *patelles*, les *littorines* ou *vignots*.

Plusieurs genres sont employés comme aliments et recherchés comme tels sur les bords de la mer.

Quelques-unes des coquilles sont employées dans les arts à la confection de camées pour bijoux de dames; d'autres sont utilisées pour les ouvrages en **nacre**. La nacre est la substance calcaire demi-transparente où la lumière produit des teintes changeantes et de brillants reflets et qui constitue presque toute la masse dans certaines coquilles et seulement une mince épaisseur à la surface dans beaucoup d'autres.

Les *porcelaines*, les *murex* ou *rochers* et les *buccins* sécrètent une humeur visqueuse qui exposée à l'air prend une belle couleur rouge. La *pourpre* des anciens était fournie par deux petits gastéropodes de la Méditerranée.

Les terrains de sédiments sont riches en débris de mollusques, et les coquilles de gastéropodes sont particulièrement abondantes dans les terrains tertiaires. On y retrouve un grand nombre d'espèces, dont l'une des plus remarquables est la *grande cérithe* du bassin de Paris (fig. 111).

94. Les Brachiopodes. — Les brachiopodes sont pourvus d'une coquille à deux valves et caractérisés par deux longs bras ou palpes tentaculaires placés à droite et à gauche de la bouche et enroulés en spirale. Ils sont marins et se tiennent en général à de grandes profondeurs. Le principal représentant est la **térébratule** qui a vécu à toutes les époques géologiques puisqu'on retrouve sa coquille dans tous les étages, depuis le terrain de transition jusqu'au terrain crétacé. On la croyait disparue, mais on en a retrouvé des types vivants au fond de la mer dans les sondages effectués par l'équipage du *Challenger*.

95. Les Acéphales. — Les acéphales ont pour

caractère commun de n'avoir pas la tête distincte du reste du corps; le corps, réduit à une petite masse, est percé vers une extrémité d'un orifice qui est la bouche et qu'entourent de petits appendices. De chaque côté de cette masse sont deux replis de la peau contenant entre eux les branchies en lamelles et tapissant la coquille, c'est le **manteau**. Entre les deux replis du manteau le corps est quelquefois prolongé par une masse musculaire ou sorte de pied qui peut sortir de la coquille et aider l'animal dans ses mouvements.

La coquille a deux valves réunies par une charnière dentée, et un muscle attache l'animal à chacune d'elles.

Les mollusques acéphales produisent une quantité considérable d'œufs qui éclosent dans les replis du manteau et des branchies; l'amas d'œufs et de jeunes forme un liquide comparable à du lait. Si l'on recueille ce naissain au moment où il sort de l'animal qui l'a produit, qu'on le place dans des conditions favorables, de manière à ce que les embryons puissent se fixer et se développer, on favorise la multiplication de l'espèce. C'est ainsi qu'on opère sur le littoral de l'Océan, à Saint-Brieuc, à Marennes, à Arcachon pour la reproduction des huîtres.

Beaucoup d'acéphales restent comme les huîtres fixés à des rochers sous-marins; d'autres vivent dans la vase et remuent peu; mais un certain nombre nagent et se déplacent dans les eaux.

Il y a un très grand nombre d'acéphales dans les eaux douces et dans la mer. Les mares et les cours d'eau renferment plusieurs espèces d'**anodontes** et d'**unios**, comme la *moulette des peintres*. Les principales espèces marines comestibles sont en première ligne les **huîtres** et les **moules**, puis viennent les **peignes** ou coquilles de Saint-Jacques, les **vénus** ou *clovisses*, les **solens** ou *couteaux*, les **praires** et les **palourdes** des étangs de la Méditerranée. D'autres espèces comme la pintadine sont recherchées pour la nacre et les perles qu'elles produisent. Enfin quelques

acéphales comme le **taret** peuvent causer de grands
dégâts aux constructions navales.

Les **moules** s'attachent d'une façon temporaire aux
corps solides. Leur
pied mobile porte
une glande qui pro-
duit une matière
comme la soie ca-
pable de se solidi-
fier au contact de
l'eau. Pour se fixer,
la moule commune

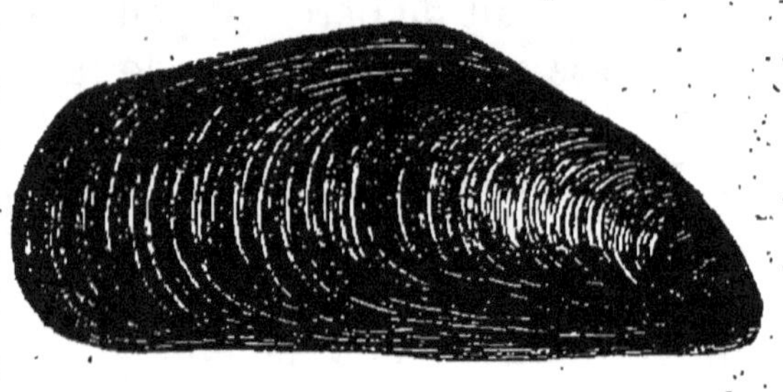

Fig. 114. — Moule.

produit un paquet de filaments qu'on appelle son *byssus*.
Le byssus des grandes moules de la Méditerranée est
formé de fils si fins qu'on peut l'employer à faire des
étoffes soyeuses. Aux environs de la Rochelle, où l'on
pratique la culture des moules, on enfonce de longs
pieux en allées régulières sur les plages vaseuses, les
jeunes moules se déposent sur les pieux les plus avan-
cés; on va les détacher pour les rapporter sur les pieux
des bords et sur les branchages en claies qui les réunissent; elles y grossissent; et on les cueille quand elles
sont à point.

Les **huîtres** restent fixées aux rochers en amas ou
bancs d'une grande étendue, dans les baies tranquilles et
peu profondes. Au moment de la reproduction, on
recueille le naissain sur des fascines, des tuiles, des
pavés et on transporte les jeunes huîtres dans des parcs
où elles s'engraissent. Les pêcheurs arrachent aussi aux
rochers les huîtres qui s'y sont fixées pour les porter au
parc où elles séjournent avant d'être vendues; elles
perdent là le goût désagréable qu'elles tiennent des
détritus au milieu desquels elles ont vécu et elles prennent une saveur délicate. C'est aux végétaux microscopiques dont sont garnis les parcs de Marennes que les
huîtres de cette localité doivent leur couleur verte caractéristique.

La **pintadine** ou huître perlière a une coquille de

12 à 14 centimètres de long, garnie de belles plaques
d'une *nacre* très estimée. Il suffit d'introduire un corps
étranger entre le manteau et la coquille de l'animal pour
que ce corps soit bientôt recouvert de nacre. Les *perles
d'Orient* ou perles fines sont des globules d'une nacre à

Fig. 115. — Huître comestible.

reflets laiteux qui se sont produits dans certains organes
de l'animal. La pêche des huîtres perlières a lieu dans
beaucoup d'îles de l'Océan Pacifique.

Les mulettes et les anodontes de nos rivières produisent quelquefois de petites perles.

Le **taret** est un mollusque d'une forme assez singulière; le corps est allongé comme celui d'un ver, avec

une coquille très petite et un organe perforant. Tout jeune il s'introduit dans les bois submergés et il s'y creuse des galeries. Les colonies de tarets ruinent rapidement les pilotis des digues et toutes les constructions navales : les digues de la Hollande en ont fréquemment souffert. Un autre mollusque acéphale, la **pholade,** peut perforer la pierre et s'y creuser des galeries comme le taret s'en creuse dans le bois.

RÉSUMÉ. — Les mollusques ont le corps mou, sans squelette d'aucune sorte, ni intérieur, ni extérieur. La plupart ont une coquille calcaire à une valve ou à deux valves, tapissée par un repli de la peau qu'on nomme le manteau ; leur système nerveux se compose de ganglions épars. La respiration est généralement aquatique et s'effectue par des branchies : cependant un petit nombre de mollusques respirent à l'air par des organes en poches que l'on a comparés aux poumons.

On peut grouper les mollusques en cinq classes : les *céphalopodes* qui ont des tentacules autour de la tête ; les *gastéropodes* qui ont sous le corps un plan musculaire contractile qui leur sert à la marche ; les *brachiopodes* qui ont près de la bouche deux tenta-cules spiralés ; les *acéphales* dont la tête n'est pas distincte du corps et les *mollusques inférieurs*.

Les **céphalopodes** à tête distincte entourée de huit ou dix tentacules longs et munis de ventouses sont les plus grands des mollusques. Ils n'ont pas de coquille ; ils vivent dans la mer et progressent à reculons en poussant dehors l'eau qui a servi à leur respiration. On cite dans cette classe les *poulpes* et les *calmars* qui peuvent atteindre une grande taille, la *seiche* dont on utilise l'os, une sorte de coquille embryonnaire et l'encre qu'elle peut pro-duire ; l'*argonaute* avec sa coquille légère, le *nautile* avec sa coquille spiralée et cloisonnée ; et parmi les espèces disparues dont les restes se retrouvent dans certaines couches du sol, les *bélemnites* et les *ammonites*.

Les **gastéropodes** qui ont à la tête deux paires de tentacules ont presque tous une coquille en cône spiralé avec un opercule pour fermer l'ouverture. Les uns vivent à l'air, dans les lieux humides, les *limaces* et les *colimaçons* ou *escargots*, ou dans les eaux comme les *lymnées* et les *planorbes*. Les autres vivent dans l'eau, tels sont les *paludines* des eaux douces, et parmi les espèces marines, les *porcelaines*, les *rochers*, les *murex*, les *pourpres*, les *buccins* qui produisent un liquide prenant à l'air une belle couleur rouge ; les *haliotides* avec leur coquille nacrée ; les *troques* et les *littorines* que l'on recherche comme aliments.

Les **brachiopodes** ne sont plus représentés que par la *téré-*

bratule vivant au fond de la mer et dont on retrouve des coquilles ou des empreintes à presque tous les étages géologiques.

Les **acéphales** n'ont pas de tête distincte; le corps est une petite masse avec un orifice qui est la bouche et deux replis qui contiennent les branchies en lamelles et qui vont se fixer sur les deux valves de la coquille. Ces animaux produisent une quantité considérable d'œufs qui éclosent dans les replis du manteau.

Les espèces d'eau douce sont les *anodontes* et les *unios* ou *mulettes*.

Les espèces marin s comestibles sont les *peignes*, les *vénus*, les *solens* ou couteaux, les *palourdes*, et surtout les *huîtres* et les *moules* dont on favorise la reproduction.

L'huître pintadine ou *perlière* est recherchée pour la nacre de sa coquille et les perles qu'on y peut trouver.

Le *taret* et la *pholade* sont des mollusques perforants qui minent les constructions navales.

CHAPITRE XX

ZOOPHYTES OU RAYONNÉS

96. Caractères et divisions. — Les zoophytes ou rayonnés se reconnaissent à la forme de leur corps qui n'est plus, comme dans les embranchements précédents, divisible à droite et à gauche d'un plan médian en deux parties symétriques, mais bien en un certain nombre de secteurs groupés autour d'un point central comme on le remarque dans l'*étoile de mer*; c'est de là que leur est venu le nom de **rayonnés**; celui de **zoophytes** leur avait été donné parce que quelques-uns d'entre eux,

Fig. 116. — *Zoophytes.* Actinies ou anémones de mer.

comme l'*actinie* ou *anémone de mer*, ont une apparence
de plantes (fig. 116.)

L'organisation de ces animaux inférieurs est très
simple ; beaucoup ressemblent à un doigt de gant, avec
une ouverture centrale unique plus ou moins étoilée et
une peau qui prend à l'eau dans laquelle vit l'animal tout
ce dont il a besoin pour vivre et se développer. Chez les
espèces les plus complexes, les appareils de la nutrition
et de la reproduction sont tout élémentaires, et le système
nerveux se réduit à un cercle de petits ganglions disposés autour de la bouche et irradiant des filets vers les
différentes parties du corps.

On en fait trois groupes distincts : les **échinodermes** qui ont la peau garnie extérieurement de piquants ;
les **polypes** à corps mou, vivant isolés ou en nombreuses colonies et pouvant se reproduire par bourgeonnement ; les **protozoaires** agrégés ou isolés qui ne
sont presque que de petites cellules vivantes.

97. Les échinodermes. — Les échinodermes qui
doivent leur nom aux pièces dures dont leur peau est
extérieurement garnie présentent plusieurs formes différentes.

Les uns, comme les **oursins**, les *spatangues*, les
cidaris sont globuleux, avec un squelette en boule couvert de piquants nombreux ; ils sont abondants sur les
côtes où ils portent le nom vulgaire de *châtaignes de
mer*. Ils ont été très nombreux dans la mer qui a déposé
le terrain crétacé ; car on trouve dans toutes les couches
de la craie des têts d'oursins entièrement pétrifiés, pleins
de calcaire ou de silex, et ayant gardé à leur surface la
trace de tous les trous où passaient les cirrhes ou tentacules de l'animal vivant.

D'autres, dont l'**étoile de mer** ou astérie (fig. 117),
est le type le plus commun, ont le corps étoilé, la
bouche au milieu, et autour cinq branches simples
dans l'*astérie*, ramifiées comme dans l'*euryale* ou queue
de serpent, ou comme dans la *comatule* et les *encrines*

qui ressemblent à des fleurs sèches sur un support calcaire. Enfin quelques échinodermes ont l'apparence de
gros vers, ce sont les **holothuries** dont une espèce
appelée *trépang* est pêchée dans les mers de Chine pour
servir d'aliment.

98. Les polypes. — Les polypes sont des animaux

Fig. 117. — *Zoophyte*. Astérie ou étoile de mer.

de très petite taille ayant la forme d'un cylindre charnu
et contractile fixé par une des bases à une roche, à un
corps submergé ou au support commun de plusieurs
petits animaux de même espèce; l'autre extrémité est
ouverte au centre pour former la bouche qui est entourée
de tentacules souvent nombreux, mais parfois réduits à
cinq disposés en étoile, ce qui fait ressembler l'animal à
une fleur épanouie. Le petit cylindre qui constitue le
polype est vivant; non seulement il est contractile,

mais c'est une poche digestive où peuvent disparaître de tout petits insectes.

Parmi les polypes, les uns comme **l'hydre** *d'eau douce*, les **mé-duses**, les *anémones de mer ou* **actinies** restent toujours mous; ils bourgeonnent des ramifications ou des bras qui peuvent se détacher de l'ensemble et constituer un nouvel animal ou même produire de nouveaux bourgeons avant de se détacher et former ainsi une colonie. Ces colonies de polypes mous ont l'apparence des plantes; ils ont comme les plantes la propriété de se

Fig. 118. — Corail rouge : Le polypier couvert de ses animaux (chaque animal a environ 0^m,001 de longueur).

reproduire par bourgeons; mais ce sont des animaux pouvant se reproduire par œufs, capables de mouvement et se nourrissant comme les animaux par l'ingestion d'aliments dans leur bouche.

Un second groupe de polypes vivent en colonies nombreuses sur une sorte de squelette calcaire qu'ils édifient et qu'on nomme un *polypier*. Chaque animal conserve sa mollesse et sa consistance, mais la partie commune par laquelle ils sont réunis s'endurcit et prend la forme d'une arborescence calcaire.

Le **corail** utilisé pour la joaillerie est un de ces

polypiers que l'on pêche dans la Méditerranée sur les rochers des côtes et qui est estimé à cause de sa couleur rouge et du poli brillant que l'on peut donner à sa surface.

Les madrépores (fig. 119) sont d'autres polypiers de couleur blanche et de formes diverses qui s'élèvent quelquefois en récifs sur les fonds élevés des mers tropicales.

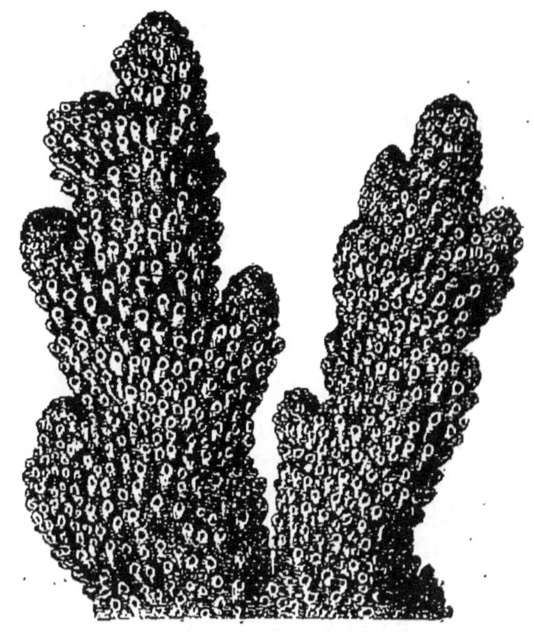

Fig. 119. — Madrépore.

99. Les protozoaires comprennent tous les animaux d'une organisation extrèmement simple, réduits pour la plupart à une cellule vivante qui peut se mouvoir et qui reste nue ou s'enveloppe de productions calcaires ou siliceuses. On classe dans ce groupe les *éponges*, les *foraminifères* et les *infusoires*.

Les éponges telles que nous les employons ont été débarrassées de la partie gélatineuse vivante et des pointes calcaires qui en soutenaient la masse. Les éponges vivantes sont fixées aux rochers de certaines mers, notamment de l'Archipel et des côtes de la Syrie. Des plongeurs vont détacher les plus plus fines avec un couteau pour ne pas les détériorer ; les plus grossières sont retirées avec un harpon. Les unes et les autres doivent être lavées à l'eau acidulée avant de pouvoir servir.

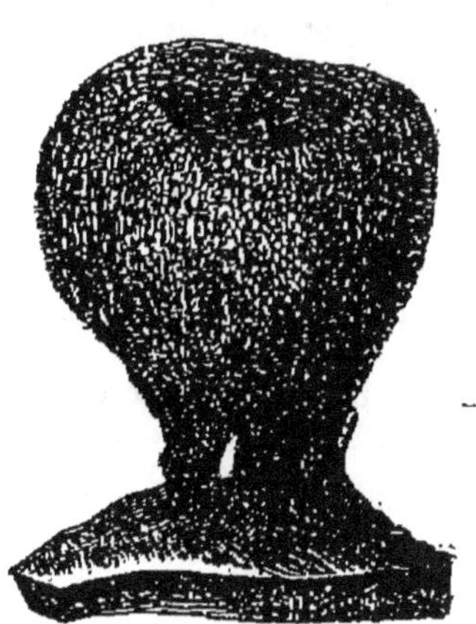

Fig. 120. — Éponge.

Les **foraminifères** sont de petits êtres munis de têts calcaires, qui vivent en nombre très considérable dans les eaux salées et que l'on trouve mêlés au sable de la mer. La craie est garnie de débris de ces infiniment petits que l'on ne distingue qu'au microscope (fig. 121)

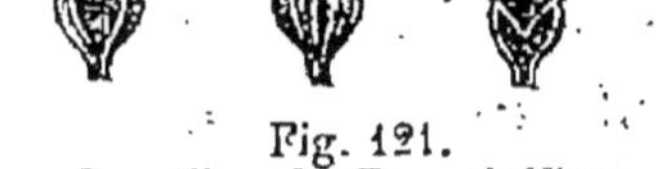

Fig. 121.
Coquilles de Foraminifères.

Les **infusoires** sont de petits organismes microscopiques qui se développent sur les substances organisées. Parmi les plus faciles à observer, on cite les *vorticelles* dont les mouvements sont parfois très visibles (fig. 122). Les plus petits infusoires sont désignés sous le nom de *microbes* et quelques-uns sont considérés comme la cause déterminante des maladies contagieuses.

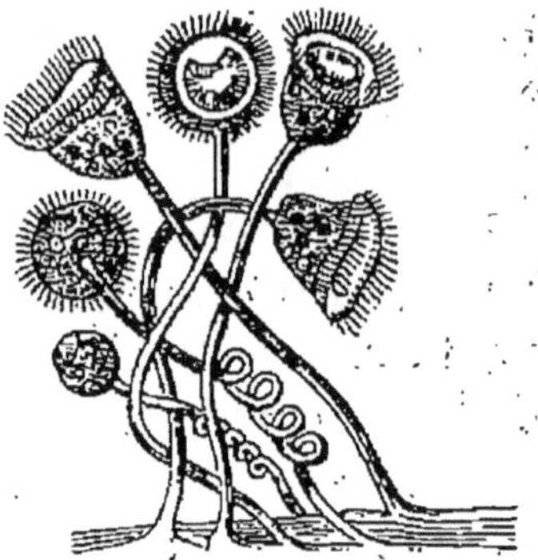

Fig. 122. — *Infusoire*.
La vorticelle.

RÉSUMÉ. — Les animaux que l'on place dans le quatrième embranchement ont été appelés **zoophytes** à cause de leur ressemblance avec les plantes, ou encore **rayonnés** parce que les différentes parties de leur corps sont disposées symétriquement autour d'un point central. On en fait trois groupes : les *échinodermes*, les *polypes* et les *protozoaires*.

Les **échinodermes** qui doivent leur nom aux piquants dont leur peau est garnie, comprennent les *oursins* globuleux, les *astéries* ou *étoiles de mer*, de forme étoilée à cinq branches, et les *holothuries* qui ont la forme de gros vers.

Les **polypes** sont des animaux de très petite taille pouvant se reproduire par bourgeonnement et vivre en colonies. Les polypes mous sont les *hydres d'eau douce*, les *actinies* et les *méduses*.

Les polypes qui édifient un support calcaire arborescent qu'on nomme un *polypier* vivent en colonies très nombreuses. On y signale surtout ceux qui produisent le *corail* et ceux qui édifient des récifs calcaires dans les mers australes.

On classe dans les **protozoaires**, les *éponges* dont on utilise la partie chitineuse, après l'avoir débarrassée de la matière vivante et des pointes calcaires qui soutenaient la masse; les *foraminifères*, très petits êtres à têt calcaire, très abondants dans les sables marins, et les *infusoires* dans lesquels rentrent les *microbes* qui se développent sur les substances organisées et dont quelques-uns sont considérés comme la cause du développement des maladies contagieuses.

II. — BOTANIQUE

CHAPITRE XXI

ORGANES ET FONCTIONS DES PLANTES

100. Principaux organes d'une plante.
— Quand on examine une des plantes qui nous entourent, que ce soit un arbre comme le chêne, un arbuste
comme le lilas ou le rosier ou une herbe comme la
violette que représente la fig. 123 ou comme le liseron
(fig. 124), on y voit des parties étalées, des lames vertes
et aplaties qu'on nomme les **feuilles** et qui sont supportées par un axe simple ou ramifié. L'axe est en partie
plongé en terre et en partie aérien; la première portion
est la **racine**, la seconde est la **tige**. A la base des
feuilles, sur la tige, se trouvent de petits boutons destinés à s'accroître et à se développer plus tard en rameaux chargés de feuilles ou en fleurs, ce sont les
bourgeons.

A l'extrémité des tiges de la plante s'épanouissent les
fleurs, composées de petites feuilles vertes ou colorées
qui disparaissent en laissant à leur place les **fruits**
dans lesquels mûrissent les **graines**. Quand le fruit
est mûr, les graines s'en détachent et tombent; et dans
des conditions favorables, chaque graine peut germer,
se développer et reproduire une plante nouvelle semblable à celle dont elle provient.

Ainsi, on distingue dans les plantes deux groupes d'organes : la *racine*, la *tige* et les *feuilles* qui assurent la
vie et le développement du végétal et qu'on nomme
organes de nutrition;

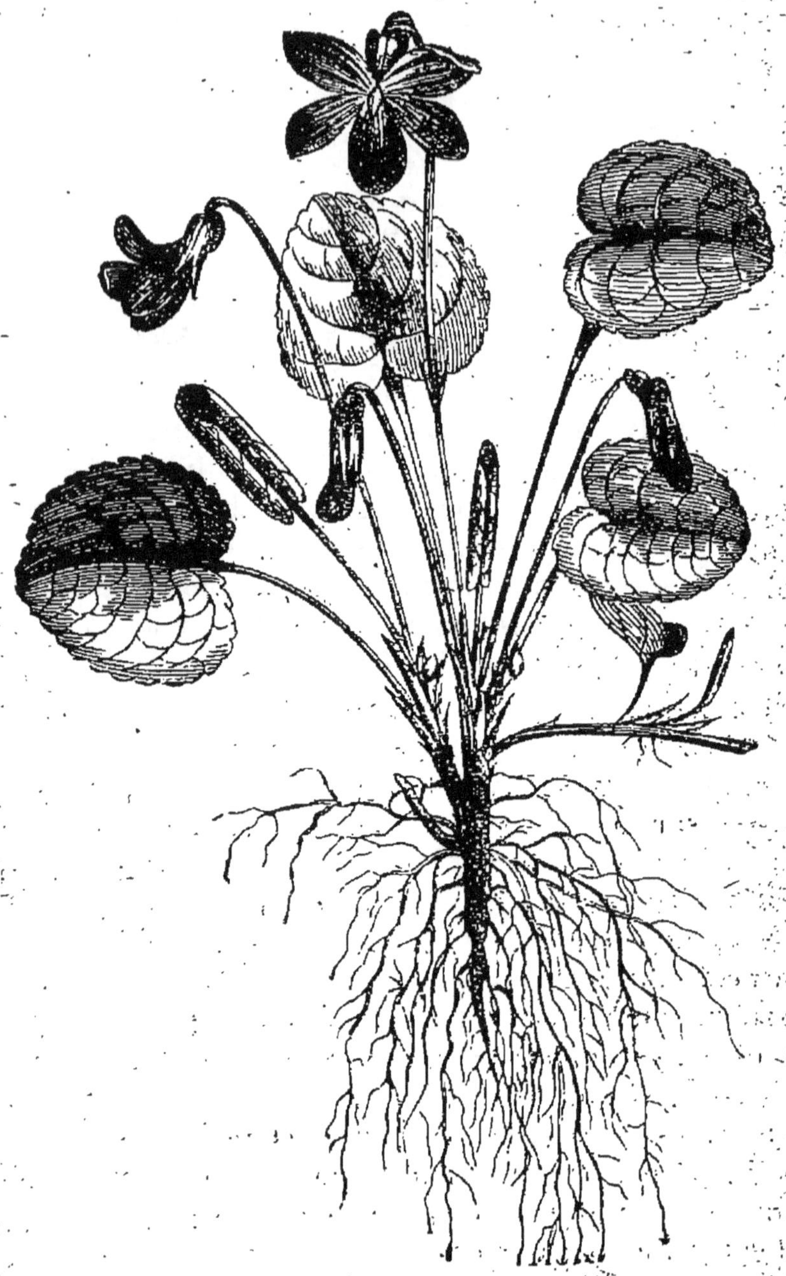

Fig. 123. — Violette (Plante entière).

Les *fleurs*, les *fruits* et les *graines* qui concourent à reproduire l'espèce et qu'on nomme les **organes de reproduction.**

101. Fonctions des végétaux. — Les végé-

taux se nourrissent et se reproduisent; ils prennent à la terre et à l'air toutes les substances qu'ils doivent éla-

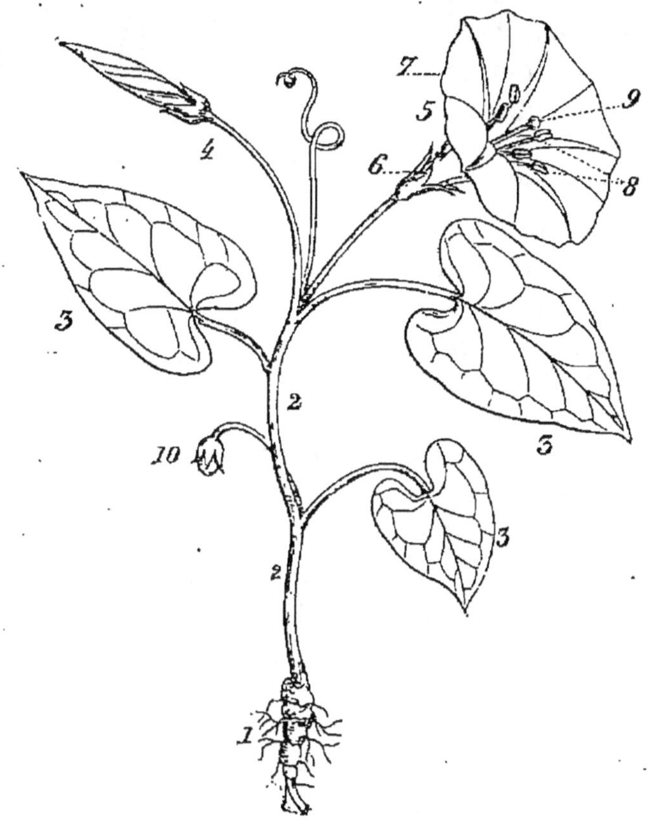

LISERON (Convolvulus).

1. Racine.
2. Tige.
3. Feuilles.
4. Fleur en bouton.
5. Fleur épanouie.

6. Calice.
7. Corolle.
8. Etamines.
9. Pistil.
10. Fruit.

borer et faire servir à leur accroissement, et ils produisent des graines qui assurent leur reproduction.

C'est par les feuilles et la racine qu'ils absorbent les matériaux gazeux et liquides qui doivent les nourrir; c'est dans les feuilles et dans tous les tissus qu'ils préparent et confectionnent les produits qui pourront servir à la nourriture des animaux.

La plante, réduite à sa plus simple expression, pourrait

donc être formée seulement d'une racine et d'une feuille,
et c'est ainsi qu'elle apparaît lorsqu'elle naît, c'est-à-dire
quand la graine germe.
Ce n'est que plus tard,
quand elle s'est déve-
loppée, qu'apparaissent
les fleurs d'où naîtront
les graines.

La plante en minia-
ture comprise dans la
graine et qu'on nomme
l'embryon, possède
donc les deux premiers
organes de nutrition, la
racine et les feuilles ; et

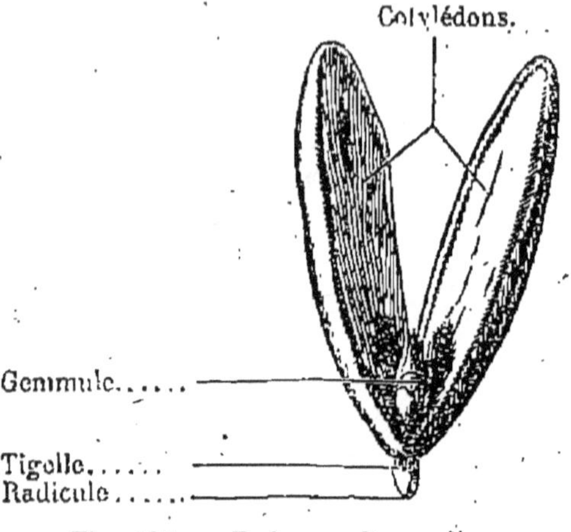

Fig. 125. — Embryon d'amandier.

ce sont les premières feuilles de l'embryon qui ont reçu
le nom de **cotylédons**. La fig. 125 montre les différentes parties de l'embryon de l'amandier : à la base la
radicule ou racine naissante, un peu plus haut les deux
cotylédons, et entre eux la portion qui en se développant
donnera la tige.

**102. Ordre suivi dans l'étude des plan-
tes.** — Il semble que l'on devrait prendre la plante
naissante, l'embryon d'une graine qui germe, en étudier
la structure et en suivre pas à pas le développement.
Mais on se trouverait de suite en face d'un travail très
complexe, la nutrition par les feuilles, la formation des
tissus, l'élongation des diverses parties, en un mot tous
les rapports de la plante avec le sol et avec l'atmosphère.
Il est beaucoup plus commode dans l'enseignement élémentaire d'étudier séparément et successivement les
organes de nutrition d'abord, c'est-à-dire la racine, la
tige et les feuilles, puis ensuite les *organes de reproduction*, fleurs, fruits et graines en les prenant dans des
plantes adultes. On les examine alors à un double point
de vue, d'abord dans leur forme et ensuite dans leurs
fonctions ; on fait ainsi pour chaque organe essentiel,

l'*organographie* ou la *morphologie*, c'est-à-dire la description, et la *physiologie*, c'est-à-dire le rôle et la fonction dans l'entretien de la vie du végétal.

RÉSUMÉ. — Si nous jetons les yeux sur une des plantes qui nous entourent, que ce soit un arbre, un arbuste ou une herbe, comme la violette, nous y voyons un axe en partie aérien, en partie en terre ; c'est la **racine** d'une part, la **tige** d'autre part. La tige porte des **feuilles** ; et à la base des feuilles, dans nos arbres, il y a de petits boutons destinés à s'accroître et à se développer en rameaux ou en fleurs, ce sont les **bourgeons**. Avec ces organes le végétal peut vivre ; mais pour fleurir, produire des graines d'où naîtront d'autres végétaux semblables à lui, il a besoin d'autres organes ; il épanouit ses **fleurs** ; celles-ci produisent des **fruits** dans lesquels mûrissent les **graines**.

Ainsi le végétal a deux groupes d'organes : la racine, la tige et les feuilles concourent à sa **nutrition** ; les fleurs, les fruits et les graines servent à la **reproduction**.

La plante, réduite à sa plus simple expression, est formée seulement d'une racine et de feuilles. Dans la graine qui germe, on donne à la plantule le nom d'**embryon**, et les premières feuilles de l'embryon portent le nom de **cotylédons**.

Les deux grandes fonctions du végétal s'accomplissent par des organes très distincts que l'on étudie séparément et successivement dans les plantes adultes. Et pour chacun des organes, on fait d'abord la description, on en indique la forme et la structure, puis ensuite on étudie le rôle de l'organe dans l'entretien de la vie du végétal.

CHAPITRE XXII

LA RACINE

103. Forme et structure des racines. — La racine est la portion de l'axe du végétal qui plonge dans la terre pour y puiser les éléments nutritifs propres à nourrir la plante. On y distingue tout d'abord une partie principale appelée le *corps*, l'*axe* ou la *souche* et des filaments très fins nommés les *radicelles* ou le *che-*

velu ; un examen plus attentif fait découvrir sur les radi-celles des poils appelés *poils radicaux* et la *coiffe.*

L'**axe** ou **souche** est une sorte de tronc souterrain

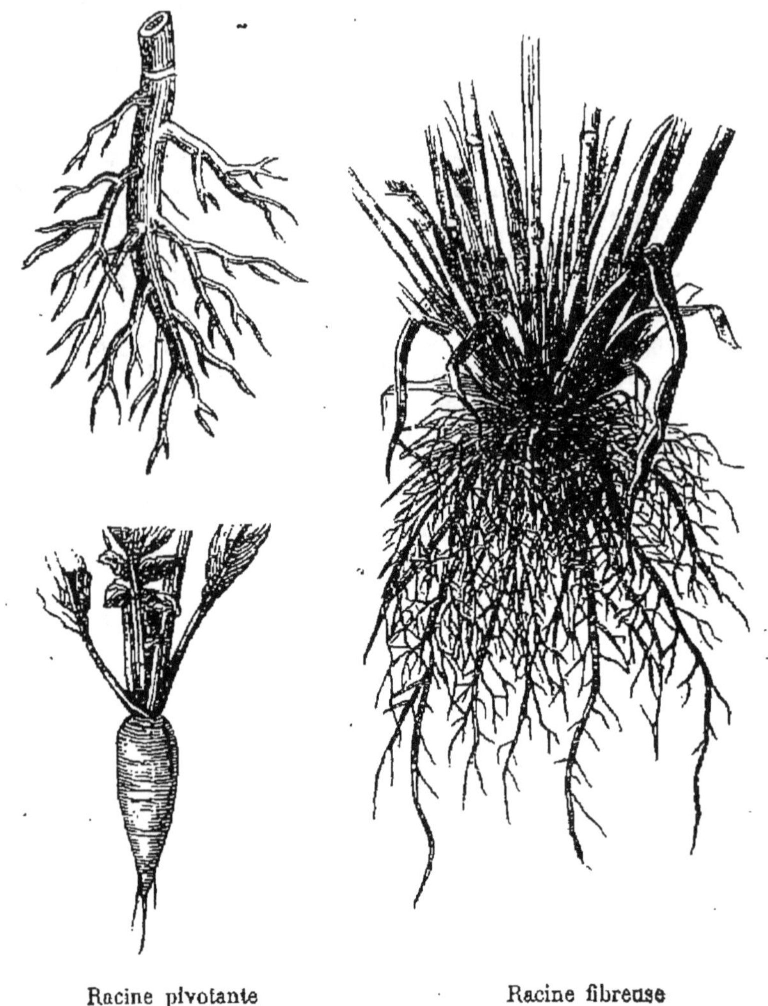

Racine pivotante
du navet.

Racine fibreuse
du blé.

Fig. 126. — Forme de la racine.

plus ou moins ramifié ; il présente des formes diverses qui peuvent se ramener à trois types principaux (fig. 126) : la racine **pivotante** qui ne se ramifie pas et ne donne naissance qu'à de courtes fibrilles, comme dans le navet, la carotte, le scorsonère ; la racine **rameuse** dont l'axe est divisé et ramifié comme les branches d'un arbre ; la racine **fibreuse** ou fasciculée qui n'a pas d'axe proprement dit mais un grand nombre de filaments minces et égaux partant du même point comme dans le blé ou dans le poireau. Parfois aussi la racine présente certaines parties renflées en masses ovoïdes comme dans le dahlia; on dit alors qu'elle est **tubéreuse**.

Les filaments très fins qui constituent le **chevelu** et qui sont les dernières ramifications des racines ne croissent pas au hasard sur l'axe; ils sont superposés les uns aux autres suivant des lignes longitudinales très visibles sur les jeunes racines.

Les **poils radicaux** sont des poils très fins disposés en grand nombre comme une sorte de manchon autour de chaque radicelle, à une petite distance de l'extrémité. On les appelle aussi *poils absorbants* parce que leur fonction est de pomper l'eau que les plantes trouvent dans le sol et qui devient la sève ascendante.

La **coiffe** est l'extrémité de la radicelle, c'est une partie dépourvue de poils absorbants, un peu dure, en forme de doigt de gant; elle a pour effet de protéger la fibrille à mesure qu'elle s'allonge et qu'elle s'avance dans la terre. Les anciens botanistes nommaient *spongioles* les extrémites des filaments du chevelu, en laissant préjuger que l'absorption des liquides s'effectuait par ces organes. Des expériences précises ont montré que l'extrémité même des radicelles n'absorbe pas et que l'expression de spongioles conduirait à une erreur.

104. Fonctions des racines. — Les racines ont pour première fonction de *fixer la plante au sol;* c'est même leur rôle principal chez les végétaux qui croissent sur les rochers et qui tirent de l'air presque tous leurs aliments. Dans la plupart des plantes, la fonction essentielle des racines est d'*absorber dans le sol l'eau et les matériaux qui constitueront la sève ascendante.* C'est par les poils absorbants que l'eau pénètre dans les racines; le liquide monte ensuite dans la tige et dans les feuilles. L'absorption de l'eau par les racines est un fait bien connu : une plante dont le feuillage est flétri par la sécheresse, reprend son aspect normal dès qu'on l'arrose.

Quand les poils radicaux sont desséchés, ils ne remplissent plus leur fonction; c'est ce qui arrive quand le végétal a été déplanté quelque temps et laissé dans un endroit sec. Les jardiniers coupent alors l'extrémité des radicelles pour que l'eau pénètre directement dans celles-ci par capillarité et qu'il se produise de nouvelles radicelles munies de poils absorbants.

La racine *absorbe également de l'oxygène et exhale de l'acide carbonique* et ce dernier acide joue un rôle actif dans la végétation, car en se dissolvant dans l'eau du sol il se combine avec les carbonates qu'il transforme en bicarbonates solubles propres dès lors à nourrir la plante. Il est donc nécessaire que le sol où se développent les racines soit aéré par les labours, le binage, le sarclage et autres opérations agricoles analogues.

Les racines tuberculeuses ont en outre une autre fonction. Elles emmagasinent pendant les premiers temps du développement de la plante une provision de nourriture qui sera utilisée plus tard par le végétal pour contribuer à la formation de ses fleurs et de ses fruits. Il en est ainsi de la carotte et de la betterave; arrachées avant leur complète évolution, elles contiennent une provision de substances nutritives que l'homme peut utiliser pour sa nourriture ou pour celle des animaux et que la plante absorberait tout entière si on la laissait former sa tige, ses fleurs et ses fruits.

105. Racines adventives. — Outre les racines qui naissent de l'axe croissant de haut en bas dans la terre, il s'en produit d'autres en différents points de la tige et qu'on nomme **adventives**. Les unes, comme celles du lierre et de diverses autres plantes grimpantes, sont des crochets qui fixent la tige à son support; les autres, comme celles du fraisier, se produisent en différents points de la tige traînante et constituent bientôt un nouveau pied qui vit quelque temps aux dépens de la plante-mère avant d'avoir une existence indépendante.

Ces racines adventives se produisent facilement dans certains végétaux, soit à l'aisselle des feuilles, soit sur un point mis à nu de la tige, soit sur une portion de la tige rentrée en terre humide. On utilise cette facile production des racines dans le bouturage et dans le marcottage.

On pratique une **bouture** en mettant dans de la terre humide un rameau détaché de la plante, que l'on arrose abondamment, qui prend racines et qui produit vite un nouveau pied : ainsi l'on fait du saule, du géranium et du fuchsia.

Dans le **marcottage,** on courbe en terre une branche pour n'en laisser sortir que l'extrémité; on arrose fréquemment la partie enterrée; il y pousse des racines qui ont bientôt assez de développement pour nourrir à elles seules la branche; alors on peut séparer celle-ci de la plante-mère. Dans certains vignobles, on marcotte la vigne en couchant les tiges en terre; mais on ne sépare pas les jeunes plantes des tiges ainsi couchées qui restent en terre et qui se couvrent de racines.

106. Usages des racines. — Plusieurs racines tuberculeuses entrent dans l'alimentation : la carotte, le navet, les raves et les radis, les salsifis et la betterave.

Cette dernière plante est cultivée en grand pour la production du sucre et de l'alcool.

La médecine utilise la racine de la gentiane qui est amère et la racine de guimauve qui est émolliente.

L'industrie de la teinture employait autrefois beaucoup la racine de garance pour toutes les nuances du rouge : mais l'alizarine artificielle l'a complètement remplacée.

RÉSUMÉ. — La **racine** est la portion de l'axe du végétal qui plonge dans la terre pour y prendre l'eau et les sucs nécessaires à la nutrition. Son axe appelé aussi souche présente bien des formes diverses qui peuvent toutes se ramener à trois types : la racine **pivotante**, comme celle du navet, de la betterave, de la carotte; la racine **fibreuse**, du blé, et la racine **rameuse** de nos arbres. Dans tous les cas, outre le corps principal, il y a un grand nombre de minces filaments qui constituent le **chevelu** ou les *radicelles*, et chacun de ces minces filets porte près de l'extrémité des *poils* qui absorbent au profit de la plante les liquides du sol. Le bout des radicelles appelé **coiffe** est peu perméable et protége l'extrémité pendant son allongement.

La racine fixe la plante au sol. Elle *absorbe* par ses poils les liquides qui constituent la sève. Elle absorbe aussi de l'oxygène et exhale de l'acide carbonique.

En outre les racines tuberculeuses emmagasinent une provision de matières nutritives que l'on peut utiliser en dehors de la plante et qui doivent servir au végétal pour former sa tige, ses fleurs et ses fruits.

Dans certaines plantes grimpantes, il se développe le long de la tige des racines aériennes **adventives** dont la fonction parait être de fixer la plante au support contre lequel elle grimpe comme dans le lierre, ou de produire de nouveaux plants comme dans le fraisier.

Le **bouturage** et le **marcottage** utilisent cette formation des racines adventives et permettent d'obtenir facilement de nouveaux plants.

Les principales racines utilisées sont la carotte, le navet, le radis, le salsifis qui entrent dans l'alimentation; la *betterave* qui donne le sucre; la guimauve et la gentiane que l'on emploie en infusion ou en tisane.

CHAPITRE XXIII

LA TIGE

107. Formes de la tige. — La tige est la partie de l'axe du végétal qui porte les feuilles et les fleurs; elle croît ordinairement dans l'air, de bas en haut, en sens inverse de la racine. Elle est quelquefois si réduite dans certaines plantes qu'on ne la voit pas au premier coup d'œil; ainsi le pissenlit paraît n'avoir pas de tige; mais elle peut aussi prendre un très grand développement comme dans les grands sapins dont quelques-uns mesurent plus de cent mètres de hauteur.

La tige est simple ou ramifiée; et ses rameaux que l'on nomme *branches* portent en arboriculture, quand ils sont jeunes, le nom de *pousses* ou de *scions*. Les branches ne prennent pas naissance en un point quelconque de la tige sur laquelle elles se développent; elles naissent toujours à l'aisselle d'une feuille.

Au point de vue de la consistance et de la durée, on distingue les tiges **herbacées** et les tiges **ligneuses**. Les tiges herbacées sont flexibles, souvent molles et elles périssent tous les ans. Les tiges ligneuses sont plus rigides, plus dures et plus sèches; elles ont la consistance du bois; elles persistent l'hiver et vivent un grand nombre d'années.

Certaines tiges longues et flexibles ne sont pas assez fortes pour se soutenir par elles-mêmes dans l'air; elles s'attachent ou s'accrochent à d'autres tiges plus solides, ou aux rochers, ou à tous les corps contre lesquels elles poussent; on les nomme plantes **grimpantes**. Elles sont dites **volubiles**, comme dans le liseron, le houblon, le haricot, quand elles s'enroulent en spires autour du corps ou du végétal qui leur sert de support. Elles sont **rampantes** comme dans le fraisier, le lierre terrestre, le pourpier, quand leurs rameaux traînent sur le sol et s'y fixent par des racines adventives. Les unes se fixent par des **vrilles**, sortes de rameaux ou de feuilles atrophiées s'enroulant en spirale, comme la vigne, la viorne, le pois et toutes les lianes. D'autres comme le jasmin et le lierre ont des **crampons**. D'autres enfin ont des **ventouses** comme la *cuscute* qui vit en parasite sur une autre plante qu'elle épuise par ses ventouses et qu'elle détruit.

Les tiges **souterraines** dont les rameaux seuls sortent au dehors sont souvent désignées sous le nom de **rhizomes**; on les remarque dans le sceau de Salomon, la fougère, le chiendent. Ces rhizomes ne peuvent être confondus avec les racines, car ils produisent des bourgeons et des feuilles rudimentaires en écailles; les *turions* de l'asperge que l'on mange sont les bourgeons nés de la partie souterraine de la tige et sortant de terre pour donner un rameau aérien. Les **tubercules** de la pomme de terre sont des amas de matières nutritives qui se sont développés à l'extrémité d'un rameau souterrain de la tige.

Les **bulbes** de l'oignon et du lis sont formés d'une tige en plateau sur laquelle sont fixées un grand nombre de feuilles emboîtées ou imbriquées.

108. Bourgeons. — Les bourgeons sont de petites éminences coniques que l'on appelle d'abord *yeux* ou *boutons* et qui en se développant produisent les rameaux de la tige ou les fleurs.

Dans les climats froids, lorsque le bourgeon doit passer l'hiver et ne se développer qu'au printemps, il est entouré d'écailles garnies intérieurement de duvet et extérieurement d'un vernis résineux qui s'oppose à l'introduction de l'eau et préserve les jeunes feuilles de l'humidité et du froid.

Les bourgeons *terminaux* situés à l'extrémité de la tige et des rameaux servent à prolonger ceux-ci ; les bourgeons *axillaires* ou *latéraux* placés à l'aisselle des feuilles sont destinés à donner de nouvelles branches.

Dans nos arbres fruitiers, les *bourgeons à fruits* qui doivent donner les fleurs sont plus gros et moins effilés que les *bourgeons à bois*. La **taille** des arbres a pour but principal de diminuer le nombre de ces derniers et d'attirer la sève dans les autres ; elle empêche l'arbre de produire trop de bois au préjudice des fruits, et elle permet en outre de lui donner une forme ou un port particulier.

109. Structure des tiges. — On trouve dans toutes les jeunes tiges et dans les différentes parties des tiges développées comme celles des arbres, des **cellules**, des **fibres** et des **vaisseaux**.

Les **cellules** sont de petits corps sphériques ou polyédriques formés par une membrane élastique et

contenant une matière albuminoïde appelée le **protoplasme** et un liquide comme l'eau que l'on appelle le
suc cellulaire. Le protoplasme est la partie vivante de la
cellule; il présente une masse ovoïde, condensée que
l'on nomme le *noyau*. L'enveloppe de la cellule est composée d'une matière chimique, la *cellulose*.

La partie molle et demi-transparente que l'on aperçoit
dans la coupe grossie d'une jeune tige est formée par des
cellules, le plus souvent polyédriques, pressées les unes
contre les autres et dont la réunion constitue le **parenchyme** ou le **tissu cellulaire**. Les cellules sont
vivantes tant que le protoplasme y existe; elles s'accroissent en s'étendant, et elles se multiplient parce que le
protoplasme y produit de nouveaux noyaux et de nouvelles cellules par la segmentation des cellules existantes;
elles peuvent se remplir de diverses substances comme
l'amidon, l'inuline, quelques matières grasses et parfois
des sels cristallisés. Quand le protoplasme disparaît, la
cellule cesse de vivre et elle ne sert plus que comme une
pièce inerte faisant partie de l'édifice qui constitue le
corps du végétal.

Les cellules allongées en tubes courts, à parois
épaisses, terminés en pointe aux deux extrémités ou
coupés obliquement, portent le nom de **fibres**

Les cellules disposées en files et dont les parois transversales se sont résorbées constituent des tubes longs
qui ont reçu le nom de **vaisseaux**. On distingue
trois principaux groupes de vaisseaux :

1° Ceux dont les parties minces de la paroi constituent une ligne spirale continue, de sorte que si l'on
tire aux deux extrémités on voit le vaisseau se déchirer
et s'étirer comme les anciens élastiques en fil de laiton;
ce sont les **trachées**;

2° les vaisseaux dont les parois présentent des parties
plus minces sous forme de points, de raies ou d'anneaux
et que l'on nomme **vaisseaux ponctués, rayés,
réticulés** (fig. 127);

3° Les vaisseaux formés de cellules tubulaires placées

bout à bout, à surface lisse, appelés **vaisseaux propres** ou encore **laticifères** (fig. 128) parce qu'ils sont remplis d'un liquide propre au végétal qui les contient.

Une tige quelconque est formée à la fois de *paren-chyme cellulaire* et de *faisceaux fibro-vasculaires*. L'exa-

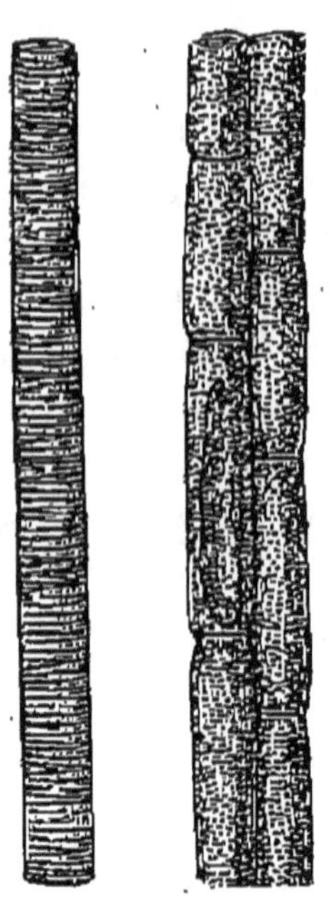

Fig. 127. — Vaisseaux ponctués et rayés d'une tige de melon.

men microscopique d'une section trans-versale ou d'une sec-tion longitudinale y fait reconnaître un *pa-renchyme intérieur*, des *faisceaux fibro-vasculaires* et un *pa-renchyme extérieur* : c'est dans les tiges ligneuses des arbres que toutes ces par-ties présentent le plus de développement.

110. Tiges li-gneuses des dicotylédo-nes. — Une coupe

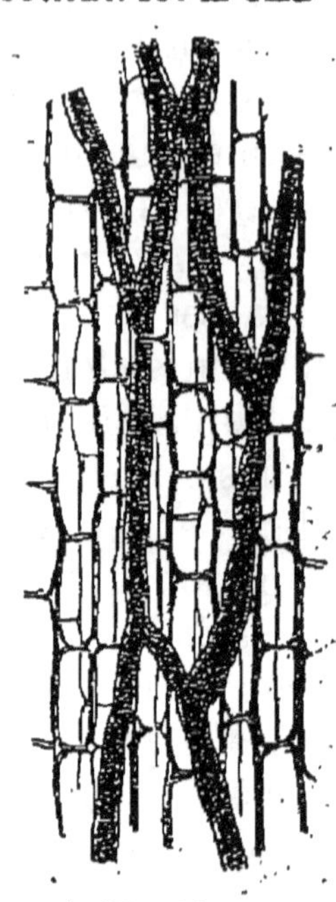

Fig. 128. Vaisseaux laticifères de la chélidoine.

transversale d'un tronc ou d'une branche d'arbre montre des couches concentriques où l'on distingue à première vue, au centre la **moelle**, puis en allant vers la péri-phérie, le **bois**, la **couche génératrice** ou cambium et les différentes couches de l'**écorce**.

La **moelle** est formée chez les jeunes tiges de cel-lules actives à parois épaisses qui deviennent inertes par la suite; elle est enveloppée d'une couronne de trachées qui forment l'*étui médullaire*.

Le **bois** présente deux séries de couches concentri-ques; les plus centrales forment le *bois dur*, les plus extérieures, le *bois tendre* ou *aubier*. C'est dans ces couches que se trouvent les vaisseaux ponctués, rayés, réticulés qui transportent la sève de la racine jusqu'aux feuilles. De la moelle partent des lames verticales allant vers la circonférence du tronc et qu'on nomme les *rayons médullaires* ; ces rayons se prolongeront dans les couches du jeune bois à mesure de sa formation, en même temps qu'il en apparaîtra de nouveaux entre eux, mais qui ne pénétreront pas dans le bois ancien.

La **couche de formation** ou *cambium* est la zone comprise entre le bois et l'écorce, dans laquelle descend la sève élaborée et où se produisent les nouveaux

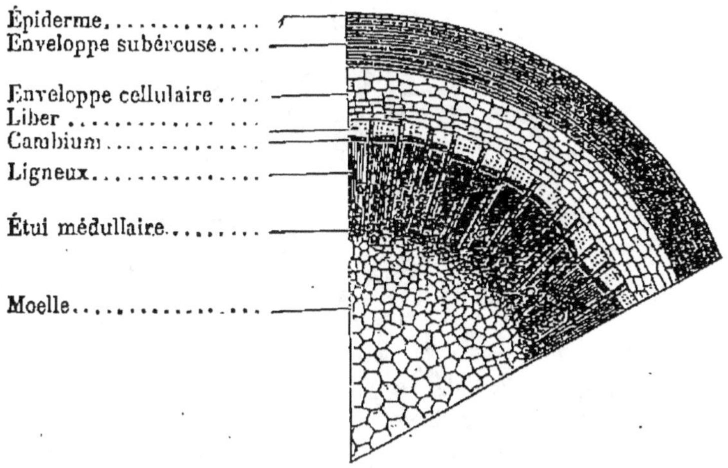

Fig. 129. — Coupe d'une jeune tige d'érable.

tissus qui doivent accroître l'arbre en diamètre. Chaque année il s'y forme du côté de l'intérieur une couche de fibres et de fausses trachées qui s'ajoute au bois, et vers l'extérieur une couche de fibres et de vaisseaux propres qui s'ajoute à l'écorce ; de sorte que le bois s'accroît par sa partie extérieure, tandis que l'écorce s'accroît par son intérieur.

L'**Écorce** présente plusieurs couches minces de fibres et de vaisseaux propres, disposés en feuillets et dont l'ensemble a reçu le nom de **liber**. Les fibres du liber sont généralement longues, tenaces et flexibles, ce sont elles qui forment la matière textile du chanvre et du lin. En dehors de cette couche se trouve l'**enveloppe**

herbacée qui est caractérisée par la présence de la chlorophylle dans ses cellules, puis dans certains arbres comme le chêne-liège, la *couche subéreuse* à cellules

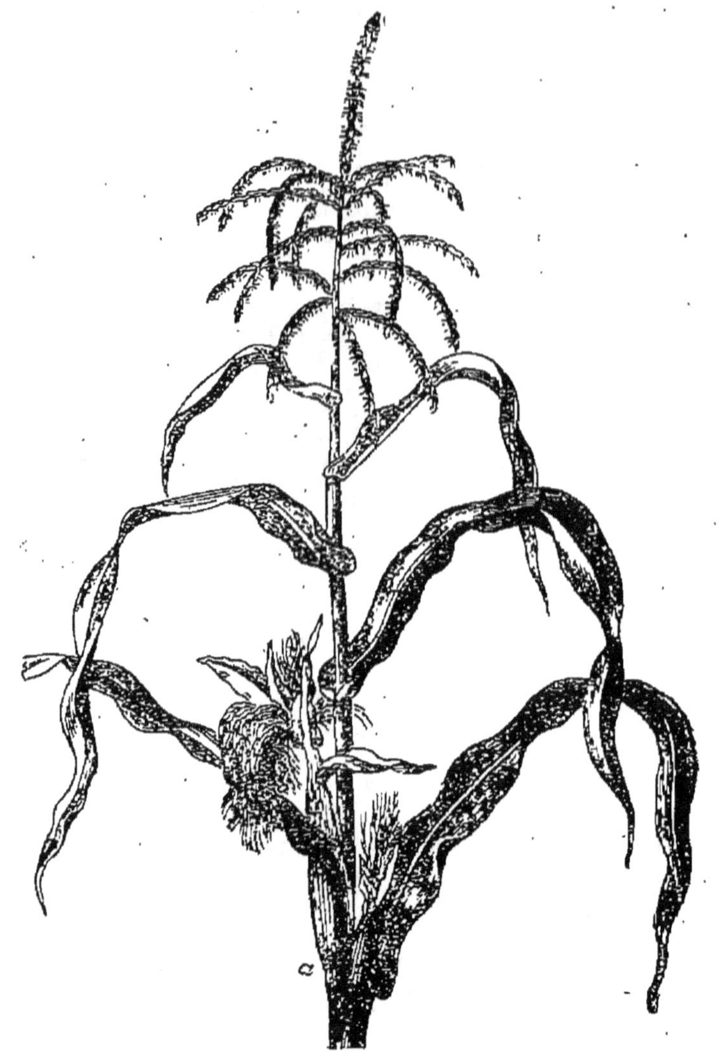

Fig. 130. — Tige de maïs.

serrées et colorées, et enfin l'**épiderme** qui se renouvelle annuellement dans les arbres à écorce lisse comme le bouleau et le platane.

111. Tiges des monocotylédones. — Les tiges de plantes à un seul cotylédon comme les palmiers, les yuccas, le blé, l'oignon, le lis présentent trois types principaux : le tronc sans branches ou **stipe** des palmiers ; la tige en cornets avec nœuds ou **chaume** du blé, et la tige herbacée avec feuilles enveloppantes comme celle du maïs.

Dans toutes ces tiges, qu'elles soient ligneuses ou herbacées, les faisceaux fibro-vasculaires ne sont plus disséminés avec ordre dans le parenchyme, en couches

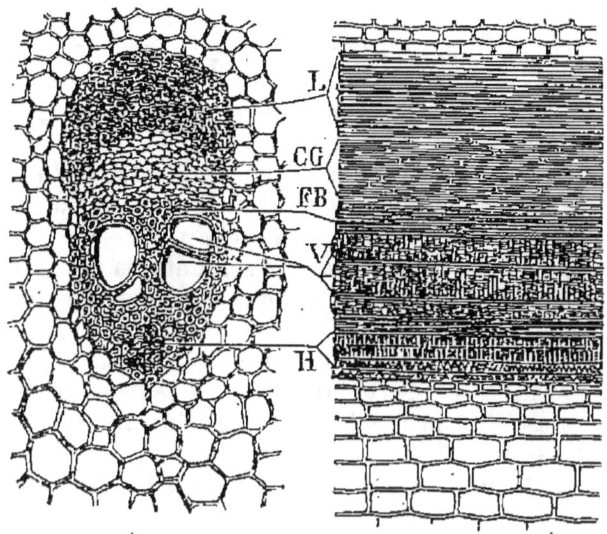

Fig. 131. — Coupe transversale et longitudinale d'une tige de palmier. H, trachées. V, vaisseaux rayés. FB, fibres ligneuses. L, liber.

concentriques emboîtées ; il y en a plus vers la circonférence qu'au centre, et quand le parenchyme se dessèche, le centre de la tige devient presque vide tandis que l'extérieur reste dur. L'accroissement ne se fait plus par une couche génératrice existant entre le bois et l'écorce : le tronc se forme des faisceaux restés des feuilles qui après avoir occupé le centre ont été peu à peu, par la croissance de nouvelles feuilles, reportées vers la périphérie.

112. Durée de la tige. — La tige de la plupart des plantes meurt toute entière à la fin de la première année, on dit alors que la plante est **annuelle** ; il faut la semer tous les ans. Dans d'autres plantes comme la carotte, la betterave, le chou, la tige est lente à se former et elle ne porte des fleurs et des fruits que la seconde année; la plante est dite *bisannuelle*. Dans beaucoup de plantes, la plupart des arbustes et des arbres, la tige dure plusieurs années; certains arbres comme les chênes et les cèdres du Liban vivent plusieurs siècles.

RÉSUMÉ. — La tige est la partie du végétal qui croit verticalement de bas en haut et se développe dans l'atmosphère; elle porte les feuilles et tous les organes de reproduction.

Parmi les tiges, les unes sont *herbacées*, minces et flexibles, ayant la consistance de l'herbe; les autres sont *ligneuses* et prennent l'aspect et la consistance du bois.

Certaines tiges sont *volubiles* et s'enroulent autour d'un support ou d'une autre tige; d'autres tiges sont *rampantes* ou *grimpantes* avec des vrilles, des suçoirs ou des crochets.

Quelques plantes ont une portion assez notable de leur tige en terre; les tubercules de pomme de terre croissent sur une portion souterraine de la tige.

Les rameaux ou branches sortent des *bourgeons* à bois qui peuvent être terminaux ou axillaires et qui représentent toujours des feuilles naissantes protégées par des écailles imbriquées et collées par un vernis.

Toute tige est formée de parenchyme en **cellules** et de faisceaux de **fibres** et de **vaisseaux.**

Les cellules sont de petits sacs ovoïdes contenant du **protoplasme** qui est une matière vivante ordinairement gonflée en un noyau et capable de produire d'autres cellules. L'enveloppe contient de la **cellulose.**

Les **fibres** sont des cellules allongées et les **vaisseaux** aussi; mais dans ces derniers les parois transversales se sont résorbées. Les vaisseaux forment trois groupes : les *trachées* dont les minces parois s'étirent en un fil spiralé quand on les déchire; les *fausses trachées* ou vaisseaux à sève ascendante; les *vaisseaux propres* contenant un liquide produit par le végétal.

Le **tronc** de nos arbres, chêne, sapin ou tilleul, est une tige ligneuse, conique, ramifiée régulièrement de façon à fournir des branches de plus en plus minces dont les dernières portent des feuilles. On y distingue au premier abord *l'écorce* et le *bois*. Une coupe transversale laisse voir au centre la **moelle** entourée d'un étui, l'**étui médullaire**, puis le **bois dur**, le **bois tendre** ou bois blanc, puis une couche toujours humide qui est la véritable couche de formation et qu'on appelle le **cambium**. A l'extérieur vient l'**écorce** avec ses différentes couches, le **liber**, l'**enveloppe herbacée** et l'**épiderme.**

L'accroissement se fait dans la couche génératrice existant entre l'écorce et le bois; c'est là que redescend la **sève**, le liquide nourricier de la plante, qui a monté dans les vaisseaux du bois. Chaque année une nouvelle couche de bois dur s'ajoute au bois qui existe déjà, et l'on pourrait souvent compter l'âge d'un arbre par le nombre des couches concentriques que l'on aperçoit dans la coupe du tronc.

Il existe une autre type de tige très différent de l'exemple précédent, c'est celui que représente un plan de maïs. La tige est creuse, de distance en distance, elle présente des *nœuds* ou renflements d'où naissent les feuilles; celles-ci sont engainantes; elles sortent les unes des autres comme une série de cornets. De telles plantes s'accroissent par l'intérieur et non par l'extérieur.

La tige est dite annuelle, quand elle meurt tous les ans, comme c'est le cas de beaucoup de tiges herbacées; les plantes sont bisannuelles, quand leur tige ne meurt que la seconde année après le semis. Nos arbres ont des tiges qui durent plusieurs années, certains d'entre eux sont plusieurs fois séculaires.

CHAPITRE XXIV

LES FEUILLES

113. Formes générales des feuilles. — Les feuilles sont des organes étalés, aplatis, ordinairement verts, portés par la tige et destinés aux principales fonctions de nutrition de la plante. Une feuille se compose ordinairement de deux parties; l'une filiforme que le vulgaire appelle la *queue* et les botanistes le **pétiole;** l'autre en lame mince et étalée que l'on nomme le **limbe.**

Le **pétiole** peut manquer, alors la feuille est *sessile* comme dans le blé et le chèvrefeuille; il est très long dans le *tremble;* il porte parfois à la base de petites expansions que l'on appelle *stipules.* En tout cas, il contient les faisceaux fibro-vasculaires qui vont se ramifier dans la feuille et qui forment les **nervures.**

Le **limbe** présente des formes très variables; son

contour peut être lisse ou denté; il peut aussi être lobé, c'est-à-dire divisé par des entailles plus ou moins profondes comme dans la feuille du chêne ou dans celle de la vigne.

On nomme **feuille simple** celle dont le limbe, quelque profondément découpé qu'il puisse être, ne

Fig. 132.

Feuille simple de poirier.		Feuille composée de robinier, faux acacia.	
1. Stipules.	3. Limbe.	1. Stipules.	3. Pétiolules.
2. Pétiole.	4. Nervures.	2. Rachis.	4. Foliole.

forme cependant qu'une seule lame recevant toutes les nervures émanées du pétiole. Les **feuilles composées** ont un limbe multiple formé d'un certain nombre de folioles posées sur un pétiole commun qui a l'aspect d'un rameau comme dans le robinià ou faux acacia. La feuille composée, comme d'ailleurs la feuille simple, n'a qu'un bourgeon à la naissance de son pétiole sur la tige.

Les **nervures** présentent deux principales dispositions; elles sont *parallèles* ou *rameuses*. Dans le premier cas, elles partent toutes de la tigé comme dans le blé, le maïs, l'iris; ou bien, comme dans la grande feuille du bananier, une nervure principale qui parcourt tout le limbe donne naissance à des nervures latérales parallèles entre elles. Dans le cas de la nervation rameuse ou en réseau, quand il y a une nervure médiane qui continue le pétiole et des nervures secondaires disposées sur elle comme les barbes d'une plume, on dit que la feuille est *pennée*. Lorsque plusieurs nervures naissent ensemble

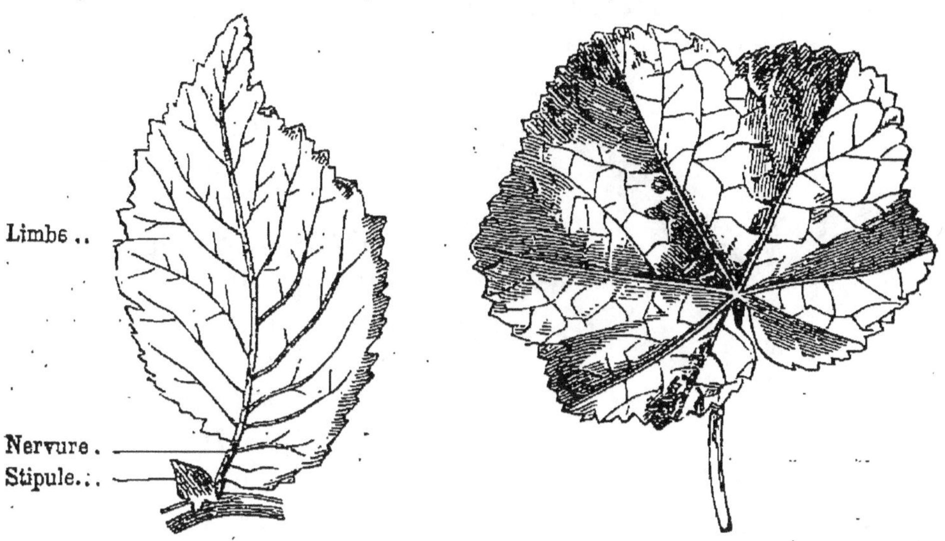

Fig. 133. — Feuilles. (Dispositions des nervures.)

du point de jonction du pétiole et du limbe et s'écartent dans celui-ci comme les doigts de la main, la feuille est dite *palmée*.

Toutes les feuilles d'un végétal ne sont pas absolument semblables; les premières sont petites et peu découpées; les dernières sont également moins développées que celles du milieu de la croissance; et celles qui environnent les fleurs prennent assez souvent une forme et une couleur différente; on leur donne le nom de **bractées**. La diversité des feuilles est encore plus grande dans les végétaux aquatiques; les feuilles submergées sont réduites à des filaments très allongés, tandis que les feuilles aériennes sont beaucoup plus développées.

Dans d'autres plantes comme l'aristoloche siphon (fig. 134) la forme se modifie et le limbe est terminé par une sorte d'urne toujours pleine d'eau.

114. Position des feuilles sur la tige. —

Les feuilles peuvent être placées sur la tige de plusieurs façons : les points d'insertion sont appelés **nœuds**. Quand chaque nœud ne produit qu'une seule feuille, la disposition est **alterne** sur la tige : les points d'insertion forment une spirale régulière. Lorsqu'un nœud donne naissance à deux feuilles, celles-ci sont dites **opposées ;** on les dit **verticillées,** quand elles sont à plusieurs autour d'un même cercle de la tige.

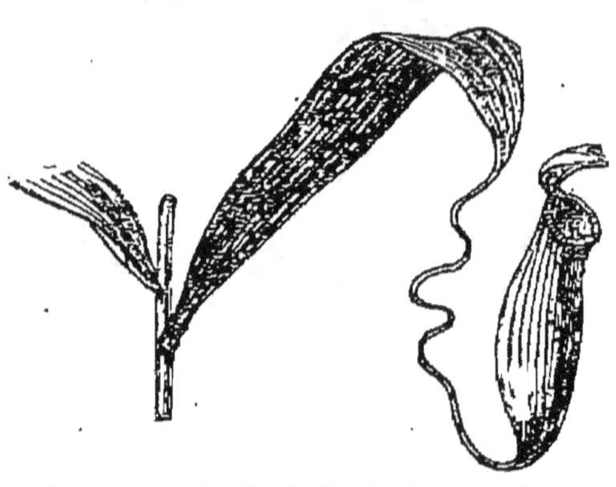

Fig. 134. — Feuille de l'aristoloche-siphon.

115. Structure des feuilles. —

Le limbe de la feuille, au point de vue anatomique, comprend trois parties : l'épiderme, le parenchyme et les nervures.

Les *nervures* sont formées de faisceaux fibro-vasculaires émanés de la tige qui sont réunis dans le pétiole, et qui s'étalent dans le limbe; c'est par ces vaisseaux que la sève venant de la tige se répand sur une grande surface dans la feuille.

Le *parenchyme* qui remplit les mailles du réseau formé par les nervures est composé de cellules colorées en vert par de la **chlorophylle**. A la face supérieure les cellules sont régulières et serrées les unes contre les autres; à la face inférieure, elles sont irrégulières et laissent entre elles des lacunes.

L'*épiderme* qui recouvre les feuilles présente une partie cellulaire; il laisse voir à sa surface les **stomates,** petites ouvertures bordées de deux cellules en bourrelet qui communiquent avec les lacunes du parenchyme. Ces

stomates sont en grand nombre : on en a compté trente-
cinq par millimètre carré dans la feuille de la reine-
marguerite.

116. Coloration et durée des feuilles.
— Le vert est la couleur habituelle, qui est due à la
chlorophylle; mais il se forme quelquefois dans les
cellules une matière colorante rouge ou jaune qui modifie ou qui masque la première. Au commencement de

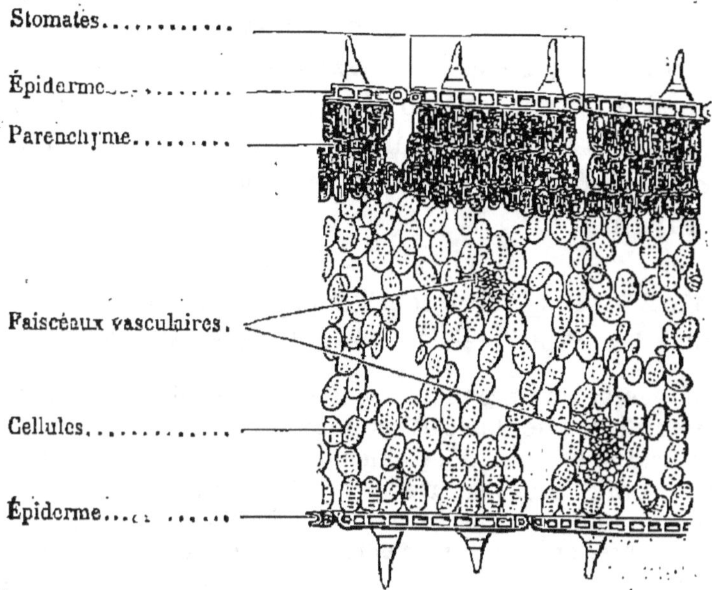

Fig. 135. — Coupe d'une feuille.

l'automne les feuilles qui doivent tomber perdent leur
chlorophylle, jaunissent, puis brunissent. Les feuilles
tombent à l'automne dans la plupart des plantes, soit
après avoir à peine jauni comme dans le peuplier ou
le marronnier, soit après s'être desséchées sur l'arbre
comme dans le chêne. Celles qui restent sur le végétal
plus d'une année comme dans le buis, le laurier, les
pins, les sapins, les cyprès et en général les arbres
verts, sont dites persistantes; elles se dessèchent peu à
peu à mesure que le végétal produit de nouvelles
pousses.

117. Fonctions des feuilles. — Les feuilles sont considérées comme les organes essentiels de la plante; c'est le laboratoire où les produits nutritifs qui doivent accroître le végétal s'élaborent et se forment; c'est là que la *sève brute* se transforme en *sève nutritive* pour être ensuite distribuée dans toutes les parties du végétal. Les feuilles évaporent l'excès d'eau contenu dans la sève brute, c'est la **transpiration;** elles décomposent l'acide carbonique, sous l'influence de la lumière, pour fixer le carbone dans les tissus et former la chlorophylle, c'est la **fonction chlorophyl- lienne;** elles servent en grande partie aux échanges de gaz entre la plante et l'air, autrement dit à la **respi- ration.** Ces trois fonctions sont étudiées dans le cha- pitre suivant.

RÉSUMÉ. — Les feuilles sont des organes étalés fixés à la tige et destinés à la respiration et à la nutrition atmosphérique des plantes.

Chaque feuille comprend trois parties : le **pétiole** ou la queue, le **limbe** ou la partie étalée et les **nervures;** celles-ci sont comme les ramifications du pétiole amenant la sève dans les diverses parties du limbe. Les nervures présentent plusieurs dispositions; les plus communes sont les *nervures parallèles* du blé et du maïs; les *nervures pennées* et les *nervures palmées* des plantes dicotylédonées.

La forme du limbe est très variée; son contour peut être lisse, denté ou lobé; lorsqu'il est unique, en une seule lame continue contenant toutes les nervures émanées du pétiole, la feuille est **simple;** elle est au contraire **composée** quand le limbe est mul- tiple.

Les feuilles présentent plusieurs dispositions sur la tige; quand elles sont isolées, on trouve leurs **nœuds,** c'est-à-dire leurs points d'insertion disposés en une spirale régulière; on dit qu'elles sont *alternes*; elles sont *opposées*, quand il y en a deux au même nœud et *verticillées* quand il y en a plusieurs.

Le vert est la couleur habituelle des feuilles; il est dû à la **chlorophylle** qui se forme tout l'été, mais qui disparaît à l'au- tomne. Dans la plupart de nos arbres les feuilles sont caduques; elles jaunissent et tombent; dans les arbres verts, le laurier, le buis, elles persistent pendant la croissance des nouvelles pousses.

Les feuilles ont un épiderme garni de petites ouvertures appelées **stomates** par lesquelles l'air pénètre dans le limbe. Le parenchyme dont elles sont formées est presque uniquement composé de cellules vertes qui laissent entre elles des lacunes où l'air pénètre par les stomates. Les nervures contiennent des vaisseaux qui amènent la sève jusque dans les moindres parties des feuilles.

Les feuilles sont les organes de respiration de la plante; la sève vient s'y étaler sur une grande surface, s'y évaporer, prendre l'oxygène de l'air dans l'obscurité. Sous l'influence de la lumière, les feuilles décomposent l'acide carbonique de l'air, s'incorporent le carbone et rejettent l'oxygène; et ce carbone est un des aliments du végétal; il entre dans la formation de la chlorophylle ou matière verte. On sait que les plantes qui croissent à l'obscurité restent blanches et qu'elles verdissent lorsqu'on les fait pousser à la lumière.

CHAPITRE XXV

FONCTIONS DE NUTRITION

118. Division du travail nutritif. — Le végétal, comme l'animal, se nourrit et s'accroît; il doit donc prendre, *absorber* autour de lui les principes nutritifs qui lui sont nécessaires; il en forme la **sève**, et cette sève *circule* dans toutes les parties de la plante qu'il s'agit de nourrir, d'entretenir et d'accroître; en même temps qu'elle, circulent aussi les gaz atmosphériques. Le végétal consomme des gaz et des liquides; parfois il *digère* d'autres produits. Mais en outre il *sécrète* des matériaux dont quelques-uns devront plus tard servir à la nourriture des animaux. On peut donc distinguer dans le travail nutritif *l'absorption*, la *circulation*, la *respiration* et les *sécrétions*.

119. Absorption. — Les éléments que les végétaux doivent puiser dans la terre et dans l'air pour se les assimiler sont le carbone, l'oxygène, l'hydrogène qui forment la masse principale de leurs tissus, l'azote qui s'y rencontre en moindre quantité, le phosphore, le soufre, la silice, les sels de potasse, de chaux, de magnésie et de fer qui y sont en petite proportion.

L'oxygène et l'hydrogène pénètrent dans les végétaux à l'état d'eau, d'acide carbonique et d'ammoniaque; l'acide carbonique fournit le carbone; les azotates et l'ammoniaque fournissent l'azote. Ainsi les aliments que les plantes doivent trouver dans la terre et dans l'air sont l'*eau*, l'*acide carbonique* libre ou composé, les *azotates*, les sels *ammoniacaux*, et en outre la *silice*, les *phosphates*, les sulfates de potasse, de chaux et de fer.

L'atmosphère donne une partie du carbone et vraisemblablement un peu d'azote; tout le reste doit être emprunté au sol et aux engrais qu'on y répand.

C'est par les racines dans la région des poils qu'a lieu l'absorption des liquides; et les liquides absorbés qui montent dans la tige et jusque dans les feuilles constituent la **sève**.

120. Circulation de la sève dans les plantes. — La sève dite *ascendante* monte par les vaisseaux que contient le bois; on s'en est assuré en faisant absorber une dissolution colorée à une branche munie de fleurs blanches comme un lis ou une aubépine; on peut suivre le trajet du liquide aux veines qu'il produit et vérifier qu'il monte par les vaisseaux de la portion ligneuse de la tige.

La sève monte par *endosmose*, c'est-à-dire par le passage des liquides de différentes densités au travers des parois organiques, et aussi par *capillarité*, c'est-à-dire par la force qui produit l'ascension d'un liquide dans un tube fin. Le physicien Hales a mesuré la force qui fait monter la sève dans une jeune tige, en fixant sur la section faite à un cep de vigne l'extrémité inférieure d'un tube recourbé comme un manomètre et dont la partie courbe contenait du mercure : la sève montant dans la tige fit monter le mercure de 0^m,83 dans le tube.

C'est au printemps que le mouvement ascensionnel de la sève est le plus grand; il se continue jusqu'au moment où les bourgeons se sont développés en feuilles, et il se ralentit. Dans beaucoup de plantes, le mouvement reprend au mois d'août avec une nouvelle vigueur et il fait développer une nouvelle végétation.

La sève arrivée dans les feuilles s'y étale, et elle y subit une élaboration qui se manifeste par deux phénomènes extérieurs : la *transpiration* et la *fonction chlorophyllienne*. Elle devient alors la *sève élaborée* ou nourricière que l'on appelle aussi *sève descendante*, parce qu'elle retourne vers les parties basses du végétal en passant par la *couche génératrice* ou *cambium* et aussi par les faisceaux libériens de l'écorce.

121. Transpiration. — La transpiration est la sortie dans l'atmosphère, sous forme de vapeur, d'une partie de l'eau que renferme la plante ; elle est plus active par un temps sec et chaud que dans un air humide et froid. L'été, elle est considérable : Hales a reconnu qu'un pied de *grand soleil* d'un mètre de haut perd en douze heures près d'un kilogramme d'eau.

Quand la transpiration est plus active que l'absorption par les racines, la plante se fane ; c'est ce qu'on remarque bien souvent l'été pendant les grandes chaleurs.

122. Fonction chlorophyllienne. — Le jour, sous l'influence de la lumière solaire, les plantes absorbent de l'acide carbonique et rejettent de l'oxygène, et ce sont les parties vertes, notamment les feuilles, qui accomplissent cette importante fonction à laquelle on a donné le nom de fonction chlorophyllienne, parce que la chlorophylle y joue le principal rôle.

On prouve très facilement la décomposition de l'acide carbonique par les parties vertes des plantes : on met des feuilles dans un vase plein d'eau gazeuse ; on le bouche et on le porte au soleil ; au bout de peu de temps, un gaz s'est rassemblé bulle à bulle dans les feuilles et a gagné le haut du flacon : c'est du gaz oxygène, comme on peut s'en assurer.

On appelait autrefois ce phénomène la *respiration diurne* en l'opposant à ce qui se produit la nuit; mais il vaut mieux renoncer à cette dénomination et le considérer comme un phénomène de nutrition, et c'est ce qu'il est en effet. L'absorption de l'acide carbonique est une nécessité pour les plantes; celles que l'on tient à l'obscurité ne font pas de matière verte; le carbone emprunté à l'acide carbonique, que celui-ci vienne du sol ou de l'air, est donc un aliment de premier ordre, et comme la base de la formation de la matière verte des végétaux.

123. Respiration des plantes. — La respiration proprement dite consiste dans l'absorption de l'oxygène et dans le rejet d'acide carbonique. Elle est commune au végétal et à l'animal; tout être vivant a, en effet, besoin d'oxygène pour accomplir les phénomènes de combustion dont il est le siège.

Chez les plantes développées, le rejet d'acide carbonique n'est apparent que la nuit, parce qu'à l'obscurité la plante suspend sa fabrication de matière nutritive qu'elle faisait avec la chlorophylle et la lumière et qu'elle n'est plus qu'un consommateur comme l'animal. Mais tandis que les parties vertes seules peuvent fabriquer de la matière végétale, tous les organes de la plante, les racines, les tiges, les fleurs, les bourgeons, les graines absorbent de l'oxygène et dégagent de l'acide carbonique et c'est ce que font aussi les organes verts pendant la nuit. La production d'acide carbonique est donc le phénomène général de la respiration pour tous les êtres vivants; les plantes comme les animaux consomment de l'oxygène; et ce sont les cellules à chlorophylle qui sont seules capables, à la lumière, de décomposer l'acide carbonique et de fixer le carbone.

124. Matières nutritives formées par les végétaux. — La plupart des plantes forment dans certains organes des réserves de matières nutritives qu'elles peuvent reprendre pour achever leur évolution ou qui servent aux animaux ou à l'homme comme aliments. Les principales sont l'**amidon** ou la **fécule** que l'on trouve abondante dans les grains des céréales ou dans les tubercules de la pomme de terre; l'**aleurone,** substance azotée qui accompagne l'amidon dans les cellules des fruits; les **sucres** que l'on trouve dans les racines de betterave, de carotte, dans les tiges de la canne à sucre et dans un grand nombre de fruits; le **gluten** et la **légumine,** matières azotées des farines de céréales et de légumineuses; les **matières gommeuses** diverses, les *matières odorantes*, les *acides* et les *sels*, les *alcaloïdes* que l'on extrait les uns ou les autres de différents végétaux.

Toutes ces substances se trouvent dans la sève élaborée, et la plupart se rencontrent dans le **latex,** le liquide qui remplit les vaisseaux propres et qu'il est si facile de faire sortir du pissenlit, du pavot, de la laitue, de la grande éclaire quand on en brise la tige.

125. Greffe. — La **greffe** est fondée sur la propriété que possède le bourgeon de reproduire le végétal qui lui a donné naissance. Elle consiste à transporter sur une tige un bourgeon ou un jeune rameau qui se développera aux dépens de cette tige en s'incorporant à elle. Par la greffe, on multiplie les variétés d'arbres et d'arbustes avec leurs caractères distinctifs, ce qu'on n'obtiendrait pas toujours par les semis; de plus, en greffant des espèces domestiques sur des tiges sauvages, on donne à l'arbre qui résulte de cette alliance la vigueur avec la fécondité.

On distingue un très grand nombre de variétés de greffes qui peuvent être rassemblées en trois groupes: les greffes par **approche**, les greffes par **scions** et les greffes par **bourgeons.**

Dans la **greffe par approche,** on pratique sur deux tiges des entailles, on les rapproche plaie contre plaie, et on les maintient soudées en les garantissant des influences extérieures. Quand la soudure est complète, on coupe la base de l'une des tiges et le haut de l'autre.

La **greffe par scions** consiste à appliquer un jeune rameau sur une tige étrangère. Elle est dite **en fente** quand les rameaux sont placés dans une fente faite sur la tige coupée (fig. 136); elle est dite **en couronne** lorsque les scions taillés en biseau sont insérés sur la tête du sujet entre le bois et l'écorce. Dans les

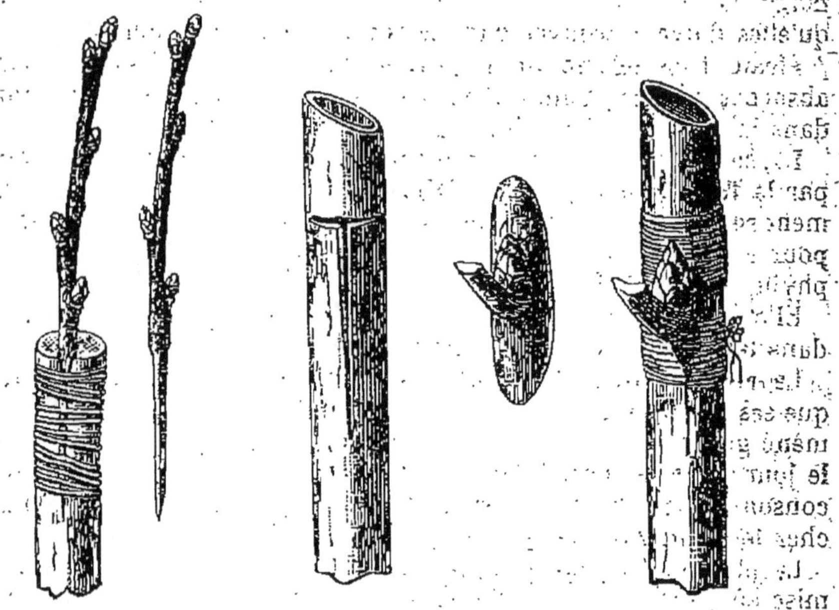

Fig. 136. — Greffe en fente et en écusson.

deux cas, la tête du sujet et l'incision sont garnies d'un mastic qui empêche le contact de l'air et la perte de la sève.

La **greffe par bourgeons** est dite aussi **en écusson**. On fait sur l'écorce du sujet une entaille en T. On a enlevé sur la jeune tige à reproduire un bourgeon avec un peu de l'écorce sur laquelle il a poussé. Après avoir relevé les deux lèvres de l'incision faite sur le sujet, on insère le bourgeon entre les lambeaux d'écorce et l'aubier, et on ligature soigneusement le tout avec de la laine. L'opération se pratique au mois de mai, elle est dite à *œil poussant*, ou au mois d'août, à *œil dormant*.

RÉSUMÉ. — Le végétal comme l'animal se nourrit et s'accroît ; il absorbe les principes nutritifs qui forment la **sève** ; la sève circule dans la plante ; elle subit dans les feuilles une élaboration qui la rend propre à former la matière végétale dans tous les tis-us de la plante. Le végétal respire comme l'animal. Il élabore des réserves de matériaux nutritifs qu'il emploiera ou qui serviront à la nourriture de l'homme et des animaux.

L'eau et l'acide carbonique, les sels ammoniacaux et les azotates, la silice, les phosphates et les sulfates de potasse, de chaux, de magnésie et de fer, tels sont les aliments qu'il faut aux plantes et qu'elles doivent trouver dans le sol et dans l'atmosphère.

L'eau et les sels solubles provenant du sol et des engrais sont absorbés par les racines et forment la sève ascendante qui monte dans la tige jusqu'aux feuilles.

Là, cette sève perd par la **transpiration** une partie de son eau ; par la **fonction chlorophyllienne**, que l'on appelait improprement respiration diurne, elle prend le carbone à l'acide carbonique pour en former les tissus, sous la double influence de la chlorophylle et de la lumière.

Elle redescend ensuite dans la zone génératrice de la tige et dans les faisceaux libériens de l'écorce.

La **respiration** des plantes que l'on appelait *nocturne* parce que ses résultats ne sont bien sensibles que la nuit, est un phénomène général qui a lieu dans l'obscurité par tous les organes, et le jour dans les parties qui n'ont pas de chlorophylle ; c'est une consommation d'oxygène et un rejet d'acide carbonique comme chez les animaux.

La plupart des plantes forment des matières nutritives diverses, mise en réserves dans certains organes ou répandues dans le suc ou la sève élaborée qui remplit les vaisseaux laticifères : ainsi sont formées l'amidon, la fécule, l'aleurone, les sucres, les gommes, le gluten, les matières odorantes, les alcaloïdes, les acides et les sels.

La **greffe** consiste à nourrir un jeune rameau ou un bourgeon avec le suc nourricier d'une plante sur laquelle on le transporte : on distingue la *greffe par approche*, la *greffe par scions*, la *greffe par bourgeon*. On pratique l'une et l'autre au moment où la sève produite abondamment descend en quantité suffisante dans la couche génératrice entre le bois et l'écorce. C'est un moyen commode de multiplier un végétal et de le faire croître sur un sujet vigoureux et d'obtenir des fruits plus beaux, plus gros, plus savoureux que ceux qu'on obtiendrait des arbustes et des arbres élevés en liberté.

CHAPITRE XXVI

ORGANES DE REPRODUCTION. — FLEUR

126. Inflorescences. — La **fleur** est l'ensemble des organes où se forment le fruit et la graine. C'est un bourgeon spécial dont les feuilles sont transformées et

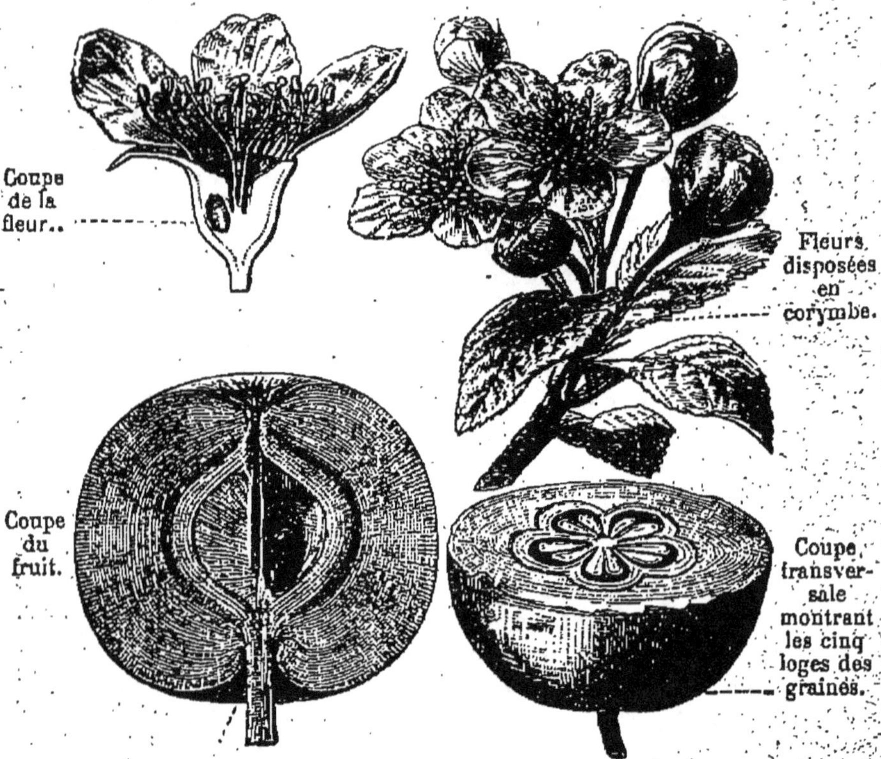

Fig. 137. — Fleurs et fruit du pommier. (*Famille des Rosacées.*)

qui dans son développement doit assurer la reproduction de la plante. Le bourgeon florifère donne ordinairement en se développant une petite branche garnie de feuilles et de fleurs ; ces feuilles, qui sont souvent différentes de celles du végétal portent le nom particulier de **bractées** et l'ensemble de ces bractées, et des fleurs qui naissent à leur aisselle s'appelle **inflorescence**

Les fleurs ont dans les diverses plantes une disposi-
tion qui varie avec les espèces; elles sont tantôt isolées, tantôt rassemblées; on distingue donc beaucoup de formes d'inflorescences; nous ne citerons que les principales.

Quand l'axe central du rameau flo-rifère ne porte pas

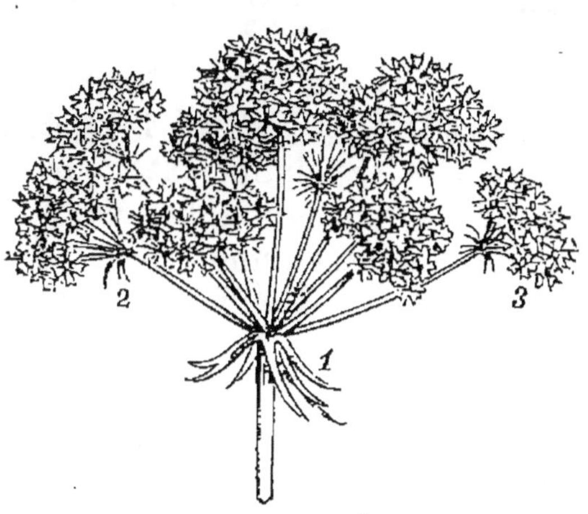

Fig. 138. — Fleur en ombelle.
1. Involucre.   2. Involucelles.
3. Petite ombelle.

de fleurs et que celles-ci sont portées sur des axes secondaires de même lon-gueur, l'inflorescence porte le nom de **grappe**; exemple, le *groseillier*. Si les axes secondaires sont de longueurs diffé-rentes et disposés de manière que leurs fleurs viennent au même niveau, c'est le **corymbe** comme dans le pommier (fig. 137) et dans le poirier. **L'ombelle** est une disposition très caractéristique où les axes portant les fleurs partent tous d'un même point, comme dans la *carotte* ou le *panais* (fig. 138).

L'**épi** a les pédoncules secondaires très courts et les fleurs paraissent atta-chées directement sur l'axe principal (fig. 139). Le **capitule** présente un grand nombre de fleurs sans pédoncule, fixées directement sur une surface élargie concave ou convexe, qui est entourée de bractées disposées comme des écailles imbriquées; on donne le nom d'*involucre* à ce support

Fig. 139. — Épi de blé.

qui est très développé dans la reine-marguerite, le souci, la centaurée (fig. 140) et presque toutes les composées.

127. Parties de la fleur. —Une fleur complète comme celle de l'*œillet* (fig. 141) ou de la *pivoine* comprend d'abord une enveloppe extérieure formée de folioles le plus souvent vertes dont l'ensemble constitue le **calice**; à l'intérieur est une deuxième couronne de folioles colorées qui constituent la **corolle**; plus au centre sont les **étamines** dont l'ensemble a reçu le nom d'*androcée*; enfin au centre même se trouve le **pistil** simple ou composé, que l'on appelle encore *gynécée*.

Toutes ces parties sont ordinairement fixées sur un plateau légèrement convexe qui est le *réceptacle*. Elles

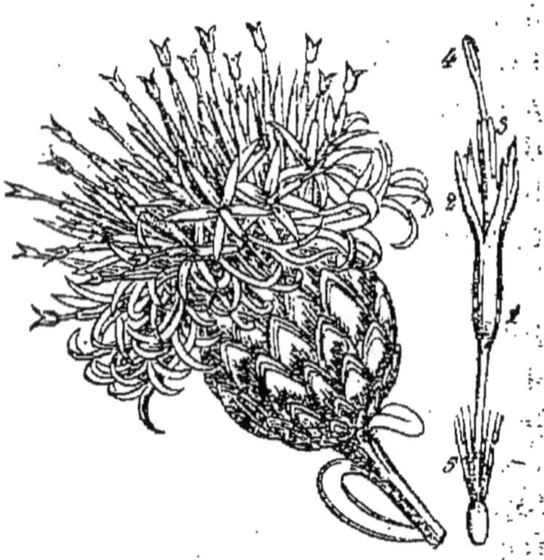

Fig. 140. — CAPITULE DE LA CENTAURÉE.

1. Fleuron détaché.　　3. Étamines.
2. Corolle.　　　　　　4. Pistil.
　　　5. Aigrette de la graine.

n'ont pas toutes la même importance; les deux premières sont simplement les *enveloppes*, les organes protecteurs des deux dernières; et celles-ci sont les véritables organes de reproduction : ainsi le calice et la corolle sont des parties accessoires de la fleur, tandis que les étamines et les pistils sont des organes essentiels.

128. Le calice. — Le calice recouvre la fleur quand elle est encore en bouton; il se développe ou s'étale quand la fleur s'ouvre et s'épanouit. Il est d'une seule pièce ou de plusieurs pièces distinctes qu'on nomme *sépales*.

Il est souvent en urne ou en tube comme dans l'œillet et le tabac; mais il affecte plusieurs autres formes, et il est parfois irrégulier et formé de parties inégales. Le calice est presque toujours vert; cependant quelques plantes l'ont coloré; ainsi il est jaune dans la capucine, rouge dans le grenadier et de couleurs diverses dans le fuchsia.

Un point intéressant à noter, c'est qu'il est tantôt *caduc*, tantôt *persistant*; il est caduc dans le coquelicot où les deux sépales qui le forment tombent quand la corolle s'étale, ce qui pourrait faire croire que ces fleurs n'ont pas de calice. Il est persistant et il enveloppe et protège le fruit dans la pomme, la poire, la nèfle, où on le reconnaît à l'œilleton du fruit, et dans les *menthes* où les poils dont il est garni se relèvent quand la corolle est tombée et ferment la cavité dans laquelle mûrissent les fruits.

Fig. 141. — Fleur entière d'œillet et calices non épanouis.

129. La corolle. — La corolle est l'enveloppe florale intérieure au calice, ordinairement brillante et colorée; elle est formée de folioles délicates appelées **pétales**, et chaque pétale a une portion étalée qu'on nomme *limbe* et une partie rétrécie qui constitue l'*onglet*.

Quand les pétales sont séparés et peuvent s'enlever isolément, la corolle est dite **polypétale**. Quand, au contraire, les pétales sont soudés sur tout ou partie de leur longueur et que la corolle ne peut s'enlever que d'une seule pièce, elle est dite **monopétale** ou **gamopétale**.

Dans l'un comme dans l'autre cas, la corolle est *régulière*, quand tous ses pétales sont égaux, comme dans la giroflée, l'églantine, la bruyère, les campanules. Elle est *irrégulière* quand les pétales sont dissemblables, comme dans la fleur du pois, de la pensée, de la violette, de la sauge.

La corolle, par ses formes diverses, présente quelque

Fig. 142.

Fleur en croix de la giroflée.   Fleur du pois.

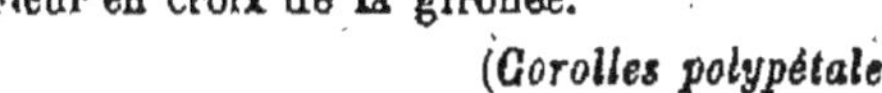

(Corolles polypétales.)

intérêt pour le botaniste, bien qu'elle ne soit pas un organe essentiel dans la fleur; et la première classification des végétaux, faite par **Tournefort,** reposait presque uniquement sur ces formes. Il en est resté quelques noms. Ainsi dans les corolles polypétales irrégulières, la fleur de la glycine ou du pois est dite **papilionacée;** elle a cinq pétales dont un grand porte le nom d'*étendard*, deux autres égaux et latéraux sont les *ailes* et les deux autres accolés, et même soudés par leur bord constituent la *carène*.

Dans les corolles polypétales régulières, on distingue particulièrement la forme **rosacée** à cinq pétales égaux comme dans le rosier, le pêcher et le pommier; la forme **caryophyllée** de l'œillet avec ses cinq pétales à longs onglets ; les **crucifères** avec leurs quatre pétales opposés deux à deux, en croix, comme la giroflée, le chou, la cardamine, la corbeille d'argent.

On relève également deux formes très caractéristiques dans les corolles monopétales irrégulières, ce sont les **labiées** avec deux lèvres séparées, comme dans les menthes, la sauge, les lamiums ou orties blanches ; et les **personnées** avec deux lèvres contournées simu-

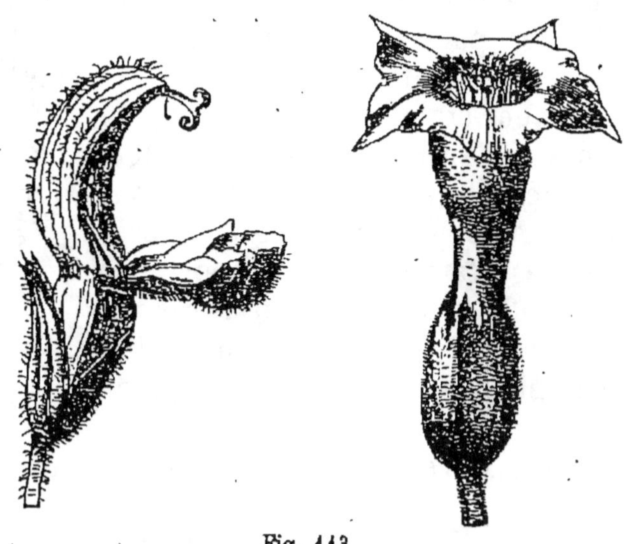

Fig. 143.

Fleur labiée de sauge   Fleur du tabac.
(grandie).

(Corolles monopétales.)

lant la bouche d'un animal, comme dans le muflier et la linaire.

Tous ces caractères très apparents servent utilement aux commençants pour reconnaître un certain nombre de familles.

130. L'androcée et les étamines. — Une **étamine** est un petit corps renflé, rond ou oblong, mais toujours creux ou en forme de bourse appelée l'**anthère** et contenant dans sa cavité une poussière fécondante qu'on nomme le **pollen**. L'anthère est portée sur un petit support ou **filet**.

La fonction de l'étamine est de produire le pollen et de le répandre sur le pistil pour assurer la fécondation, c'est-à-dire le développement des graines. C'est dans les deux loges de l'anthère que le pollen se forme, et pour le laisser sortir, ces loges s'ouvrent de façon diverses, souvent par une fente longitudinale, parfois comme dans la pomme de terre, par un trou au sommet de la loge ou même, comme dans l'épine vinette, par une valvule qui se soulève comme un volet.

Le nombre des étamines est très variable d'une plante à l'autre; il y en a parfois autant que de pétales, quelquefois le double, souvent un bien plus grand nombre. L'insertion des étamines par rapport aux autres parties de la fleur est aussi très variable et fournit des caractères pour distinguer les plantes. On les dit **hypogynes** quand elles s'insèrent au-dessous

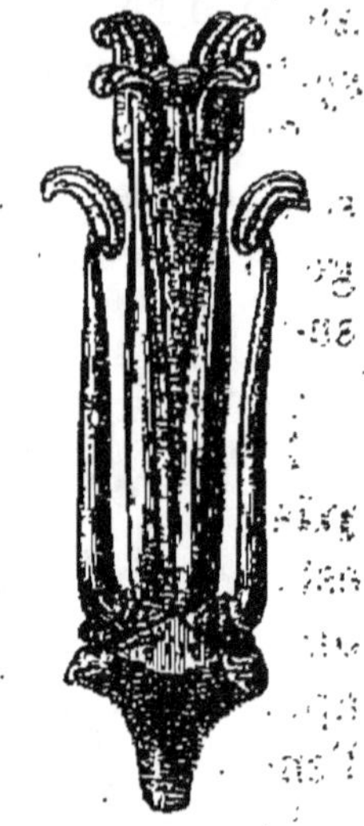

Fig. 144.
Pistil et étamines d'une fleur de giroflée.

de l'ovaire, sur le réceptacle même de la fleur, comme dans l'œillet et le bouton d'or; **périgynes** quand elles sont insérées autour de l'ovaire ou au-dessus comme dans la campanule, l'orchis, la carotte; dans les corolles monopétales, les étamines sont toujours sur la corolle.

Les étamines peuvent être libres ou soudées. Quand elles sont libres, elles sont ordinairement égales; mais dans deux familles, leur inégalité est un caractère saillant; ainsi les labiées ont *deux étamines plus longues que les deux autres*, on les appelle **didynames**, et les crucifères en ont quatre plus longues que les deux autres et ont reçu le nom de **tétradynames** (fig. 144).

Quand les étamines sont soudées en un paquet comme dans la mauve, on les dit *monadelphes*, *diadelphes* quand elles sont en deux groupes comme dans le haricot où sur les dix étamines une seule est libre et les autres rassemblées, *polyadelphes* quand elles sont en plusieurs faisceaux comme dans le mille-pertuis. Elles peuvent être soudées, non plus par les filets, mais par les anthères, comme on le voit dans la grande famille des *synanthérées* ou *composées*.

Toutes ces distinctions ont servi à **Linné** pour établir son système de classification végétale qui a eu un si grand succès à la fin du XVIIIe siècle.

131. Le gynécée ou le pistil. — Le centre de la fleur est occupé par un organe tantôt unique, tantôt multiple que l'on appelle le ou les **pistils** et dont l'ensemble forme le **gynécée**.

Le pistil se compose de trois parties : l'*ovaire*, le *style* et le *stigmate* (fig. 145).

L'ovaire, qui occupe la base, est la partie la plus importante ; c'est un renflement globuleux ou allongé qui renferme les **ovules**, c'est-à-dire les petits corps qui après avoir subi l'influence du pollen se développeront pour constituer les graines en même temps que l'ovaire tout entier deviendra le fruit.

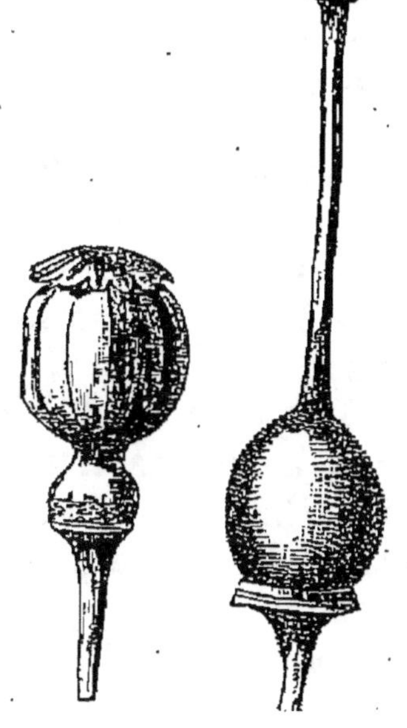

Fig. 145.

Ovaire du pavot.   Pistil de primevère (grandi).

Le style est une petite colonne posée sur l'ovaire et supportant le stigmate ; il peut être long et effilé ; mais il peut aussi être très court et même manquer tout à fait.

Le stigmate a des formes très diverses : c'est un disque recouvrant directement l'ovaire dans le pavot ; c'est un plumet dans le blé (fig. 146), un petit mamelon gonflé de tissu lâche dans le lis et dans la plupart des plantes.

Beaucoup de plantes possèdent plusieurs pistils distincts dans une même fleur ; un très grand nombre paraissent n'avoir qu'un pistil unique; mais elles en ont réellement plusieurs qui sont soudés d'une façon plus ou moins intime.

On reconnaît ce dernier cas à ce que l'ovaire, bien que formé d'une seule masse, est creusé de plusieurs loges dont chacune contient des ovules; les styles ou les stigmates peuvent alors être distincts, ou s'ils sont soudés révéler par leur aspect la composition de l'ovaire. Le pistil élémentaire des botanistes est habituellement appelé un **carpelle**, et les ovaires composés de plusieurs pistils simples sont dits à deux, à trois, à cinq ou à plusieurs carpelles.

Fig. 146. — Fleur isolée du blé, avec ses trois étamines et ses styles en plumets.

La position de l'ovaire par rapport aux autres parties de la fleur présente aussi de l'intérêt. Un ovaire est *supère* quand il est posé sur le réceptacle au même niveau que les autres verticilles floraux comme dans le lis; il est *infère* comme dans le pommier ou l'iris (fig. 147) lorsqu'il est au-dessous des autres parties de la fleur.

132. Métamorphoses des différentes parties de la fleur.

— La fleur vient d'un bourgeon; ses différentes parties sont donc formées par des feuilles plus ou moins modifiées. S'il paraît difficile au premier abord d'admettre qu'une étamine et un pistil proviennent d'une feuille, on peut se convaincre facilement qu'il en est ainsi en observant des plantes où l'on suivra la transformation de la feuille en sépale et en pétale, et le passage du pétale à l'étamine et de l'étamine au pistil.

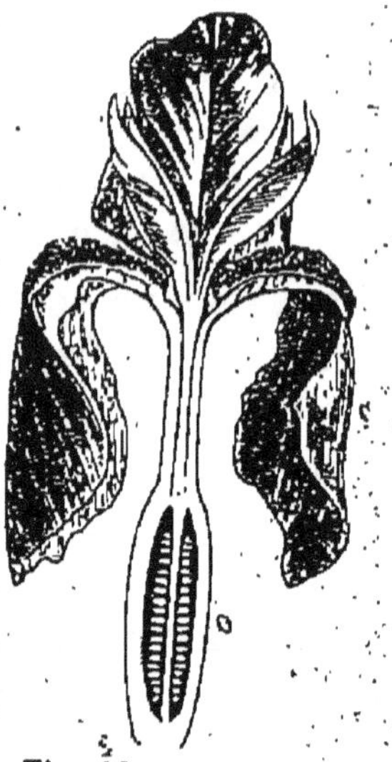

Fig. 147. — Fleur d'iris. (Coupe montrant l'ovaire infère.)

La transformation des feuilles en sépales, est très

visible dans le rosier et dans l'ellébore. Le nénuphar
blanc des étangs et
des rivières présente
tous les intermé-
diaires, d'abord entre
la feuille et le pétale
et aussi entre le pé-
tale et l'étamine (fig.
148). Enfin certaines
fleurs anormales mon-
trent , des étamines
devenues de vérita-
bles pistils.

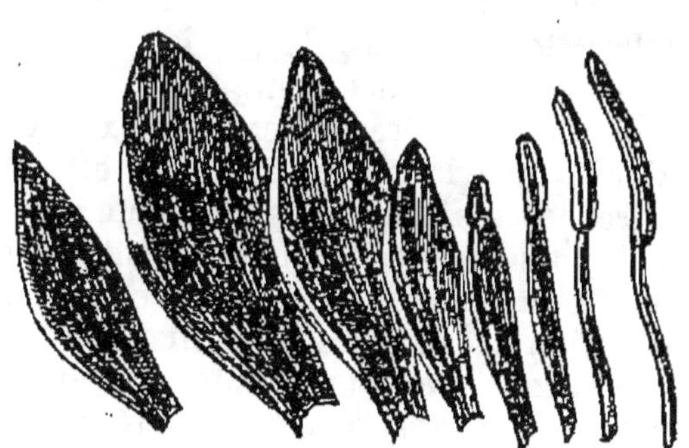

Fig. 148. — Transformation des pétales
en étamines. (Nénuphar.)

Les horticulteurs sont arrivés à transformer par la
culture toutes les parties de la fleur les unes dans les
autres : la rose est le résultat de la transformation des
étamines en pétales, et il en est de même dans toutes les
fleurs doubles de nos jardins.

133. Fleurs incomplètes. — Toutes les fleurs
n'ont pas les quatre verticilles que nous avons étudiés
dans la fleur complète. Il peut y avoir absence de calice
ou de corolle; ou bien un seul *périanthe* tenant lieu de
ces deux enveloppes florales comme dans le lis ou l'iris.
Mais en outre l'un ou l'autre des organes essentiels peuvent
à leur tour faire défaut; c'est ainsi que des fleurs n'ont
que des étamines et d'autres que des pistils; on les
appelle fleurs *unisexuées*, tandis que les fleurs complètes sont hermaphrodites. Le melon, le saule et les amentacées en général ont des fleurs mâles distinctes des fleurs
femelles, le tout porté sur le même pied, ce sont des
plantes *monoïques;* le chanvre et la vanille ont leurs
fleurs unisexuées portées sur des pieds différents : ce
sont des plantes *dioïques.*

RÉSUMÉ. — La fleur est l'ensemble des organes qui servent
d'une manière plus ou moins directe à la production du fruit et
de la graine, et, par suite, à la reproduction du végétal.
La disposition des fleurs sur leur support dans la tige s'appelle

Inflorescence. Parmi les formes diverses, on distingue surtout la **grappe** avec ses axes secondaires, égaux comme dans le groseillier; le **corymbe** du poirier, l'**ombelle** de la carotte, l'**épi** du blé, le **capitule** des composées.

Une fleur entière présente à l'extérieur une enveloppe verte, le **calice,** puis la partie brillante et colorée, la **corolle,** et, au centre, les vrais organes reproducteurs, les **étamines** et le **pistil.** De ces organes, les plus essentiels sont les derniers et non pas, comme on pourrait le croire, ceux qui attirent le plus vivement l'attention; les fleurs si brillantes de nos jardins ne sont pas toutes propres à la formation du fruit parce que le développement des parties accessoires y a arrêté celui des parties utiles. En revanche, beaucoup de plantes n'ont pas de fleurs brillantes et ne portent que les organes essentiels de la reproduction.

Le **calice** recouvre la fleur lorsqu'elle est encore à l'état de bouton; il tombe dans certaines espèces, comme le coquelicot, aussitôt la floraison; mais dans d'autres, comme l'églantine, il persiste et on le retrouve formant l'extérieur du fruit; il est souvent en urne ou en tube comme dans l'œillet; mais souvent aussi il est irrégulier. Il est presque toujours de couleur verte; cependant quelques plantes l'ont coloré; il est rouge dans le grenadier, jaune dans la capucine et de couleurs diverses dans le fuchsia.

La **corolle** est intérieure au calice; c'est l'enveloppe florale brillante et colorée. Elle est d'une seule pièce ou de plusieurs pièces dont chacune s'appelle un *pétale.*

Lorsqu'elle est **polypétale,** chacune des parties peut s'enlever séparément; elle est *régulière,* comme dans la giroflée, quand tous les pétales sont égaux; *irrégulière,* dans le cas contraire, comme dans la fleur du pois, où l'un des pétales est beaucoup plus développé que chacun des autres.

La corolle **monopétale,** dont toutes les pièces sont soudées en une seule sur tout ou partie de leur longueur, est également *régulière* ou *irrégulière :* la fleur du tabac et celle de la sauge en sont deux exemples.

Bien que ce ne soit qu'une enveloppe protectrice et non un organe essentiel, la corolle a cependant une certaine importance pour le botaniste, qui trouve dans ses formes un moyen de grouper les plantes. C'est sur l'étude des corolles que reposait la première classification sérieuse des végétaux faite par Tournefort il y a environ deux siècles.

Les **étamines** sont de petits corps, ronds ou oblongs, portés à l'extrémité de bâtonnets ou de filets, et fixés à l'intérieur de la corolle. Quelle qu'en soit la forme, c'est toujours une bourse contenant une fine poussière jaune, le **pollen,** et devant la répandre sur le pistil pour provoquer le développement des graines.

Le nombre des étamines est très variable; il y en a six, dont *quatre plus grandes* dans la giroflée, dix dans l'œillet, un très grand nombre dans la rose. La manière dont elles sont insérées sur la corolle et dans la fleur, dont elles sont réunies en faisceaux ou soudées, leur grandeur relative, toutes ces différences ont servi aux botanistes pour distinguer les familles de plantes; et **Linné**, au siècle dernier, avait basé toute sa classification sur ces caractères.

Le centre de la fleur est occupé par un organe tantôt unique, tantôt multiple, que l'on nomme le ou les **pistils**. On y distingue trois parties: un renflement globuleux ou allongé qui se trouve à la base, c'est l'**ovaire** qui contient les graines naissantes, sous le nom d'**ovules**; un ou plusieurs prolongements appelés **styles** et un appendice terminal de forme diverse, le **stigmate**. Le style peut manquer, comme dans le pavot; le stigmate repose alors directement sur l'ovaire.

Beaucoup de végétaux possèdent dans une même fleur des pistils multiples, quelquefois distincts, mais aussi parfois soudés en une seule masse; on reconnaît ce dernier cas à ce que l'ovaire est creusé de plusieurs loges contenant chacune des ovules. Le pistil élémentaire comporte un ovaire à une seule loge et un seul style terminé par un stigmate; les botanistes le désignent par le nom de **carpelle**; et, pour indiquer la composition d'une fleur, ils disent ovaire à trois ou cinq carpelles, pour indiquer les pistils multiples et les loges existant dans l'ovaire.

La fleur vient d'un bourgeon, et ses différentes parties ne sont que des feuilles transformées. On peut suivre sur le rosier et sur l'ellébore le changement des feuilles en sépales et en pétales, et sur le nénuphar le passage des pétales aux étamines.

Toutes les fleurs doubles sont des fleurs où les étamines ont été changées en pétales par la culture.

Toutes les fleurs n'ont pas à la fois des étamines et un pistil; dans certaines plantes, comme le melon, une catégorie de fleurs portent les étamines, une autre catégorie les pistils; on les nomme **unisexuées**; elles se succèdent dans leur développement. La séparation peut encore être plus prononcée; ainsi dans le chanvre, les deux espèces de fleurs sont portées sur des pieds différents qui mûrissent les uns avant les autres et dont les derniers seuls portent de graines.

CHAPITRE XXVII

FÉCONDATION

134. Fonction de la fleur. — La fonction principale de la fleur est de donner naissance au fruit et aux graines. C'est l'ovaire de la fleur qui devient le fruit; et ce sont les ovules qu'il contient qui se transforment en graines, sous l'influence fécondante du pollen des étamines.

Dans la fleur complète, le calice et la corolle ont pour fonctions de protéger les étamines et le pistil; les étamines produisent le pollen dans les anthères et le mettent en liberté pour qu'il tombe sur le pistil, et celui-ci le reçoit pour le mettre en contact avec les ovules de l'ovaire.

135. Pollen. — Le pollen est une poussière à grains ordinairement jaunes, comme dans le lis et la plupart des plantes, violets dans la tulipe et noirs dans le pavot. Chaque grain est formé de deux enveloppes et contient un liquide appelé *fovilla*. Lorsqu'il est posé sur un corps humide, il absorbe de l'eau et se gonfle; la membrane intérieure passe par les trous de la paroi extérieure et se prolonge en une sorte de doigt de gant, puis de tube ou de *boyau pollinique* rempli par la fovilla.

136. Ovule. — L'ovule est formé d'un noyau ou **nucelle** recouvert par deux membranes qui laissent une petite ouverture appelée *micropyle*. Le nucelle est fixé à ses enveloppes et l'ovule l'est au placenta de l'ovaire par le *hile*. Quand l'ovule est arrivé à un certain degré de développement, il s'y forme une cellule en sac appelé le *sac embryonnaire*, dans laquelle prend naissance une cellule arrondie qui est le point de départ de l'embryon.

137. Fécondation. — Quand l'anthère s'ouvre, le pollen tombe sur le stigmate humide qui le retient; les boyaux polliniques se forment, grâce à l'humidité; ils pénètrent dans le style, puis dans l'ovaire, jusqu'à la rencontre des ovules. Le boyau passe par le micropyle et s'applique contre le sac embryonnaire où il pénètre. Alors la vésicule germinative se modifie, et l'embryon se

forme et se développe ; l'ovule grossit et se transforme
en graine et l'ovaire en fruit.

L'action du pollen sur l'ovule est absolument indispensable pour la formation du fruit et de la graine. Si
on enlevait les étamines d'une fleur avant la sortie du
pollen et qu'on empêchât les insectes d'y pénétrer et d'y
apporter le pollen d'une autre fleur voisine, il ne s'y dé-
velopperait pas de fruits. Il faut donc que le pollen
tombe sur le stigmate et y développe ses boyaux polliniques. Quand l'eau imbibe trop abondamment le grain
de pollen, il gonfle trop vite, sa membrane crève et la
fovilla se perd et n'est pas conduite dans les ovules ;
aussi remarque-t-on que les fruits coulent et ne donnent
que des graines imparfaites quand il est tombé des pluies
abondantes au moment de la fécondation.

Chez les fleurs unisexuées, il faut des intermédiaires
comme le vent et les insectes pour que le pollen des
fleurs mâles vienne tomber sur les stigmates des fleurs
femelles. Les grains de pollen très légers sont transportés
par le vent et souvent entraînés loin de leur point de départ, mais ce sont surtout les insectes qui, en voltigeant
de fleur en fleur, transportent sur les unes le pollen qui
s'est attaché à leur corps sur les autres.

Beaucoup de fleurs hermaphrodites sont disposées de
manière que la chute du pollen sur le stigmate se fasse
tout naturellement ; et dans certaines, comme la *rue*, par
exemple, on remarque de très curieux mouvements des
étamines et du pistil. Dans celles où la disposition des
étamines est telle que le pollen ne tombe pas naturellement sur le stigmate, le vent et les insectes jouent encore
le même rôle que dans la fécondation des fleurs uni
sexuées.

L'homme peut aussi intervenir pour assurer la fécondation des plantes et en particulier des plantes dioïques,
en coupant les fleurs à étamines et en les secouant au-
dessus des fleurs à pistil. C'est ainsi que les Arabes
assurent leurs récoltes de dattes et de vanille.

RÉSUMÉ — La fleur a pour principale fonction de donner naissance au fruit et aux graines,

Les étamines produisent le pollen et le mettent en liberté. Celui qui tombe sur le stigmate y trouve un liquide visqueux qui gonfle le grain en un boyau plein de *fovilla* et descendant par le style jusque dans l'ovaire. Les boyaux polliniques pénètrent par le micropyle dans les ovules jusqu'au sac embryonnaire où se développera l'embryon. Après la fécondation, les ovules se développent en graines et l'ovaire devient le fruit.

Dans beaucoup de plantes hermaphrodites, le pollen des étamines tombe naturellement sur le stigmate du pistil et la fécondation est assurée, si trop d'humidité n'a pas fait gonfler trop vite le grain de pollen et fait crever le boyau pollinique avant son introduction dans l'ovule.

Mais pour les fleurs unisexuées, il faut des intermédiaires qui sont habituellement le vent, les insectes, et aussi l'homme, dans certains cas, et qui portent le pollen des fleurs mâles sur les fleurs femelles au moment convenable.

CHAPITRE XXVIII

LE FRUIT ET LA GRAINE

138. — Parties du fruit. — Le **fruit**, c'est l'ovaire développé et grossi, marchant vers la maturité et contenant quand il est mûr les graines toutes formées. Lorsque dans la fleur épanouie les étamines ont répandu leur pollen sur le stigmate, tout se flétrit, le style et le stigmate, les pétales et les étamines sèchent et tombent, il ne reste plus que l'ovaire qui en grossissant devient le fruit.

Comme l'ovaire contenait les ovules enfermés dans des loges, le fruit contiendra deux parties principales : les **graines**, et l'*enveloppe* qui les renferme et les protège. L'ensemble de ces enveloppes porte le nom de **péricarpe**.

La *graine* est un ovule développé renfermant un embryon végétal ; le *péricarpe* est la partie périphérique et enveloppante du fruit et comme le berceau des graines.

139. Péricarpe. — Le péricarpe se présente sous des aspects variés; il est tantôt peu épais et foliacé comme dans la gousse du pois, tantôt au contraire charnu et succulent comme dans la pomme et la pêche. Dans tous les cas, on y retrouve toujours toutes les parois de l'ovaire. Comme celui-ci était composé de feuilles

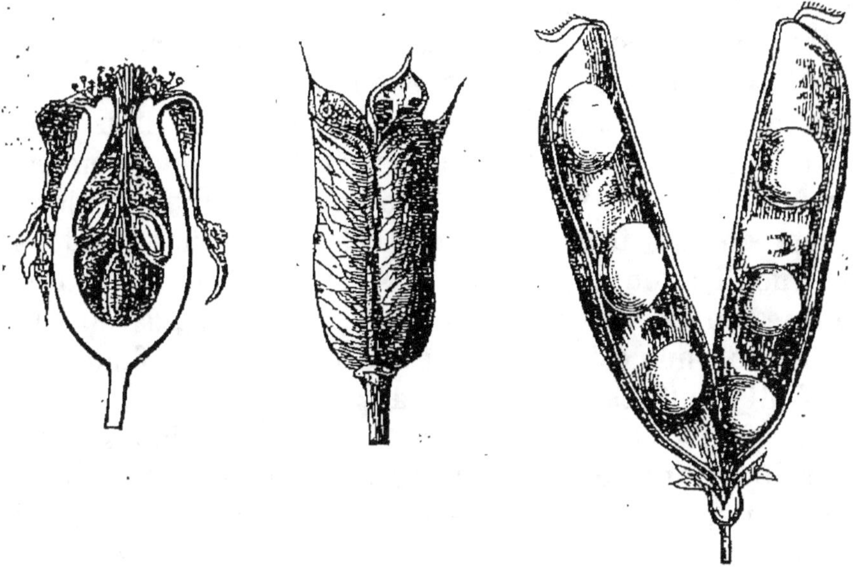

Fig. 149. — Formes diverses du fruit.

carpellaires et formé comme toutes les feuilles d'une couche épidermique externe, d'une couche interne et d'une zone moyenne ou parenchyme cellulaire, le péricarpe présente toujours trois couches : l'**épicarpe** qui correspond à l'épiderme extérieur, le **mésocarpe** dû au développement du parenchyme et l'**endocarpe** qui représente l'épiderme intérieur.

Quand ces parties restent ce qu'elles étaient dans l'ovaire, elles se dessèchent à la maturité et le fruit est **sec.** Quand, au contraire, l'une ou l'autre des parois du péricarpe se gonfle ou se modifie, le fruit est **charnu.**

140. Fruits charnus. — Dans la *cerise* ou la *prune*, l'épicarpe reste membraneux, c'est la peau rouge, jaune ou brune, qui recouvre le fruit; le mésocarpe est la portion charnue que l'on mange, l'endocarpe est dur et ligneux, c'est le noyau au milieu duquel est la graine.

Dans la *pomme* et la *poire*, l'épicarpe est la pelure; le mésocarpe est la partie charnue, et l'endocarpe est une membrane coriace ou cornée qui tapisse les loges où sont logées les graines.

Il n'en est pas ainsi dans tous les fruits charnus, et ce n'est pas toujours le mésocarpe qui est la portion alimentaire; ainsi dans l'*orange*, la pulpe est un tissu nouveau formé dans l'endocarpe pendant le développement du fruit. Dans la *fraise*, ce que l'on recherche, c'est le réceptacle des fleurs qui s'est rempli de sucs pendant la fructification et qui porte sous la forme de petites graines dures les véritables fruits. Dans la *figue* toute la partie charnue est également le réceptacle des fleurs, et les fruits sont les grains durs de l'intérieur.

Les fruits charnus passent par trois périodes dans leur développement et leur maturation. Ils ont d'abord une couleur verte; ils renferment du tannin qui les rend astringents, des acides et un peu de sucre; dans cet état ils participent comme les feuilles aux fonctions nutritives de la plante. Au moment de la maturation, leur couleur se modifie; les acides diminuent, le tannin disparaît, le sucre augmente; le fruit est prêt à se détacher de la plante. Qu'il reste sur l'arbre ou qu'on l'ait cueilli, le sucre qu'il contient fermente, il se produit des éthers qui déterminent l'arome; c'est le moment où le fruit est le meilleur. Si la fermentation continue, le sucre disparaît, les tissus s'altèrent, le fruit blétit, ou bien, si la décomposition progresse, il pourrit.

141. Fruits secs. — Les fruits secs qui ne contiennent qu'une seule graine ne s'ouvrent qu'au moment où celle-ci germe; on les dit **indéhiscents.** Les fruits qui renferment plusieurs graines peuvent s'ouvrir spontanément pour laisser tomber celles-ci; ils sont **déhiscents.** Cette ouverture du fruit que l'on

remarque sur le *colza*, sur les gousses mûres du *haricot*
se fait généralement par des fentes longitudinales, mais
elle peut se faire aussi comme dans le *pavot* par des
pores situés au sommet du fruit. Dans certains cas elle
a lieu brusquement et avec des mouvements
élastiques qui lancent au loin les graines;
ainsi l'*ajonc*, le *genêt*, la *balsamine* de nos
jardins s'ouvrent avec une sorte de crépita-
tion; les valves du fruit brusquement séparées s'enroulent sur elles-mêmes, et les
graines sont projetées.

Les fruits indéhiscents tombent sous la
plante qui les a produits; mais quelques-uns
peuvent aussi être disséminés; ainsi la
graine de l'*orme* ou du *sycomore* est entourée
d'une membrane en forme d'aile, sur laquelle le vent agit pour la transporter, et la
graine du *pissenlit* avec son aigrette vole au
moindre souffle de l'air.

Fig. 150.
Silique du colza
(exemple de
fruit déhis-
cent).

142. Principales sortes de fruits. — Les
botanistes ont classé les fruits d'après le nombre, la
forme et la disposition des carpelles de l'ovaire, et ils
ont donné des noms aux principales formes.

Les **fruits à un carpelle** renferment la *drupe* à
une loge dont l'endocarpe est ligneux comme dans la
pêche, la prune, la cerise, l'amande et la noix; l'*achaine*,
fruit sec à péricarpe mince à une seule graine, comme le
fruit de la renoncule et de la bourrache; le *cariopse*
où le péricarpe et la graine sont soudés (le blé, l'a-
voine, l'orge, le maïs); la *samare*, entourée de replis
membraneux comme l'orme et le sycomore; la *gousse*
ou légume comme dans le pois, le haricot, le trèfle,
le sainfoin.

Les **fruits à plusieurs carpelles** renferment les *fruits à pépins*, la pomme, l'orange, le melon,
la *baie* du raisin, de la groseille qui contient plusieurs
graines enveloppées d'une matière pulpeuse; la *silique*

du colza et du chou, la *capsule* de la campanule ou de la gueule de loup, petit fruit sec déhiscent divisé en plusieurs loges.

Les fruits composés ou agrégés, qui sont formés d'une réunion sur un même réceptacle de fruits simples ou qui proviennent de toute une inflorescence, comprennent la fraise et la figue, la framboise et la mûre, le cône du pin, où les graines sont fixées à la base de bractées ligneuses imbriquées les unes sur les autres.

143. La graine. — La **graine**, qui provient de l'ovule fécondé et développé, renferme sous une *enveloppe,* la plantule ou *embryon*, accompagnée ou non d'un amas de substance féculente, destinée à la nourriture de la petite plante et qu'on nomme l'*albumen.*

Fig. 151. — Cône du pin.

L'enveloppe est formée de un ou deux téguments, et l'extérieur est souvent corné, comme dans le grain de haricot, ou garni de poils filamenteux, comme dans les graines du peuplier, du saule et du cotonnier; le coton est formé de filaments longs et soyeux qui enveloppent la graine de l'arbuste.

L'embryon, ou la petite plante en miniature, présente la *radicule* ou petite racine, surmontée de la *tigelle* ou petite tige, qui est elle-même terminée par un bourgeon naissant appelé *gemmule;* le tout est fixé à une masse de tissu cellulaire que l'on appelle le *corps coty- lédonaire.* Cette dernière partie est formée d'une ou de deux feuilles nourricières, que l'on appelle le où les **cotylédons.**

Si la graine est sans albumen, l'embryon l'occupe

tout entière; les cotylédons sont épais et renflés, et ils contiennent toute la provision de nourriture nécessaire au premier développement de la plante; c'est le cas du grain d'haricot et de l'amande. (Voir fig. 125.)

Lorsque la graine a un albumen, l'embryon n'en occupe plus qu'une portion, les cotylédons sont petits et minces, c'est le cas de la graine du sarrazin et du ricin.

Dans beaucoup de plantes, la graine a *deux cotylédons*, comme l'amande, le pois, etc.; dans d'autres, comme le blé, il n'y a qu'*un* cotylédon; et cette distinction a beaucoup d'importance, puisqu'elle sert de base à la classification.

L'albumen n'existe que dans un certain nombre de graines; il est *farineux* et abondant dans le blé, *huileux* dans le lin, le ricin, le colza, *dur* ou corné dans le café; et quelle qu'en soit la nature, c'est toujours un réservoir de matières nutritives pour la jeune plante au moment où elle germe.

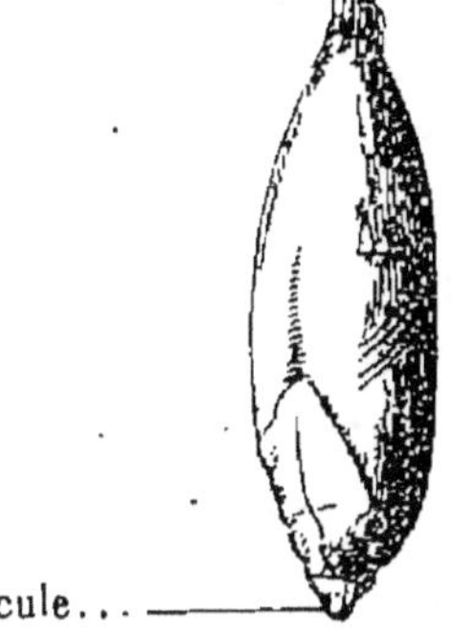

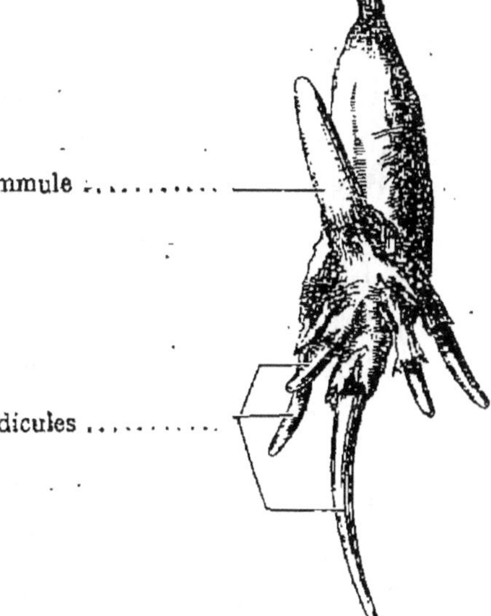

Germination du grain de blé.
Fig. 152.

144. La germination. — Quand la graine est mise dans la terre humide, elle se ramollit et se gonfle, l'enveloppe se fend; la radicule s'allonge et s'enfonce en terre; la gemmule sort des cotylédons, s'élève et développe ses premières feuilles. C'est l'albumen quand il existe et les cotylédons quand l'albumen n'existe pas, qui fournissent à l'alimentation du jeune végétal jusqu'à ce que la racine soit capable de puiser dans le sol les substances nécessaires à la vie de la plante. Les cotylédons qui ont servi à la nutrition se creusent, se fanent et se détruisent; ou bien, comme dans le pois, le haricot, la balsamine, ils sont entraînés hors de terre par la tigelle, ils verdissent et constituent deux petites feuilles différentes de celles du végétal.

Dans le blé et les plantes à un seul cotylédon, la radicule perce une sorte de coiffe dont les débris entourent la base des racines comme une sorte de collerette (fig 152).

145. Conditions de la germination. — Pour germer, la plante a besoin d'humidité, de chaleur et d'air.

Un peu d'eau fait gonfler la graine, trop d'eau amène la pourriture et la dessiccation, et arrête la germination. Lorsqu'on veut faire germer l'orge pour produire le malt des brasseries, on humecte les grains, et quand on veut arrêter la germination, on les dessèche.

La plupart des graines germent à une température comprise entre 10° et 25°; au-dessous de 10°, la fonction se ralentit ou même se suspend tout à fait.

Les graines ont besoin d'air, et quand elles en sont privées elles ne germent pas. Il faut en effet à la jeune plante de l'oxygène pour effectuer sa respiration.

Quand ces trois conditions sont remplies, le travail intérieur commence; les tissus se gonflent d'eau, la **diastase** se développe aux points où la tigelle se détache des cotylédons; et ce ferment réagit sur l'amidon ou la fécule de l'albumen ou des cotylédons pour produire une substance sucrée soluble qui circule dans les différentes parties de l'embryon et sert à leur accroissement.

On peut faire germer des graines dans du sable mouillé ou dans des éponges humides; mais aussitôt que les matières nutritives de la graine sont épuisées, le développement de l'embryon s'arrête, à moins qu'on ne lui fournisse des matériaux nouveaux contenus dans l'eau d'arrosage.

Dans la petite comme dans la grande culture, on prépare le sol avant les semailles pour l'aérer convenablement et le rendre perméable, afin qu'il s'imbibe bien d'air et aussi de l'eau qu'on y verse ou qui y tombe.

RÉSUMÉ. — L'ovaire fécondé reste ordinairement seul de toutes les parties de la fleur; il grossit peu à peu, se développe et arrive à maturité; pendant ce développement il prend le nom de fruit. Le **fruit** est donc l'ovaire développé et arrivé à maturité.

On y distingue les enveloppes sèches ou charnues que l'on nomme **péricarpe** et les **graines**.

Le **péricarpe** est une sorte de berceau destiné à protéger la graine: il est tantôt formé d'une enveloppe foliacée peu épaisse qui se dessèche en mûrissant, comme dans la *gousse* du pois. Tantôt, au contraire, c'est une masse charnue et succulente, comme la chair de la pêche, de la prune ou de la pomme. Sous ces deux formes, il est composé de trois parties distinctes, qui se développent inégalement; c'est dans la pêche la peau, la partie succulente et le noyau; et dans la pomme, l'épiderme extérieur, la portion charnue et la partie sèche et coriace qui enveloppe directement les graines ou pépins.

Le fruit a autant de loges qu'en avait l'ovaire; il est donc à *un ou plusieurs carpelles* et, dans ce dernier cas, les loges peuvent être très distinctes, séparées les unes des autres par des membranes sèches, comme dans le fruit de l'aconit, ou paraître réunies par une pulpe dans laquelle sont noyées les graines, comme dans le fruit du rosier.

Parmi les péricarpes secs, il y en a qui s'ouvrent spontanément lorsqu'ils sont mûrs pour laisser sortir les graines: tel est le fruit du colza, qu'il faut couper un peu avant la maturité complète, si l'on veut pouvoir recueillir les graines; ces fruits sont dits *déhiscents* (de *dehiscere*, se fendre); le fruit de la balsamine s'ouvre et projette ses graines avec une certaine force.

On a classé les fruits en quatre groupes, en faisant dans chacun d'eux la séparation entre les fruits secs et les fruits charnus:

1° Les fruits simples (à une seule loge): la gousse du pois, le grain de blé, le fruit du sarrasin et de l'orme, la pêche et la prune, l'amande et la noix.

2° Les fruits composés (à plusieurs carpelles soudés): le gland, le fruit du colza, du lis, du mouron; le raisin, la groseille; la pomme, le melon, l'orange.

3° Les fruits multiples (réunis à plusieurs sur un même réceptacle): la fraise, la framboise.

14.

4° Les fruits agrégés (plusieurs fruits soudés par des parties adjacentes et provenant d'une réunion de fleurs) : le fruit du mûrier, de l'ananas, la figue, le cône du pin.

La graine qui doit reproduire un végétal semblable à celui dont elle provient, contient sous une coque protectrice une jeune plante déjà formée et prête à se développer. L'enveloppe y porte le nom d'épisperme; la jeune plante qui y est contenue se nomme **l'embryon.**

L'embryon comprend le germe ou *plantule* et un amas de matière nutritive destinée à servir de première nourriture à la jeune plante; c'est le **corps cotylédonaire.** L'extrémité de la plantule qui formera la tige se nomme **tigelle**, et elle se termine par un rudiment de bourgeon que l'on appelle la **gemmule;** l'extrémité opposée est la **radicule.** Sur la tigelle, entre la gemmule et la radicule, il existe tantôt **un**, tantôt **deux cotylédons.**

La graine du pois, celle de l'amandier, montrent les deux cotylédons entourant la plantule; l'ensemble forme l'**amande;** l'embryon occupe donc toute la graine sous l'épisperme.

Dans le grain de blé, il n'y a qu'un seul cotylédon au-dessous duquel se développent, à côté de la radicule principale des radicules secondaires qui deviendront les racines, et à l'opposé les premières feuilles. Dans cet exemple, l'embryon n'occupe qu'une portion de la graine sous l'épisperme, le reste est rempli par une matière féculente que l'on appelle **périsperme** ou **albumen** et qui est comme un réservoir nutritif devant être épuisé peu à peu par le cotylédon pour servir à l'accroissement de la jeune plante.

L'albumen existe dans un certain nombre de graines; il est presque toujours farineux et parfois huileux.

La germination est le développement de la graine; elle exige une certaine température, de l'humidité, la présence de l'air. Alors les cotylédons se gonflent, la radicule et la tigelle s'allongent; les cotylédons fournissent les premiers aliments.

S'ils forment toute la graine comme dans le cas du pois ou du haricot, ils sont fixés sur la tigelle, s'élèvent peu à peu, se vident et prennent une apparence foliacée; mais alors il faut que la plante trouve dans le sol où elle est toute sa nourriture.

Si au contraire, comme dans le grain de blé, il y a un périsperme, le cotylédon reste fixé à la naissance de la radicule; il sert à produire la **diastase** qui transforme en substance sucrée soluble la matière féculente insoluble de la graine et la fait ainsi servir au premier développement de la jeune plante dont la tigelle s'allonge en même temps que ses racines se développent.

Beaucoup de graines conservées en lieu sec gardent longtemps la faculté de germer; la vitalité y reste suspendue jusqu'à ce que des conditions favorables se présentent.

Mises dans un sol humide rendu perméable et aéré par les labours, les graines semées germent et se développent,

CHAPITRE XXIX

PRINCIPES DE LA CLASSIFICATION DES PLANTES

146. Classifications artificielles. — Les plantes sont extrêmement nombreuses et extraordinairement variées de dimensions et de formes. Il a bien fallu les grouper, les classer, pour pouvoir les étudier avec quelque facilité et quelque profit.

Mais on n'a d'abord fait que des **classifications artificielles**, c'est-à-dire des groupements ne s'appuyant que sur les ressemblances constatées sur un ou deux organes au plus.

La première classification est celle de **Tournefort**[1]; elle comprenait un premier groupe des plantes ligneuses, arbustes et arbres; un second des plantes herbacées; et pour établir des subdivisions dans chacun d'eux, elle se basait sur la corolle, sa forme, sa disposition, son insertion; elle ne faisait appel à aucun autre caractère de ressemblance tiré d'un autre organe. Les noms de *rosacées, cruciformes,* ou *crucifères, labiées, personnées* qui désignent encore des groupes naturels nous viennent de la classification de Tournefort.

Le système de Linné[2] avait pour base les caractères tirés des organes essentiels de la fleur et notamment des étamines. Il partageait tous les végétaux connus en deux grandes divisions : les premiers ayant des fleurs apparentes bien reconnaissables, étaient appelés **phanérogames**; les seconds n'ayant pas de fleurs visibles formaient les **cryptogames**. Ce dernier groupe, dans lequel les organes de reproduction ne sont pas très apparents, a subsisté, même

1. Botaniste français, mort en 1708.
2. Botaniste suédois, mort en 1778.

avec le nom de **cryptogames** que Linné lui avait donné.

Les divisions adoptées alors pour les phanérogames ou plantes à fleurs ne sont plus suivies. Elles étaient cependant ingénieuses. Il y avait 13 classes fondées sur le nombre des étamines, 2 sur la grandeur relative de ces organes, 5 sur leur soudure entre elles ou avec le reste de la fleur, 3 sur les fleurs unisexuées. Ces divisions offraient une grande facilité pour arriver à la détermination des plantes ; mais elles avaient le tort de ne donner aucune idée des liens d'analogie existant entre les différentes espèces de plantes.

147. Méthode naturelle. — La méthode naturelle de *L. de Jussieu*[1] groupe les plantes non plus d'après un seul organe, comme la corolle ou l'étamine, mais d'après un ensemble de caractères qui n'ont pas tous la même importance, ni le même intérêt et que l'on subordonne les uns aux autres.

Le premier caractère invoqué est emprunté à l'*embryon*, c'est-à-dire à la plante en miniature et prête à se développer ; il sert à faire les trois grands embranchements :

Les **dicotylédonées** où l'embryon a deux cotylédons ;

Les **monocotylédonées** où l'embryon n'a qu'un cotylédon ;

Les **acotylédonées** correspondant aux **cryptogames** ou plantes sans fleurs de Linné où il n'y a pas d'embryon ou par suite pas de cotylédons.

Ce sont bien des groupes naturels. On distingue à première vue une plante sans fleurs, qui ne se reproduit pas de graines, d'une plante à fleurs qui se reproduit de graines. Et dans les plantes à fleurs, il n'est pas toujours nécessaire de couper la graine et d'examiner l'embryon pour distinguer l'un de l'autre les deux premiers

1. Botaniste français, mort en 1836.

embranchements. Ces deux grands groupes sont séparés par des caractères tirés de presque tous les organes. Ainsi la tige y est différente dans sa forme et dans sa croissance, même quand elle paraît semblable, comme dans le palmier qui a l'aspect d'un arbre élevé, mais où le tronc ne développe pas de branches et se termine toujours par un bouquet de feuilles. Les feuilles ont des nervures pennées ou palmées dans toutes les dicotylédonées tandis que les nervures sont parallèles dans les graminées et dans la plupart des monocotylédonées; et dans les plantes de ce dernier embranchement, la fleur n'a pas souvent ses deux enveloppes florales distinctes comme dans les dicotylédonées.

Chacun des trois embranchements a été subdivisé; les deux premiers ont été partagés en classes d'après le mode d'insertion des étamines sur le pistil et d'après la disposition et la forme de la corolle, le nombre et les modifications des étamines. On a fait ainsi des *familles naturelles*, dont les représentants se rapprochent les uns des autres, non plus par un seul caractère, mais en réalité par l'ensemble de leur organisation.

148. Nomenclature. On n'a pas donné un nom spécial à chaque espèce végétale; on aurait eu de trop grandes difficultés à inventer et à retenir la multitude de noms qu'il aurait fallu. Les espèces semblables ont été désignées par un *nom générique*, et chacune d'elles par un qualificatif ajouté à ce nom. Chaque espèce est donc désignée par deux mots dont le premier appartient à toutes les plantes du même genre tandis que le second est propre à l'espèce. Ainsi on distingue plusieurs violettes, la violette odorante, la violette tricolore, la violette des marais, on les désigne toutes trois par le nom générique *viola*, et on y ajoute l'un des noms spécifiques *odorata, tricolor, palustris*. Il en est de même pour toutes les espèces du chêne (genre *quercus*) voisines du chêne de nos forêts; pour toutes les espèces de roses, etc.

RÉSUMÉ. — Les plantes sont si nombreuses et si variées qu'il a fallu les grouper, les classer, pour les étudier avec plus de facilité.

Les premières classifications ne reposaient que sur un caractère ou que sur les modifications d'un organe ; ainsi celle de **Tournefort** groupait les plantes d'après les formes de la corolle, et celle de **Linné** d'après le nombre, la disposition et la forme des étamines.

La classification proposée par **De Jussieu** et suivie actuellement est dite *naturelle* parce qu'elle repose sur un ensemble de caractères et qu'elle coordonne ces caractères d'après leur importance au point de vue de la vie du végétal.

C'est aux *cotylédons de l'embryon* qu'on emprunte la base de la classification et la détermination des trois grands embranchements : les **acotylédonées**, les **monocotylédonées** et les **dicotylédonées**.

Les **acotylédonées** ou **cryptogames** de Linné se distinguent en ce qu'il n'y a pas de fleurs et que la reproduction ne se fait pas par des graines.

Les deux autres embranchements sont parfois réunis sous le nom de **phanérogames**. Les plantes qu'ils contiennent se distinguent les unes des autres, non seulement par l'embryon qui renferme un ou deux cotylédons, mais encore par d'autres caractères tirés de la tige, des feuilles et de la fleur.

Chacun de ces grands groupes, les deux derniers plus que l'autre, sont partagés en un certain nombre de familles naturelles dont tous les représentants se rapprochent les uns des autres.

On n'a pas donné un nom à chaque plante, ni même à chaque espèce. Toutes les espèces semblables forment un genre et portent le même nom générique ; un qualificatif ajouté à ce nom générique les distingue les unes des autres.

CHAPITRE XXX

VÉGÉTAUX A FLEURS — DICOTYLÉDONÉES

149. Caractères généraux. — L'embranchement des **dicotylédonées** renferme des plantes à fleurs visibles dont les étamines et les pistils sont les organes caractéristiques. A ces fleurs succède un fruit contenant une ou plusieurs graines, dans chacune desquelles on remarque un **embryon** muni de **deux cotylédons**.

La tige de ces végétaux est ramifiée ; dans les arbres,

élle a la forme d'un *tronc*; la racine, le plus souvent rameuse, a une structure par couches concentriques comme la tige; les feuilles ont un pétiole et des nervures ordinairement ramifiées; elles tombent et se flétrissent.

Nous y ferons cinq groupes : les **polypétales,** les **apétales,** les **monopétales,** les **amentacées** qui ont leurs fleurs en chaton, et les **gymnospermes** qui ont les graines protégées, mais non enfermées.

Nous étudierons brièvement dans chacun de ces groupes les familles les plus remarquables par leur organisation ou les plus importantes par les plantes utiles qu'elles contiennent.

I. — POLYPÉTALES

150. Famille des crucifères. — Les crucifères tirent leur nom de la forme de la corolle qui a *quatre pétales en croix* (fig. 153), comme dans la giroflée; il y a dans chaque fleur *six étamines* dont quatre grandes (fig. 144); le fruit est à deux carpelles allongés et soudés; c'est une *silique* (fig. 154); la graine contient dans quelques espèces un embryon huileux.

Fig. 154.
Silique du colza
(exemple de
fruit déhiscent).

Fig. 153. — Corolle à 4 pétales en croix de la giroflée.

Les crucifères sont toutes herbacées, elles abondent dans les pays tempérés; elles nous donnent les premières fleurs avec la *giroflée*, les *corbeilles d'argent*, les *juliennes*; quelques-unes sont alimentaires comme le *chou*; d'autres, industrielles, comme le colza et le pastel; presque toutes renferment un principe sulfuré stimulant auquel elles doivent leurs propriétés antiscorbutiques.

Les crucifères alimentaires contiennent le chou, le navet, le radis, le raifort, le cresson, la moutarde.

Le **chou potager** présente des variétés nombreuses, le *chou pommé*, le *chou de Milan*, le *chou rouge*, le *chou de Bruxelles*, où la partie alimentaire est formée de nombreux bourgeons, le *chou-fleur*, dont les pédoncules floraux sont charnus.

Le **navet** a une racine en cône allongé ou en disque comme une toupie, d'une saveur douce et sucrée.

Le **radis** présente deux principales variétés, les petits, blancs, roses ou rouges, et les gros, noirs ou jaunes, dont la saveur est forte.

Le **raifort** a une grosse racine blanche imprégnée d'une huile volatile très âcre.

Le **cresson** de fontaine, qui pousse sur le bord des ruisseaux, est très employé comme condiment, à cause de ses propriétés dépuratives.

La **moutarde** présente une graine *noire* ou *blanche*. La farine de moutarde noire, imbibée d'eau, produit une essence sulfurée irritante; on l'emploie en sinapismes. Les moutardes de table sont faites avec des graines des deux variétés, écrasées et délayées dans du vinaigre.

Les crucifères industrielles comprennent le **colza**, la *navette* et la *cameline*, que l'on cultive pour leur graine, dont on extrait l'huile; elles comprennent aussi le *pastel*, dont les feuilles broyées et comprimées peuvent donner une matière colorante bleue.

151. Famille du lin. — Le **lin** est une petite plante herbacée, dont la tige se termine par une grappe de fleurs bleues très régulières. Il est cultivé pour les fibres de sa tige et pour sa graine.

Les graines du lin renferment un mucilage émollient que l'on utilise comme adoucissant, en cataplasmes, dans une foule de circonstances. On en peut retirer aussi une huile siccative très employée en peinture, tandis que le tourteau sert à la nourriture du bétail.

Les fibres corticales du lin sont longues et tenaces; elles donnent une filasse d'une grande finesse que l'on utilise depuis la plus haute antiquité pour fabriquer les toiles fines et les dentelles.

La plante récoltée est soumise au *rouissage*, soit dans un bassin d'eau stagnante, soit par exposition sur le pré, afin de désagréger par une fermentation la matière gommeuse qui réunit les fibres entre elles et avec la tige. Le lin roui est desséché, puis brisé; et les parties filamenteuses, séparées du reste de la tige, sont *peignées* avant de subir les opérations de la filature qui les met en fils.

152. Famille des malvacées. — C'est la **mauve** des champs qui donne son nom à ce groupe avec sa fleur à cinq pétales, ses étamines en grand nombre soudées en un tube autour de l'ovaire. Les espèces de nos contrées, la *mauve* et la *guimauve*, ont des propriétés émollientes. C'est une espèce des contrées chaudes, un arbuste, le *cotonnier*, qui nous donne le **coton**, l'une des matières premières les plus importantes pour l'industrie textile. Les fruits du cotonnier sont des capsules à parois épaisses, s'ouvrant en cinq valves et contenant un grand nombre de graines. Chacune de celles-ci est entourée de poils soyeux qui constituent le coton brut. Le cardage et la filature en font les fils qui entrent dans la confection des tissus.

A côté des malvacées se placent plusieurs petites familles, comme celles de l'arbre à thé, du tilleul et de l'érable, et celle du cacaoyer, dont les graines servent à la fabrication du chocolat.

153. Famille des ombellifères. — La famille des ombellifères doit son nom à la disposition des nombreuses petites fleurs en un bouquet particulier ressemblant à un parasol et désigné sous le nom d'**ombelle**. Les fleurs, qui sont toutes petites, sont rassemblées en petits bouquets qui sont tous supportés par une tige et montés à côté les uns des autres sur un support général (fig. 155).

Presque toutes ces plantes ont des feuilles odorantes, ainsi le *fenouil* avec ses feuilles très divisées, le *persil*, le *cerfeuil* sont dans ce cas.

Nous utilisons les racines alimentaires du *céleri*, de la *carotte*, du *panais*; les tiges de l'*angélique*, les feuilles du *persil* et du *cerfeuil*, les fruits de l'*anis*.

Il y a des espèces vénéneuses, notamment les *ciguës*, dont l'une ressemble extérieurement au persil, mais dont les feuilles froissées ont une odeur désagréable.

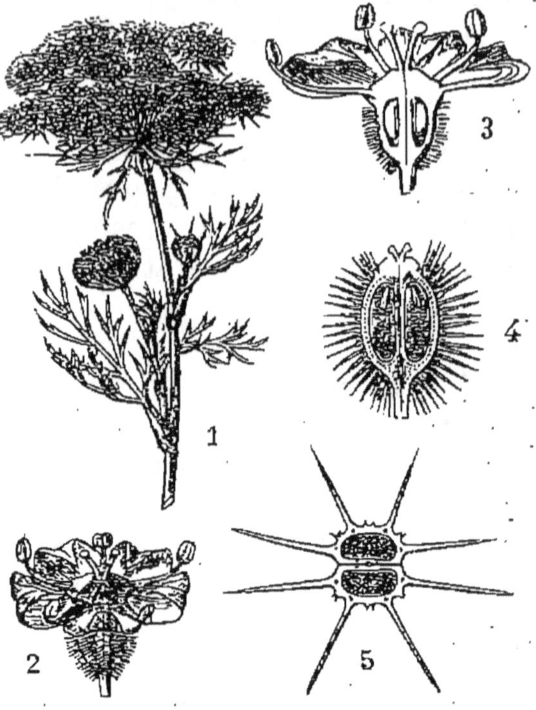

Fig. 155. — Carotte commune.

1. Inflorescence en ombelle. — 2. Fleur isolée —
3. Coupe d'une fleur. — 4 et 5. Fruits et
graines.

154. Famille de la vigne. — La vigne est un végétal sarmenteux et grimpant, avec de larges feuilles à limbe découpé et de longues vrilles. Les fleurs sont peu apparentes et disposées en grappes comme le seront les fruits pour former les *raisins*.

La vigne est cultivée depuis un temps immémorial pour son fruit sucré, dont le jus fermenté donne le **vin**. Les pieds portent le nom de *ceps*, et les variétés celui de *cépages*.

Les cépages divers sont nombreux; ils déterminent pour une part la qualité du vin; l'autre part est due à l'influence du sol; et ces deux conditions expliquent les différences que l'on observe entre les vignobles.

On plante la vigne dans des terrains secs, exposés à l'est ou au midi; on se sert, soit d'une tige de l'année que l'on enfonce en terre au printemps comme une bouture ordinaire et qui met deux ans au moins à porter des fruits, soit d'une portion de pied, portant à la fois un bout de racine et une tige, sorte de double bouture qui devient un pied fort en deux ans. On rajeunit une vigne vieille en couchant en terre presque toute la tige et en ne laissant hors du sol que l'extrémité qui deviendra le nouveau pied. On fait ainsi une sorte de marcottage.

Le mode de culture varie avec les contrées. En Bourgogne, on soutient les branches contre des échalas de un à deux mètres de hauteur; dans certaines contrées du Midi on laisse croître la vigne en liberté. Chaque année, au printemps, on taille les tiges de manière à ne laisser sur chacune d'elles que quelques bourgeons.

Le raisin mûrit en août ou en septembre. Si l'on veut faire du vin blanc avec le raisin noir, on exprime le jus et on le sépare de la peau des grains, qui contient la matière colorante. Si, au contraire, on veut du vin rouge, on laisse fermenter le mélange de jus, de grains et de pépins; il se dégage de l'acide carbonique, tandis que le sucre se change en alcool, et le vin est bientôt tout formé.

Outre que l'on peut retirer de l'alcool en distillant le vin, on en retire aussi du marc de raisin. Cette dernière distillation a lieu dans tous les pays vignobles pour produire des eaux-de-vie, et la première est surtout pratiquée dans les Charentes.

La vigne est une richesse pour tout le sud-est et le midi de la France. Dans ces dernières années, le phylloxera a causé dans les vignobles de très grands dégâts, on les replante avec des cépages américains qui résistent très bien, et sur lesquels l'insecte a bien moins prise.

155. Famille des rosacées. — Les rosacées tirent leur nom de la *rose sauvage* ou *églantine* à cinq pétales, avec un grand nombre d'étamines libres. Elles nous offrent toutes les tailles depuis les herbes jusqu'aux arbres ; leurs fleurs sont nombreuses, quelquefois isolées, mais souvent réunies en corymbes comme dans le pommier (fig. 156). Si les fleurs sont semblables, les fruits sont bien différents les uns des autres : ils sont simples

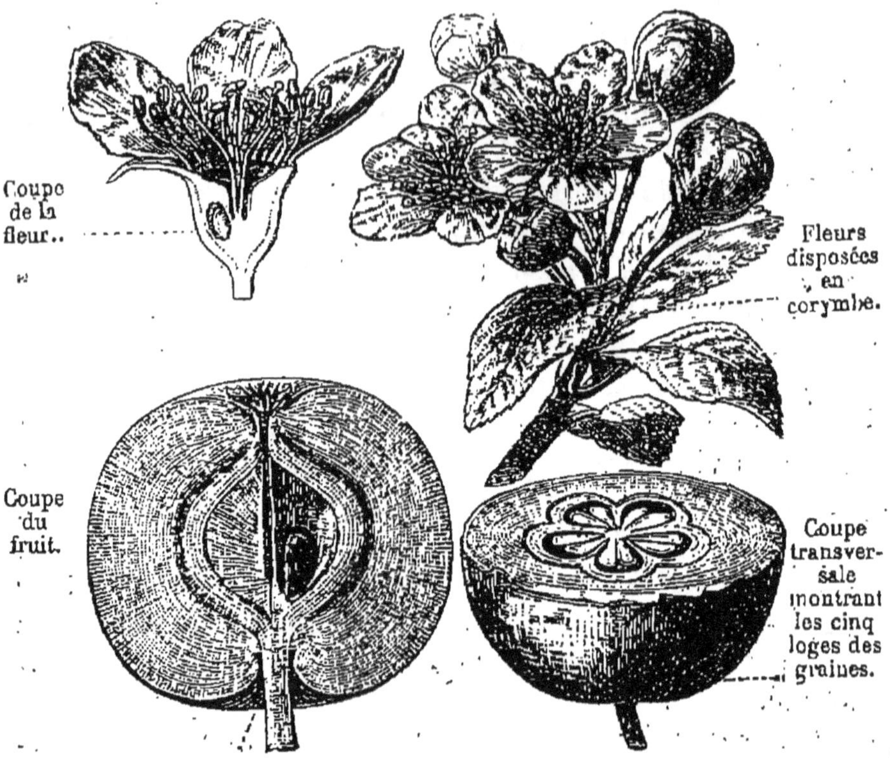

Fig. 156. — Fleur et fruit du pommier. (*Famille des Rosacées.*)

et à une seule loge comme l'amande et la cerise, à loges multiples comme la pomme, composés comme la framboise et la fraise.

Outre les fleurs, *roses* de toutes sortes, *reine des prés* et *aubépine*, cette famille nous offre un très grand nombre d'espèces utiles par leurs fruits : le *framboisier* et le *fraisier*, l'*amandier*, le *pêcher*, les *pruniers*, les *cerisiers*, les *poiriers*, les *pommiers* et le *néflier*.

Pour étudier le rosier, il ne faut pas prendre la rose des jardins où les pétales sont très nombreux, mais bien l'*églantier sauvage* qui pousse dans les haies et dont la fleur simple n'a que cinq pétales très fugaces.

Les pétales de la rose rouge de Provins sont employés à la préparation du *miel-rosat* des pharmaciens. En Orient et en Afrique on retire des pétales de la rose musquée une essence dite *essence de rose* dont le prix est très élevé parce qu'il faut près de cent kilogrammes de fleurs pour obtenir 2 à 3 grammes d'essence.

Le **fraisier** pousse naturellement dans les bois et il se multiplie par des marcottes naturelles produites par sa tige rampante. On en a obtenu par la culture des variétés très productives et d'autres à gros fruits qui sont très estimées.

Le **poirier** et le **pommier** présentent beaucoup de variétés que l'on cultive en espaliers dans les jardins, et qui ont été greffées, soit sur cognassier, soit sur un pommier sauvage ou, comme on dit ordinairement sur *franc*. Le pommier à cidre est à haut-vent; le fruit est petit, un peu âcre : quand il est paré, c'est-à-dire quelque temps après la cueillette, on le déchire et on le comprime et le jus abandonné à la fermentation donne le *cidre*.

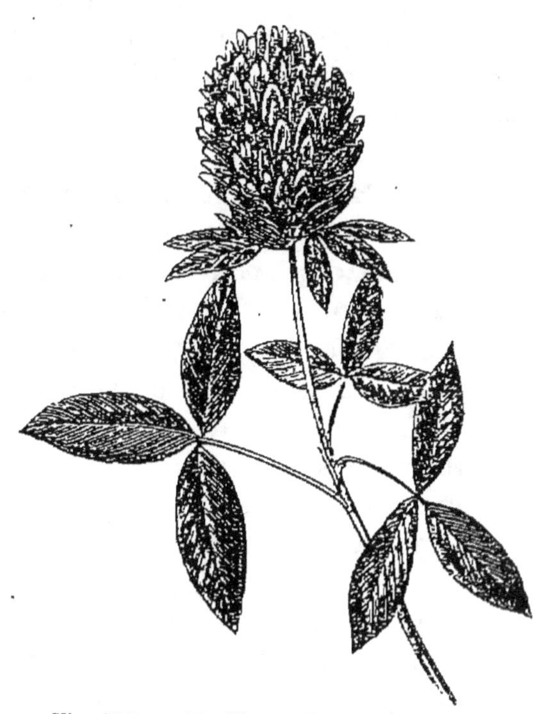

Fig. 157. — Feuilles et fleurs du trèfle.

156. Famille des légumineuses. — C'est la forme du fruit qui donne son nom à ce grand groupe et qui en est le principal caractère : la *gousse* ou *légume*, fruit sec à une seule loge avec des graines dont l'embryon est farineux (fig. 149).

Une subdivision forme le groupe des **papilionacées** dont la fleur est constituée comme celle du pois, avec cinq pétales inégaux (fig. 142). Nous y trouvons des espèces alimentaires, le **pois**, le **haricot**, les **lentilles**, les **fèves** ; des espèces fourragères dont on fait les prairies artificielles, le **trèfle**, la **luzerne**, le **sainfoin**, la *minette* ; des espèces à fleur comme le *genêt*, le *cytise* et l'*acacia robinier*.

Les légumineuses renferment aussi des plantes médicinales, comme la *réglisse*, la *casse* et le *séné* ; des arbres dont le bois contient une matière colorante comme le bois de *campêche*, le bois de *Fernambouc*, le *palissandre*, les *indigotiers* dont on retire l'indigo si employé pour la teinture en bleu ; l'*arachide* dont le fruit s'enfonce en partie en terre pour mûrir et dont les graines donnent une huile d'une saveur agréable.

157. Famille du pavot. — Le type de cette famille est le *pavot rouge* ou **coquelicot** si commun dans les moissons. La fleur a quatre pétales d'abord chiffonnés et enfermés sous un calice à deux sépales qui

Fig. 158. — Feuille de gesse (légumineuse), avec stipules et vrilles.

tombe quand la fleur s'épanouit. Les étamines sont très nombreuses avec des anthères noires ; l'ovaire est globuleux et le fruit sec est à plusieurs loges.

Le **pavot somnifère** présente deux variétés, l'une et l'autre très importantes. Celle qui est cultivée dans le Nord sous le nom d'*œillette* a des pétales d'un blanc violacé avec une tache ronde noire que l'on a comparée à un œil. Les graines sont noires ; on en retire par compression une huile alimentaire très employée dans le Nord sous le nom d'**huile d'œillette**.

L'autre variété a les fleurs et les graines blanches ; c'est elle qui produit l'**opium**. Dans les contrées chaudes, on incise légèrement les têtes de pavot, il en sort un suc blanc laiteux qui se fige et que l'on recueille quand il s'est desséché. C'est l'opium qui doit ses propriétés à deux alcaloïdes, la *morphine* et la *codéine*, tous deux poi-

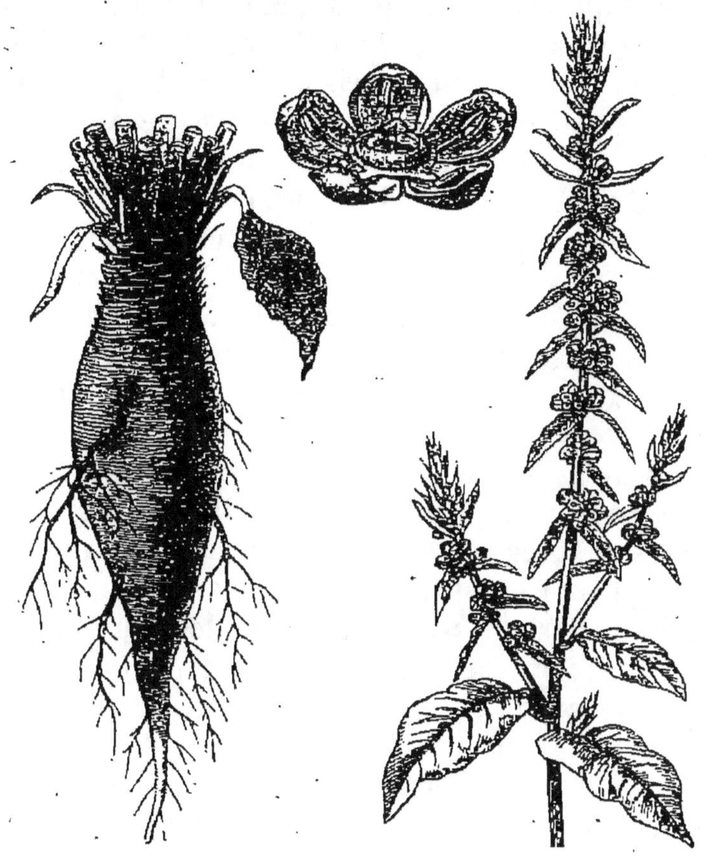

Fig. 159. — Tige, fleur isolée et racine de la betterave.
(*Famille des Chenopodées.*)

sons énergiques à haute dose, mais utilisés par la médecine à doses faibles.

II. — APÉTALES

158. Principales espèces. — Un certain nombre de familles de plantes présentent des fleurs qui manquent de corolle et dans lesquelles l'enveloppe est aussi souvent verte que colorée. Ce sont d'abord les **polygonées**, ainsi nommées de la forme de l'ovaire et du fruit, où l'on trouve *l'oseille*, la *rhubarbe* et le *sarrasin* ou blé noir.

Dans un groupe voisin, on cite la **betterave** qui sert non seulement à la nourriture de l'homme et des animaux, mais qui est devenue un des plus riches produits de l'agriculture par le sucre qu'elle contient et qu'on en extrait, soit à l'état de sucre cristallisé, soit après l'avoir transformé en alcool. La culture de la betterave à sucre a pris une très grande extension et une très grande importance. On retire en effet de la betterave, outre le sucre ou l'alcool, des pulpes ou résidus qui mélangés aux tourteaux de graines oléagineuses servent à l'engraissement du bétail; et le développement de l'élevage du bétail a eu comme conséquence l'amélioration des terres par le fumier produit et l'augmentation de la production agricole.

Dans un autre groupe rentrent le chanvre et le houblon : le **chanvre** qui est après le lin la plus importante des plantes textiles et dont les fibres après le rouissage et le teillage sont employées à faire les cordes, la ficelle et les toiles fortes ; le **houblon** dont les fleurs femelles disposées en épi ovoïde ont à l'aisselle de chaque bractée une poussière granuleuse jaune, la *lupuline*, qui possède une saveur amère et aromatique. Les cônes du houblon, convenablement désséchés, sont employés en infusion dans la fabrication de la bière : la lupuline modère la fermentation de l'orge germé, empêche le liquide de s'aigrir et lui donne un goût agréable.

III. — MONOPÉTALES

159. Famille des solanées. — Les solanées ont la corolle monopétale avec cinq étamines et un fruit en capsule ou en baie (fig. 160 et 162).

Elles renferment beaucoup d'espèces dangereuses qui peuvent empoisonner par leur feuilles, leurs fleurs, leurs graines, telles sont la *belladone*, la *jusquiame*, le *datura*, la *mandragore* et le *tabac* (fig. 161).

Par contre, quelques-unes sont alimentaires et l'on mange les fruits de l'*aubergine*, de la *tomate*, et surtout les tubercules que porte la tige souterraine de la *pomme de terre*.

La **pomme de terre**, importée d'Amérique, cultivée en France seulement depuis la fin du

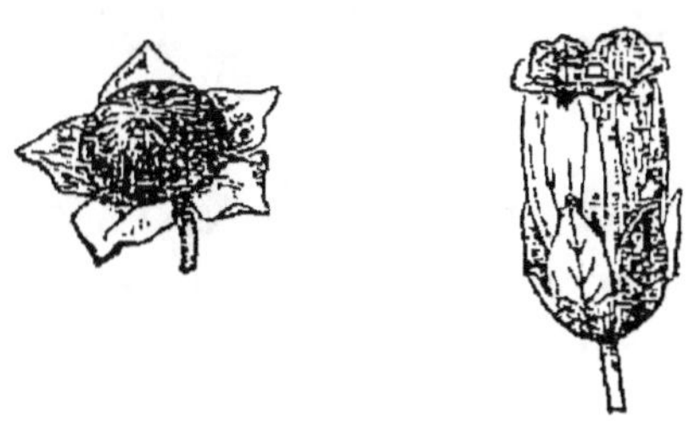

Fig. 160.
Fleur et fruit de la belladone.

siècle dernier, est une précieuse ressource alimentaire dont on se passerait aujourd'hui difficilement. Elle figure sur la table du riche en même temps qu'elle est l'un des principaux aliments du pauvre.

Le **tabac** contient un principe vireux, la *nicotine*, qui doit faire rejeter l'emploi de cette plante, sous n'importe quelle forme et malgré les préparations qu'on peut lui avoir fait subir.

160. Famille des labiées. — Ce groupe tire son nom de la forme de la corolle monopétale toujours séparée en deux lèvres (fig. 143). Ce sont des plantes herbacées, à tige carrée, contenant presque toutes un principe aromatique qui

Fig. 161.
Portion de tige et fleurs du tabac.

leur donne une bonne odeur : telles sont les *sauges*, le *thym*, le *romarin*, la *lavande*, les *menthes*, les *mélisses*, le *lierre terrestre*. Presque toutes ces plantes servent à préparer des liqueurs parfumées ou des infusions agréables.

On en rapproche les **personnés** dont le type est le *muflier* ou *gueule de lion* si abondant dans les jardins et dont une des autres espèces est la *digitale* (fig. 163).

161. Famille des composées.

— Ce groupe est certainement le plus nombreux du règne végétal ; il ne comprend pas moins de 9,000 espèces ayant toutes pour caractère distinctif la disposition des fleurs ou l'*inflorescence*. Ce que le vulgaire appelle une fleur de pissenlit ou de chicorée, de bluet ou de chardon, d'artichaut, de souci ou de grand-soleil, n'est pas une fleur simple ; c'est une réunion, sur un même récepta-cle, d'un plus

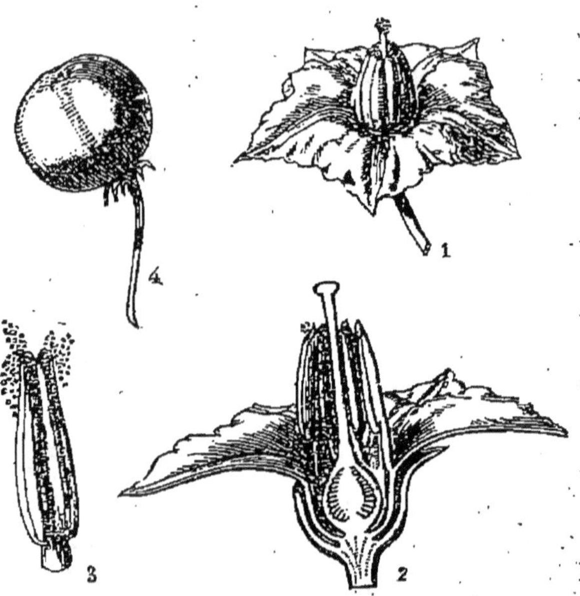

Fig. 162. — Pomme de terre.

1. Fleur entière. — 2. Coupe de la fleur. — 3. Étamines ouvertes. — 4. Fruit en baie.

ou moins grand nombre de fleurs sessiles ayant chacune tous les éléments d'une fleur ordinaire, calice, corolle, étamine et pistil. Souvent toutes ces petites fleurs sont semblables de forme et toutes régulières ; d'autres fois, celles du bord de l'ensemble ont une lamelle étalée comme dans la reine-marguerite. Dans tous les cas, que la fleur soit régulière sous le nom de *fleuron* ou irrégulière sous celui de *demi-fleuron*, elle contient toujours des étamines soudées par leur bourse, et c'est ce qui a fait encore appeler ce grand groupe les *synan-thérées* (anthères soudées).

La figure 164 montre l'inflorescence du *pissenlit*, une

fleur isolée, le fruit surmonté d'un style plumeux qui aide à son transport par le vent.

L'*artichaut*, les *chardons*, le *bluet*, l'*estragon*, l'*absinthe* et le *carthame* forment un premier groupe.

Les *chicorées* (frisée et escarole), les *laitues* (pommée,

Fig. 163. — Inflorescence de la digitale.

frisée, romaine), le *pissenlits*, la *scorsonère*, le *salsifis* forment un deuxième groupe.

Le *soleil*, le *topinambour*, les *camomilles*, les *armoises*, l'*arnica*, les *reines-marguerites*, les *cinéraires*, le *seneçons*, les *dahlias*, les *œillets d'Inde* font partie d'un troisième plus nombreux encore que les deux premiers.

162. Autres espèces. — Parmi les plantes à

corolle gamopétale, ou monopétale, on peut encore citer les *bruyères* avec leurs petites fleurs en bourse, si communes dans les landes et les terrains non cultivés, les *azalés* et les *rhododendrons* qui croissent dans les Alpes

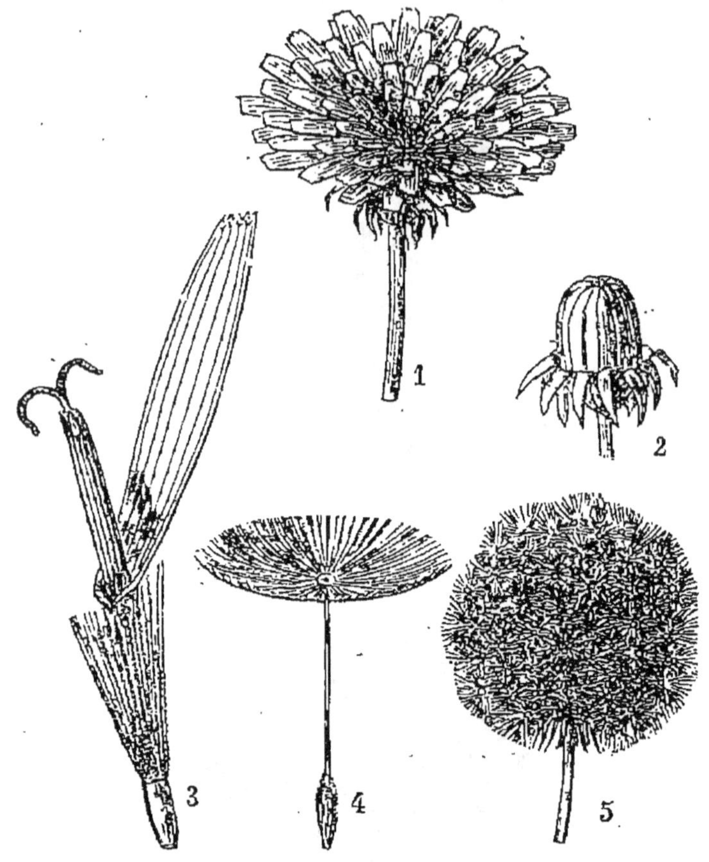

Fig. 164. — Pissenlit dent de lion. (*Famille des Composées*)

1. Capitule des fleurs développées. — 2. Fleurs non épanouies. — 3. Une fleur isolée. — 4. Un fruit isolé. — 5. Ensemble des fruits avec leurs aigrettes.

et que la culture a très avantageusement modifiés. Dans un groupe voisin, le *lilas*, le *troène*, le *frêne*, et l'*olivier*. L'olivier est élevé dans la Provence et dans toutes les contrées méditerranéennes pour les *olives* que l'on mange fraîches ou confites et dont on tire l'huile alimentaire la plus estimée. Dans un autre groupe on trouve le *sureau*, l'*yèble* et le *chèvrefeuille*, les *convolvulus* ou *liserons*.

La famille des *cucurbitacées* avec le *melon*, le *concom-*

bre ou *cornichon* et la *courge* rentre aussi dans les gamo-pétales.

163. Amantacées. — On a réuni sous ce nom un

certain nombre d'arbres dont le caractère commun est d'avoir les deux sortes de fleurs séparées et, de plus, les fleurs à étamines réunies sous la forme d'un *chaton*, comme ceux du noi-

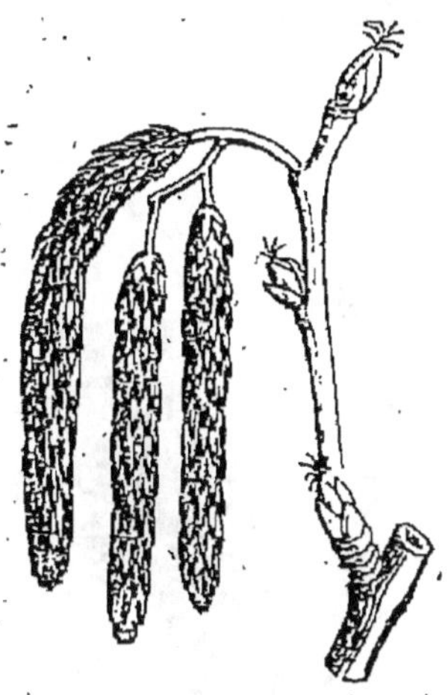

Fig. 165.
Fleur en chaton du peuplier.

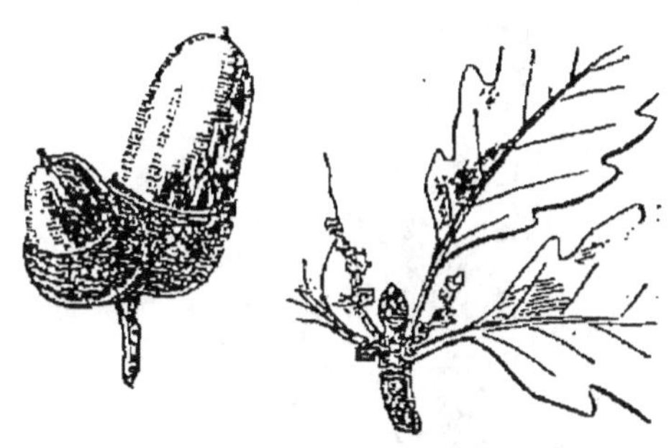

Fig. 166. — Chêne.
Glands.   Fleurs femelles.

setier et du peuplier (fig. 165). Cette famille fournit tous les bois de charpente, de menuiserie et de chauffage, le *hêtre*, le *châtaignier*, le *coudrier*, le *chêne*, le *charme*, le *bouleau*, l'*aune*, les *saules*, les *peupliers*, les *platanes*, le *noyer*.

Nous utilisons les fruits du châtaignier, du noisetier, du noyer, même celui du hêtre dont on extrait de l'huile.

L'usage des noix est bien connu; on en retire une huile que l'on peut employer à l'alimentation.

Les *châtaignes* sont enfermées dans une coque hérissée d'épines qui s'ouvre à la maturité. Les *marrons* sont des variétés de châtaignes où chaque coque ne renferme qu'un fruit; ils forment la base de l'alimentation des habitants du Plateau central.

164. Famille des gymnospermes. — Les

arbres verts qui composent ce groupe sont remarquables par la forme de leurs feuilles et surtout par

la disposition de leurs graines qui ne sont pas enfermées, comme tous les végétaux précédents, dans une
enveloppe creuse, mais seulement protégees par les
écailles du *cone* à la
base desquelles elles
sont placées (fig. 151).

On utilise les bois

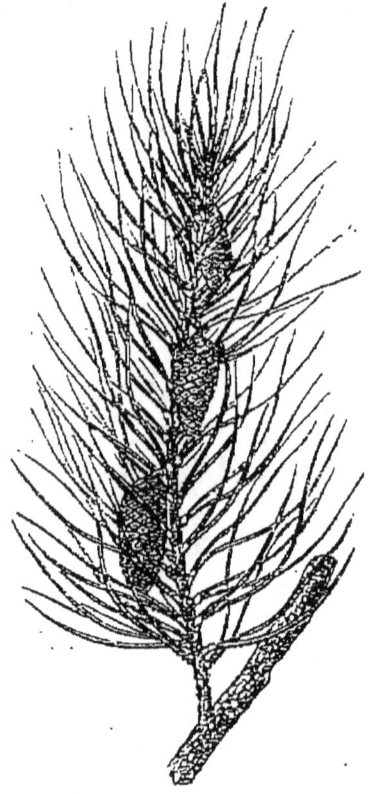

Fig. 168. — Pin sylvestre.

Fig. 167.
Fleurs mâles du saule.

résineux des *pins* (fig. 168), *sapins*, *mélèze*, *cèdre*, *thuya* ;
on recueille la résine du pin, dont on extrait la térébenthine, et on élève dans les parterres les *ifs* et les
genévriers.

RÉSUMÉ. — Les végétaux **dicotylédonés** sont des plantes à
fleurs visibles portant un fruit à une ou plusieurs graines, et ces
graines ont *deux cotylédons.* La tige est ramifiée, et dans les arbres, elle contient l'écorce et le bois qui s'accroît par couches
concentriques s'ajoutant chaque année extérieurement à celles
qui existent déjà. D'après la forme des fleurs, leur disposition ou
celles des graines, on y fait cinq grandes divisions : les *polypétales*, les *apétales,* les *monopétales,* les *amentacés* et les *gymnospermes.*

Dans les **polypétales,** on cite particulièrement ; les **crucifè-**

res avec leurs quatre pétales en croix, comme la giroflée, le colza, la moutarde, le chou ; les **malvacées** avec leurs étamines soudées en tube autour de l'ovaire, comme la mauve, la guimauve et le cotonnier ; les **rosacées** avec leurs fleurs comme celle de l'églantine et où rentrent avec les roses, l'amandier, les pruniers, cerisiers, pommiers, fraisiers, etc. ; les **légumineuses** avec leur fruit en gousse à une loge, comme le pois, le haricot, la lentille, le trèfle, la luzerne, le sainfoin, le genêt, l'ajonc ; les **ombellifères** avec la disposition en ombelle de leurs mille petites fleurs, comme le persil, le fenouil, la carotte, le panais, l'angélique.

Dans les autres familles moins importantes par le nombre de leurs espèces, on cite le *lin* qui est la principale des plantes textiles, la *vigne* dont le fruit produit le vin et les eaux-de-vie, le *pavot* dont le suc laiteux constitue l'opium et sert de base à la préparation de la morphine.

Parmi les **apétales** où la fleur manque de corolle, on cite l'oseille, la rhubarbe le sarrasin ; la **betterave** dont on retire le sucre ou l'alcool et dont les pulpes servent à l'engraissement du bétail ; le *chanvre* qui est après le lin la principale plante textile : le *houblon* qui entre dans la fabrication de la bière.

Dans les **monopétales**, on cite spécialement les **solanées** comme le tabac, la pomme de terre, la tomate, la belladone ; les **labiées** avec leur corolle à deux lèvres, comme la sauge, le thym, les lavandes, les menthes, la mélisse ; les **composées** avec leurs fleurs groupées sur le même support, les unes à corolle irrégulière enveloppant l'assemblage des autres, comme le soleil, les reines-marguerites, le souci, le dahlia, les laitues, les chicorées, le pissenlit, le bluet, le chardon, l'artichaut.

Dans d'autres familles moins nombreuses en espèces, on cite les bruyères, le lilas, le frêne et l'*olivier* dont le fruit donne l'huile alimentaire la plus estimée, les *cucurbitacées* comme le melon, le cornichon et la citrouille.

Dans les **amentacées**, où les fleurs mâles sont disposées en *chatons*, on cite le noisetier, le châtaignier, le chêne et le hêtre, le bouleau, le peuplier, le saule, le noyer.

On mange les noix, les noisettes, les châtaignes et marrons. On utilise les bois de tous ces arbres pour l'ébénisterie, la menuiserie, la charpente et pour le chauffage.

Dans les **gymnospermes** dont les graines ne sont pas entièrement enveloppées, on cite les pins les sapins, le cèdre et le mélèze, dont on emploie les bois, les ifs et les genévriers.

La résine du pin donne la térébenthine.

CHAPITRE XXXI

VÉGÉTAUX A FLEURS. — MONOCOTYLÉDONÉES

165. Caractères généraux. — Les **végétaux monocotylédonés** ont des fleurs visibles avec étamines et pistil, puis un fruit avec graines; mais ces graines n'ont qu'**un seul cotylédon** et germent comme le grain de blé (fig. 152). La *fleur* manque parfois d'enveloppes colorées, ou bien, si elle est brillante, le calice et la corolle y sont confondus en un seul périanthe. La *tige* paraît toujours provenir d'un amas de feuilles dont les plus jeunes sont les plus centrales; elle devient un cylindre sans ramifications, comme dans les palmiers, ou bien elle est creuse comme le chaume du blé, et on n'y peut jamais distinguer ni les cercles concentriques, ni l'écorce, ni le bois et la moelle des tiges de dicotylédonées. La *feuille* se flétrit sur la tige, mais la base y reste et contribue à former le tronc; les nervures sont presque toujours parallèles et presque jamais ramifiées.

Fig. 169. — Lis (bulbe, tige et fleurs).

Parmi les familles importantes de ce groupe, on peut

citer les *liliacées* et plantes voisines, les *graminées* et les *palmiers*.

166. Famille des liliacées. — Le *lis* (fig. 169) en est le type avec sa racine bulbeuse, sa grande fleur, ses six étamines, son ovaire à trois loges. La *tulipe*, les *jacinthes*, les *fritillaires* sont, comme les lis, des plantes d'ornement. L'*ail*, l'*échalote*, la *ciboule*, le *poireau*, l'oignon sont des plantes alimentaires. Les *yuccas*, les *aloès* et les *phormiums*, avec leurs feuilles larges et épaisses, sont les espèces des contrées chaudes.

Dans des groupes voisins rentrent l'*asperge* dont on coupe au printemps les bourgeons souterrains; le *perce-neige*, les *narcisses* et les *agaves;* les *iris* dont la racine desséchée a l'odeur de la violette, les *glaïeuls* et

Fig. 170.
Avoine de Hongrie.

le *safran;* les *orchis* dont les fleurs sont irrégulières et dont quelques espèces des contrées chaudes ou des serres paraissent vivre à l'aide de leurs racines aériennes.

167. Les graminées. — Les graminées renferment, outre les céréales, *blé, avoine, seigle, maïs, orge,* les petits végétaux vulgairement dé-

Fig. 171. — Fleur isolée du blé, avec ses trois étamines et ses styles en plumet.

Fig. 172.
Vulpin des prés.

signés sous le nom d'*herbes* et qui ont l'aspect ou la structure du gazon. Elles sont très nombreuses sous tous les climats, petites dans les contrées froides, plus grandes sous les tropiques. On les caractérise facilement par leur tige et leurs feuilles d'une part, d'autre part par leurs fleurs.

La tige est un *chaume* avec des nœuds de distance en

Fig. 173. — Dactyle pelotonnée.
(Graminées.)

Fig. 174. — Paturin des prés.
(Graminées.)

distance, et à chaque nœud la naissance d'une feuille qui engaine le chaume jusqu'au nœud suivant, avant de s'étaler en une lanière effilée.

Les fleurs sont habituellement disposées par petits groupes ou *épillets* des deux côtés d'une tige; l'ensemble forme l'**épi** du blé (fig. 139), ou le **panicule** de

l'avoine (fig. 170); du maïs (fig. 175), ou des herbes,
(fig. 172, 173, 174).

Chaque petite fleur a un ovaire avec deux ou trois
styles à plumets, autour desquels sont les étamines; le
tout est protégé,
non par une enve-
loppe close, mais
par des écailles fo-
liacées ou *glumes*
(fig. 171).

Les herbes de
nos prairies natu-
relles (*flouves, vul-
pins* (fig. 172),
fléoles, dactyles
(fig. 173), *paturins*,
(fig. 174), *bromes* et
fétuques), le *riz* et
le *sorgho*, le *maïs*
(fig. 175), les *ro-
seaux*, les *bambous*,
la *canne à sucre*,
voilà avec les *cé-
réales*, les princi-
pales graminées.

Fig. 175. — Touffe de maïs; épis mâles
et épi femelle développé.

La famille des graminées est une des plus utiles du
règne végétal, car elle fournit à l'homme et aux animaux
herbivores leur principale nourriture; à l'homme le **blé**
ou *froment* qui est la base du pain dans presque toutes
les contrées, le riz et la canne à sucre; aux animaux,
le *seigle*, l'*avoine*, l'*orge* et le *maïs* et toutes les *herbes*
des prairies naturelles ou des pâturages.

468. Les palmiers. — Les palmiers sont des
arbres au tronc élancé dépourvu de rameaux et terminé
par un bouquet de feuilles. Ils ne croissent bien que
dans les pays chauds. L'espèce la plus utile de l'Afrique
c'est le **dattier** dont le fruit constitue la principale

nourriture des Arabes. La *datte* a une enveloppe charnue sucrée et succulente et au centre une graine dure. Quand on incise un dattier vers son sommet, il en sort un liquide laiteux connu sous le nom de *vin de palme*.

Le cocotier est une espèce commune en Australie. Le tronc incisé laisse écouler du vin de palme; les feuilles peuvent être employées à confectionner des nattes ou à couvrir les habitations, ou encore à fabriquer de la filasse et des tissus. Le fruit ou la *noix de coco* a une enveloppe ligneuse contenant une amande blanche qui a le goût de la noisette et qui contient au centre un liquide sucré comme le lait.

D'autres palmiers dits *palmiers-joncs* ont des tiges grêles qui sont employées en Europe à la fabrication des cannes et même des meubles.

RÉSUMÉ. — Les végétaux **monocotylédonés** ont des fleurs visibles, un fruit avec graines, mais les graines ne développent à la germination qu'un **cotylédon**. Les feuilles sont engainantes, larges à la base ; les plus jeunes, contenues dans l'étui formé par les précédentes, laissent leurs débris pour constituer la tige ; leurs nervures sont toujours parallèles. Les fleurs n'ont ordinairement qu'un seul périanthe.

On peut citer comme les familles les plus importantes et les plus nombreuses en espèces, les *liliacées* et les *graminées*.

Les **liliacées** à racine bulbeuse et à grandes fleurs telles que le lis, la tulipe, les jacinthes, comprennent en outre, l'ail, le poireau, l'oignon, les yuccas et les aloès.

Les **graminées**, toutes herbacées, constituent les **céréales** comme le blé, l'orge, l'avoine, le maïs, le sorgho, les roseaux et les bambous, et les **herbes** des prairies telles que les flouves, les vulpins, les bromes, les fléoles, les fétuques.

C'est la famille la plus utile du règne végétal, parce qu'elle fournit à l'homme et à tous les animaux herbivores leur principale nourriture.

Les *palmiers* sont des arbres des contrées chaudes présentant un tronc sans branches, terminé par un bouquet de feuilles. Le *dattier* et le *cocotier* sont parmi les plus utiles ; la datte et la noix de coco sont des aliments estimés.

CHAPITRE XXXII

VÉGÉTAUX SANS FLEURS. — ACOTYLÉDONÉES OU CRYPTOGAMES

169. Cryptogames. — Les plantes sans fleurs ou cryptogames où l'on ne trouve ni étamines, ni pistil, ne se reproduisent pas de graines, mais de globules ou **spores** dans lesquels on ne distingue aucune trace d'embryon, qui sont souvent aussi fins que des grains de pollen et qui peuvent germer directement sur le sol.

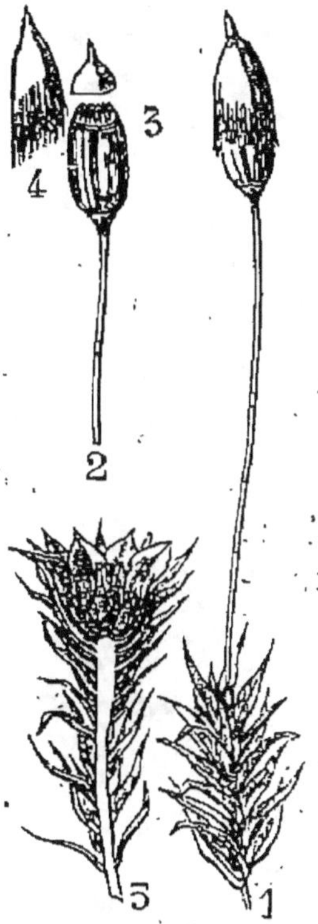

En tête se placent les **fougères**, dont les grandes feuilles, élégamment découpées, sortent le plus souvent d'une tige souterraine et portent sur leur face inférieure les petits corpuscules qui serviront à la reproduction.

A côté des fougères, parmi les cryptogames à racines, se placent les *presles* (fig. 176) et les *lycopodes*. Ces trois familles ont été autrefois très développées, et elles ont présentées de grands arbres; on en retrouve

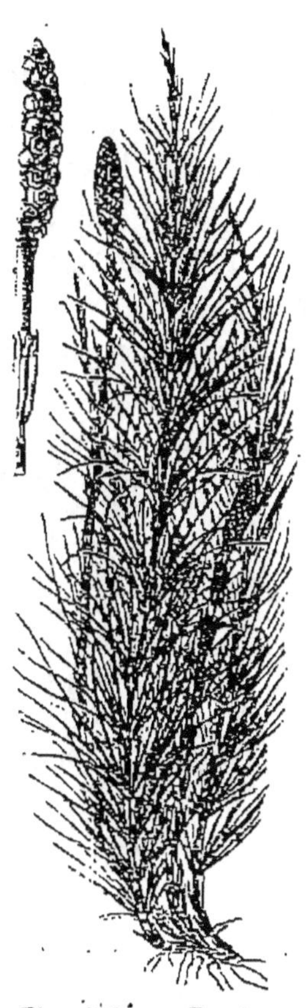

Fig. 477. — Mousse du genre polytric.

1. — Rameau avec son urne recouverte. — 2, 3. Urne découverte. — 4. Coiffe de l'urne. — 5 Coupe d'un rameau à l'extrémité duquel l'urne se développera sur une longue soie.

Fig. 176. — Presles.
(Plante entière avec ses fructifications.)

des empreintes ou des troncs dans l'étage houiller.

Viennent ensuite les **mousses**, sortes de végétaux en miniature avec leurs feuilles délicates, leur tige très fine terminée par une petite *urne* qui contient des organes de reproduction appelés *spores* (fig. 177).

Les **champignons**, qui se développent sur des filaments blanchâtres existant en terre ou sur les matières organiques en décomposition, présentent une sorte de pied charnu surmonté d'un chapeau, de substance blanche, sans aucune trace de verdure, sans

Fig. 178. — Champignons.
(Agaric champêtre.)

feuilles, sans racines, sans rien qui ait l'apparence des végétaux ordinaires. La fig. 178 représente la forme la plus commune de l'*agaric champêtre*, et la fig. 179 donne l'aspect de la *morille* comestible. La plupart des champignons qui croissent naturellement sont vénéneux; et il faut une grande connaissance de ces végétaux pour pouvoir choisir à coup sûr les bonnes espèces.

Fig. 180. — Lichen d'Islande.

Fig. 179.
Morille
comestible.

Les moisissures sont les champignons les plus élémentaires qui se développent sur toutes les substances organiques exposées à l'humidité. Les unes s'attaquent aux végétaux pour en altérer les fruits, comme l'oïdium de la vigne et le charbon des grains; d'autres aux substances animales, d'autres enfin déterminent les fermentations.

Enfin, parmi les végétaux élémentaires se placent les **lichens**, sortes d'excroissances foliacées et coriaces (fig. 180), qui croissent sur les pierres et les **algues** si communes sur tous les rivages de la mer.

RÉSUMÉ. — Les **acotylédonées** ou plantes sans fleur n'ont ni étamines, ni pistils ; leur reproduction n'est pas assurée par des graines, mais par des globules ou **spores** dans lesquelles on ne trouve pas la constitution de l'embryon des autres végétaux.

Dans ce groupe se placent les **fougères**, dont quelques espèces sont arborescentes dans les contrées chaudes, les **mousses** qui croissent abondamment dans les lieux humides ou couverts, les **champignons** avec leur forme en chapeau couronnant un support cylindrique, les moisissures qui sont encore des champignons, les **lichens** et les **algues** qui représentent les derniers degrés de l'échelle des végétaux.

III. — LES MINÉRAUX

CHAPITRE XXXIII

LES VARIÉTÉS DES ROCHES

170. La croûte du globe. — La surface des continents et des îles est presque partout recouverte d'une couche dans laquelle poussent les végétaux et qu'on appelle la **terre végétale** ; elle est formée de petits fragments provenant des parties plus profondes et des débris des plantes, le tout mêlé, remué par la culture ; épaisse seulement de quelques centimètres par places, elle atteint jusqu'à un demi-mètre en d'autres endroits.

Si l'on enlève cette couche ou que l'on creuse une grande tranchée, on voit des couches de pierre et de terre d'aspects divers, de dureté et de composition différentes ; c'est la croûte solide du globe ; ce sont les **roches**, c'est-à-dire les substances minérales, qui forment les couches du globe. Les unes ont un très grand développement, les autres sont disséminées en petites masses ; les unes sont très compactes comme les diverses pierres dures, les autres se délitent facilement ou se présentent en petits fragments, comme les craies tendres et les sables ; terres argileuses, sables et pierres, tout est désigné sous le nom de roches.

171. Roches sédimentaires et roches ignées. — Lorsqu'on examine les masses minérales du globe dans des points où la surface a été profondément entamée, dans les carrières, dans les grandes tranchées des coteaux ou des flancs d'une montagne, sur les falaises des bords de la mer, on reconnaît deux dispositions différentes.

1°. Des couches régulièrement disposées en grands bancs superposés comme les assises d'un grand monument, parallèles les unes aux autres, parfois horizontales, souvent inclinées (fig. 181), ou même ondulées (fig. 182). On les appelle *roches stratifiées* à cause de cette disposition ou encore **roches sédimentaires** ou de dépôt : tout fait croire qu'elles ont été formées au sein des eaux par un dépôt lent et progressif des corps solides tenus en

Fig. 181.
Roches stratifiées inclinées.

suspension dans les eaux, comme se déposent aujourd'hui les alluvions des rivières et des fleuves.

2° D'autres roches forment des masses d'aspect irré-

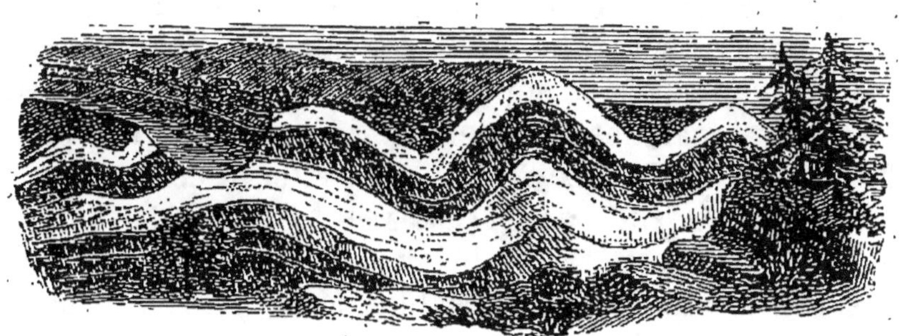

Fig. 182. — Roches stratifiées ondulées.

gulier, souvent au milieu des précédentes, comme si elles avaient été formées de matières primitivement liquides et solidifiées par refroidissement (fig. 183). On les nomme roches massives ou encore **roches ignées** ou roches volcaniques; elles présentent souvent une texture cristalline, un aspect vitreux rappelant celui des matières fondues.

172. Filons. — Au milieu des unes et des autres des deux grandes espèces de roches, on trouve des fentes, des fissures, des crevasses remplies de matières minérales différentes de celles dans lesquelles elles se trouvent; ce sont les **filons** qui contiennent des matières

Fig. 183. — Roches ignées et roches stratifiées.

minérales utilisables et particulièrement des minerais métalliques que l'on exploite pour en tirer les métaux.

173. Division des roches. — A ne considérer que les roches que l'on trouve le plus communément, surtout en creusant le flanc des coteaux peu élevés, on ne fait que trois groupes de roches distingués les uns des autres par des caractères physiques assez frappants : les roches **calcaires** qui font effervescence avec les acides, les roches **argileuses** d'un aspect compact comme les terres fortes à briques ou à poteries, les roches **siliceuses** comme les sables. Mais cette classification convient surtout aux roches sédimentaires. Il vaut mieux étudier séparément les roches massives ou ignées, puis les roches stratifiées ou sédimentaires, puis les masses disposées en filons, matières minérales diverses ou minerais métalliques.

RÉSUMÉ. — Au dessous de la terre végétale, du sol cultivé dans lequel poussent les plantes se trouvent des amas de terres et de pierres qui constituent les roches.

Les unes sont régulièrement disposées en grands bancs à

assises parallèles horizontales, inclinées ou ondulées, ce sont les roches stratifiées ou sédimentaires, analogues dans la forme aux dépôts qu'effectuent encore à leur embouchure les grands cours d'eau.

Les autres forment des masses d'aspect irrégulier et proviennent de matières fondues et refroidies, ce sont les roches ignées dans lesquelles rentrent les roches volcaniques.

Les filons sont des masses minérales remplissant des fentes, des fissures ou des crevasses au milieu d'autres roches; ils contiennent souvent les minerais métalliques.

A ne considérer que les roches de sédiments, on pourrait les classer en trois groupes : les roches calcaires, siliceuses et argileuses. Si l'on examine toutes les roches, de quelque nature qu'elles soient, on les partage d'après leur origine et leur aspect en roches ignées, en roches sédimentaires et en matières minérales diverses comprenant les minerais métalliques.

CHAPITRE XXXIV

ROCHES IGNÉES

174. Caractères généraux des roches ignées. — Les roches ignées sont toutes formées de matières siliceuses et en général de silicates cristallisés. Elles ne sont pas stratifiées et elles se présentent en coulées ou en nappes, en cônes ou en dômes.

Les unes paraissent être plus anciennes que tous les dépôts stratifiés et avoir formé la première couche solide du globe. Les autres, qui ont pénétré par éruptions ou soulèvements dans les terrains de sédiments et qui s'épanchent encore dans les éruptions volcaniques, offrent comme les premières l'aspect de matières en fusion refroidies qui ont gardé le caractère de leur origine ignée. On y peut donc faire une première classification : d'une part, les *roches de première formation* et les *roches éruptives* qui leur ressemblent ; d'autre part, les *roches volcaniques* anciennes ou récentes.

Les premières se divisent en roches simples formées

d'une seule espèce minérale et en roches composées qui
sont formées par la réunion
et la soudure intime de plusieurs roches simples.

**175. Roches sim-
ples**. — La première es-
pèce est le *quartz* qui est de
la silice pure. C'est une substance vitreuse de couleur
variable, mais toujours assez
dure pour rayer le verre et
pour n'être pas rayée par
une pointe d'acier. On en
trouve de nombreuses va-

Fig. 184. — Cristal de roche.

riétés; la plus pure et la plus brillante est le **cristal de
roche** qui est transparent et qui se présente en petits
ou en gros cristaux
groupés et présentant
chacun la forme d'un
prisme à six pans
terminé par une py-
ramide (fig. 184).
Quand ce quartz est
sans forme cristalline
et qu'il est mélangé
d'un peu de matière
étrangère, il est di-
versement coloré et
il forme l'*agate*, la
cornaline, le *jaspe* ou
l'*opale*. Le **silex** ou
pierre à fusil
en est la variété la
plus commune; c'est
du quartz opaque et

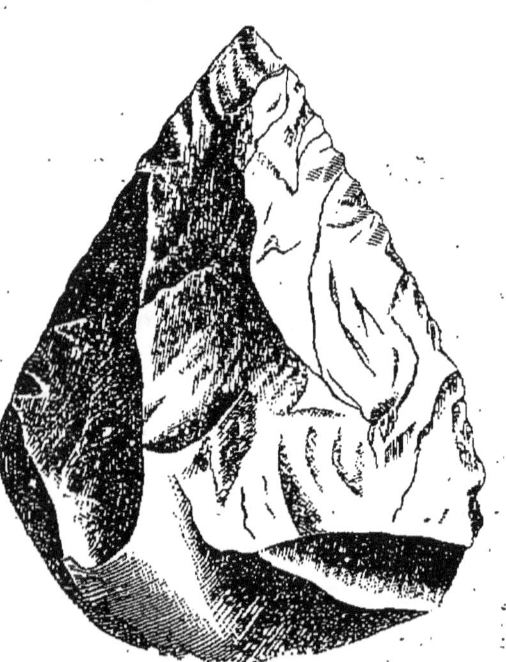

Fig. 185. — Silex.

terne, pouvant se casser en éclats à bords tranchants.
Les premiers hommes, en éclatant adroitement de gros

silex, en faisaient divers instruments tels que hache, pointe de lance ou de flèche (fig. 185). Aujourd'hui encore on s'en sert pour battre le briquet ; le frottement du fer contre un silex détache du métal de minces parcelles qui s'enflamment par la chaleur dégagée par le frottement.

Une autre variété de silex mélangés, c'est la **pierre meulière** dont les beaux morceaux taillés avec des piques d'acier et assemblés servent à former les meules à moudre le blé.

La deuxième espèce de roches simples est le **feldspath**, un silicate double où l'une des bases est l'alumine et l'autre une base alcaline, potasse, soude ou chaux. C'est une pierre compacte, moins dure que le quartz, mais bien plus dure que la pierre calcaire ; elle est tantôt blanche comme dans l'*orthose*, tantôt colorée en rose, en brun ou en vert ; elle ne se laisse pas rayer au couteau.

Une troisième espèce est le **mica**, un silicate à plusieurs bases avec un peu de fluor. Le mica se présente en lames ou en paillettes brillantes, en feuillets qui se séparent facilement les uns des autres et qui sont transparents sous une mince épaisseur. Le mica en paillettes reluit comme les métaux précieux ; en feuilles, on a pu l'employer à faire des vitres comme on emploie le verre.

176. Roches composées. — Les roches composées sont très nombreuses, nous ne citerons que les deux plus répandues.

Le **granite** est abondamment répandu dans les chaînes de montagnes ; c'est une pierre dure formée de grains cristallisés, intimement soudés et appartenant à trois éléments principaux, le quartz, le feldspath et le mica dont les proportions varient ainsi que l'aspect de la roche. C'est une roche difficile à tailler, résistant bien au choc et au frottement. On l'emploie pour les bordures de trottoirs et pour les constructions qui demandent une très grande solidité. Le granite varie de couleur, du rose au noir ; il présente plusieurs variétés comme la *syénite* où des grains noirs d'amphibole remplacent le mica, et la *pegmatite* dont la décomposition par les agents atmosphériques produit le *kaolin* ou terre à porcelaine.

Le **porphyre** est formé de petits cristaux comme ceux du granite, mais disséminés dans une pâte fine de couleur brun-rougeâtre ou verdâtre de nature feldspathique.

177. Roches volcaniques. — Les roches volcaniques comprennent les produits des éruptions

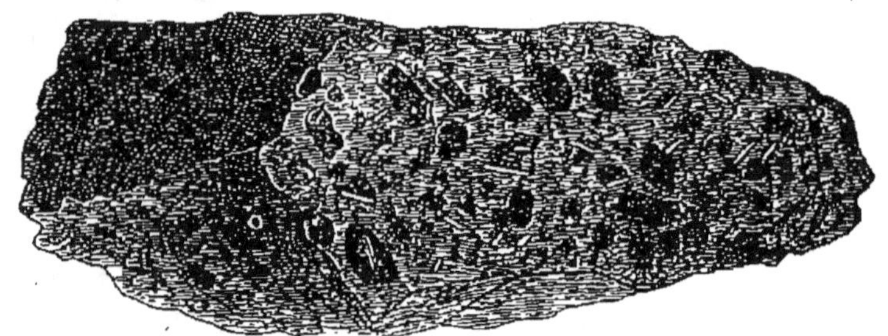

Fig. 186. — Morceau de lave.

anciennes et les produits des éruptions plus récentes.

Parmi les premiers, on peut citer les **trachytes**, roches compactes, d'aspect terne ou vitreux, rudes au toucher et dures ; et en second lieu les **basaltes**, roches très résistantes, d'une couleur noirâtre, fréquemment disposées en colonnes prismatiques à cinq pans. Ce sont des basaltes qui forment, avec les granites, les montagnes du Plateau central et les grands coteaux avoisinants. On suppose que ce sont les laves rejetées à des époques reculées par les volcans éteints.

Dans les produits des éruptions récentes figurent des *scories* ou portions de matières fondues projetées par les gaz, des *cendres*, des *tufs* ou des *lapillis* formés de laves pulvérisées, ou des cendres pénétrées par les eaux et ayant pris une consistance souvent très grande (fig. 186).

RÉSUMÉ. — Les roches ignées qui se présentent en couches ou en nappes sont toutes formées de matières siliceuses. Les unes paraissent avoir constitué la première couche solide du globe, et pénétré par éruption ou soulèvement dans les terrains de dépôt; les autres sont les roches volcaniques proprement dites.

On les divise en roches simples et en roches composées.

Dans les roches simples rentrent le quartz, le feldspath, le mica. Le **quartz** pur et cristallisé porte le nom de cristal de roche. Amorphe et coloré il forme les agates, les cornalines, les opales ou les silex, les pierres meulières ou les sables.

Le **feldspath** est un silicate double à base d'alumine et d'alcali, c'est une pierre dure, blanche, rose ou grise.

Le **mica** se présente en paillettes brillantes ou en feuillets lamellaires.

Parmi les roches composées, les plus répandues sont les granites et les porphyres. Les **granites** sont formés de cristaux réunis et soudés de quartz, de feldspath et de mica. Les **porphyres** ont aussi des cristaux de ces trois roches simples, mais noyés dans un ciment siliceux très dur.

Les **roches volcaniques** comprennent surtout les trachytes et les basaltes.

Les éruptions récentes ont rejeté des laves de compositions basaltiques, des scories et des cendres.

CHAPITRE XXXV

ROCHES SÉDIMENTAIRES

178. Caractères généraux. — Les roches sédimentaires ont toutes été déposées par les eaux ou formées au sein des eaux. Elles se présentent d'ordinaire en masses ou en couches régulièrement superposées; elles ont une texture grenue et un aspect terne ou terreux. Si elles renferment des éléments cristallisés, leur masse générale ne l'est pas; et si quelques-unes se rapprochent par leur aspect des roches ignées, c'est qu'au contact des produits d'éruption elles ont subi un commencement de fusion qui les a fait appeler **roches métamorphiques.**

On y distingue deux grands groupes : les *roches calcaires* et les *roches siliceuses* ; on en fait parfois un troisième en détachant du dernier les *roches argileuses*.

179. Roches calcaires. — Les roches calcaires sont essentiellement formées de *carbonate de chaux*, c'est-à-dire de la matière qui constitue la masse de la pierre à bâtir, du *marbre* et de la *craie*. Ces trois variétés sont les plus communes et les plus répandues ; mais elles sont inégalement distribuées ; car tandis que les

Fig. 187. — Calcaire oolithique.

marbres et les pierres calcaires se trouvent dans presque tous les terrains, la craie constitue sous ses diverses formes un terrain spécial auquel on a donné le nom de terrain crétacé.

Les **calcaires** ou pierres de taille et moellons sont assez tendres pour se laisser rayer par une pointe d'acier ; ils sont d'un aspect terne, d'une couleur qui varie du blanc au brun par les substances qui s'y trouvent mélangées. Les uns sont durs et serrés ; les autres à grains grossiers. Les plus anciens sont compactes, durs, susceptibles de recevoir et de garder le poli, ce sont des *marbres*. Les couches calcaires pleines de coquilles qui appartiennent au terrain de trias, aux flancs des Vosges ; le calcaire gris bleuâtre du lias, et le calcaire jurassique habituellement mêlé de petits grains qui lui ont valu le nom d'*oolithique* (œuf de pierre, fig. 187) sont des couches d'une grande importance abondamment répandues en France et fournissant la pierre à bâtir et la pierre à chaux. Le calcaire grossier des environs de Paris appartenant au terrain tertiaire donne également la pierre de taille et le moellon.

Les **marbres** sont des calcaires compactes, à grain fin, durs, cassants et susceptibles de prendre et de garder le poli. Ils sont de nuances diverses déterminées par les substances étrangères qui se trouvent mélangées au carbonate de chaux ; celui-ci est blanc lorsqu'il est pur ; mais il se colore en rouge ou en rose par un peu d'ocre, en vert par un silicate de magnésie et de fer qu'on nomme serpentine, en noir par des matières charbonneuses ou bitumineuses.

Beaucoup de marbres présentent sur un fond coloré des veines ou des dessins blancs ; les veines sont dues à des filons de calaires, et les dessins à des cristallisations du test des polypiers ou des coquilles enfermées dans le marbre.

On fait quatre groupes principaux des diverses variétés de marbres :

1° Les **marbres simples** qui n'offrent qu'une teinte : le marbre blanc de Carrare ou de Paros, le marbre noir de Namur, le marbre jaune de Sienne, le marbre rouge de Narbonne ;

2° Les **marbres veinés** qui ont sur un fond uni des veines diversement colorées ; tels sont le portor à veines jaune sur fond noir, le grand antique à veines blanches sur fond noir, le Saint-Anne du Hainaut qui est à veines blanches sur fond gris ; c'est avec cette dernière variété qu'on fait ordinairement les cheminées, les tables, les dessus de commodes, etc.

3° Les **marbres composés** qui sont constitués par des fragments calcaires entremêlés de feuillets ou d'amas de substances étrangères, tels sont les marbres campan des Pyrénées d'un beau vert teinté de blanc et de rouge, les cypolins de la côte de Gênes, les marbres verts veinés de blanc.

4° Les **marbres lumachelles** à teintes mélangées, imprégnés de débris de coquilles et de polypiers qui se dessinent en blanc sur un fond plus sombre ou en gris sur une masse rouge-vineux. Tel est le petit granit des environs de Mons.

La **craie** est un calcaire d'un blanc laiteux, friable et tendre, à cassure mate et terreuse. Elle forme de très grandes masses constituant un terrain très développé entre le terrain jurassique et les terrains tertiaires. Elle offre bien des variétés de consistance et de couleur depuis la craie verte ou la craie marneuse jusqu'à la craie blanche. Elle n'est pas partout assez dure pour servir de pierre de construction, mais elle peut partout servir à la fabrication de la chaux. La variété blanche sert à préparer le blanc d'Espagne ou de Meudon.

En dehors de ces trois grandes espèces de calcaires, il en existe encore d'autres formées comme celles-là de carbonate de chaux, faisant effervescence avec les acides, assez résistantes et cependant assez tendres pour être entamées et taillées et présentant un aspect et des propriétés particulières ; tels sont notamment l'*albâtre* à tissu grenu ou lamellaire, blanc et semi-transparent ou coloré par des oxydes métalliques en bandes ondulées, en couches concentriques ou en taches ; le *calcaire lithographique*, compacte, dense, à grain fin, susceptible d'être poli et recherché pour les impressions aux encres grasses.

Aux roches calcaires se rattache encore le *gypse ou sulfate de chaux* appelé ordinairement *pierre à plâtre*. Cette pierre chauffée dans des fours perd l'eau qu'elle contient ; on peut la réduire en poudre après sa cuisson, et cette poudre jouit de la propriété de reformer avec l'eau une pâte homogène qui durcit assez promptement.

180. Roches siliceuses. — La silice et ses composés les silicates n'existent pas seulement dans les roches ignées ; il y en a aussi dans les couches sédimentaires. On les trouve dans les *schistes* des anciens terrains, dans les *sables*, les *poudingues*, les *cailloux roulés*, les *grès* et les *argiles*.

Les **sables** sont formés de débris de roches dures, de grains de quartz de forme irrégulière, mais de même grosseur pour une même couche, mélangés de paillettes de mica qui brillent au soleil comme de l'or ou de grains verts de glauconie (silicate hydraté de fer et de potasse). Le sable sert pour faire le mortier et pour polir le marbre ; quand il est pur et blanc, on l'emploie à la fabrication du verre.

Les **cailloux roulés** sont des fragments de

Fig. 188. — Poudingue.

roches dures, usés par les eaux qui les ont transportés, arrondis par le frottement qui leur a fait perdre leurs angles et leur a donné une surface lisse. Quand ces cailloux sont agglutinés par un ciment siliceux ou calcaire, ils offrent l'aspect de gros fragments que l'on nomme *poudingues* (fig. 188).

Les **schistes** sont des roches feuilletées pouvant se diviser en lames et composées de silicates durs mêlés à des débris organiques. L'*ardoise* est une des formes du schiste dur qui peut se fendre en lames minces.

Les **grès** sont des dépôts siliceux formés de granules fins réunis par un ciment ; c'est comme une réunion de grains de sables accolés et soudés. Ceux des terrains anciens sont très compactes et très durs, on les appelle encore quartzites. Le *grès houiller* qui renferme dans ses couches les dépôts de houille est coloré en gris ou en noir. Le *grès des Vosges* du terrain de trias est rose ou bigarré. Les grès du terrain crétacé sont ordinairement verts. Les grès des terrains tertiaires sont moins cohérents que les anciens, ils portent le nom de *molasses*. Les grès à ciment siliceux sont très durs; on les emploie avantageusement au pavage. Le grès bigarré est assez tendre pour qu'on puisse le tailler; on en fait d'excellentes dalles pour les escaliers ou même des pierres de taille; la cathédrale de Strasbourg en est construite.

181. Roches argileuses. — L'argile est une matière minérale qui provient de la décomposition du feldspath ou en général des roches granitiques. C'est une matière compacte, tendre et plastique, imperméable à l'eau, molle lorsqu'elle est humide, formant avec l'eau une boue, puis une pâte homogène que l'on peut façonner. Au feu elle se fendille à mesure qu'elle se sèche et devient dure et cassante.

Elle est rarement pure et blanche comme le *kaolin*; le plus souvent elle est colorée par des traces d'oxydes métalliques qui lui font prendre une teinte rouge ou brune. Elle peut être intercalée entre les dépôts calcaires avec des matières sablonneuses et des cailloux roulés.

Souvent l'argile est mêlée à des calcaires pour constituer des *marnes* qui participent à la fois des propriétés des calcaires et de celles des argiles, de la perméabilité des uns et de l'imperméabilité des autres.

Ces mélanges d'argile et de calcaires donnent des roches utilisées à la préparation des chaux hydrauliques et des ciments.

RÉSUMÉ. — Les roches sédimentaires se présentent en couches régulièrement superposées. On y distingue les roches calcaires et les roches siliceuses et dans ces dernières les roches argileuses.

Les roches calcaires font effervescence avec les acides, elles sont composées de carbonate de chaux. On en fait trois groupes principaux : les calcaires à bâtir, les marbres et la craie.

Les **calcaires**, pierres de taille ou moellons, sont d'un aspect terne variant du blanc au gris ; ils se laissent facilement rayer et tailler. On y trouve le calcaire à coquilles de Lorraine, le calcaire bleu du lias, les calcaires jurassiques dont une variété à grains fins est appelée oolithe et le calcaire grossier des environs de Paris. Tous servent de pierre à chaux et de pierre de construction.

Les **marbres** sont des calcaires compactes susceptibles de poli. Leur aspect, leurs nuances et leur constitution les font classer en marbres simples, en marbres veinés ou composés et en lumachelles.

La **craie** est un calcaire tendre formant de grandes masses dans le terrain crétacé ; grise, verte ou blanche, elle présente parfois une certaine dureté.

En dehors de ces trois groupes de calcaires, il faut citer aussi le calcaire lithographique, l'albâtre et la pierre à plâtre qui est un sulfate de chaux.

Les **roches siliceuses** des terrains de sédiments sont les sables, débris des anciens terrains avec des grains de quartz et de mica, les cailloux roulés à surface lisse et arrondie par le frottement, les poudingues ou cailloux agglomérés ; les schistes en feuillets dont l'ardoise est un exemple, les grès ou sables cimentés et présentant une grande dureté.

L'argile est une matière siliceuse qui provient de la décomposition des granites. Elle est la base des terres cuites depuis la porcelaine jusqu'aux briques.

Mélangée de calcaire, l'argile constitue les marnes, et ce mélange calciné donne les ciments et les chaux hydrauliques.

CHAPITRE XXXVI

MATIÈRES MINÉRALES DIVERSES
ET MINERAIS MÉTALLIQUES

182. La houille. — La houille, appelée ordinairement **charbon de terre**, est une substance noire, feuilletée, composée en grande partie de charbon, brûlant avec flamme. On la trouve dans un terrain qui a été appelé le terrain carbonifère. Elle s'y présente en amas séparés les uns des autres, quelquefois distants et quelquefois rapproches par groupes et que l'on nomme les **bassins houillers**. Chaque couche de houille se trouve généralement entre deux couches de schistes stratifiés, feuilletés, noircis, couverts d'empreintes de feuilles et de tiges qui attestent l'origine végétale du charbon minéral.

Les bassins houillers de la France sont en relation avec les massifs du terrain primaire comme ceux des Ardennes et du plateau central.

Le bassin du Nord s'étend depuis la frontière belge jusqu'à Boulogne, il se prolonge à l'est à travers toute la Belgique jusqu'à Aix-la-Chapelle.

Les bassins du plateau central qui sont situés dans les plis du terrain granitique se divisent en trois séries ; ceux de l'est qui sont les plus importants sont exploités à Autun, Blanzy, Saint-Étienne et Alais ; ceux du sud-ouest sont exploités à Decazeville et à Carmaux, et la troisième série située, dans l'intérieur du plateau, est exploitée à Decize et à Commentry.

La houille varie de qualité d'une mine à l'autre. On distingue particulièrement les **houilles grasses** et les **houilles maigres**. La houille grasse est brillante, d'un beau noir. Elle brûle lentement, avec une longue flamme ; elle se ramollit, se gonfle et s'agglutine en une masse poreuse qu'il faut diviser pour activer le tirage du foyer ; elle est préférée pour le travail de la forge.

La houille maigre est d'un noir mat, souvent en blocs feuilletés : elle donne moins de chaleur que la précédente et elle ne s'agglutine pas : on l'emploie au chauffage des chaudières à vapeur, à la cuisson des briques, de la chaux et des ciments.

Les houilles à longue flamme sont en outre employées pour obtenir le gaz d'éclairage qu'elles donnent par distillation en vase clos.

183. Autres charbons minéraux. — On trouve dans certains terrains granitiques comme celui des Alpes un charbon plus dur, plus pierreux que la houille, c'est l'**anthracite**. Ce charbon compacte brûle moins facilement que la houille et il exige pour sa combustion des appareils à bon tirage ; mais malgré cela il est employé.

Dans les terrains tertiaires, on rencontre les **lignites** sortes de charbon dont quelques parties ont gardé l'apparence extérieure du bois lentement carbonisé. Les morceaux compacts, susceptibles d'un poli, d'une belle couleur noire, sont utilisés par la joaillerie sous le nom de *jais* ou *jayet;* les portions les plus communes sont utilisées comme combustibles, ou bien encore à la fabrication de l'alun et du sulfate de fer quand elles sont mélangées de pyrites et d'argile.

La **tourbe** des marais desséchés est un charbon de formation plus récente.

Le **graphite** et le **diamant**, qui sont les deux variétés les plus pures du charbon, sont aussi des substances minérales disséminées dans les roches, en paillettes ou en masses compactes et feuilletées. Le graphite ou plombagine, à surface brillante et onctueuse, sert à lustrer la fonte et à faire l'âme des crayons. Le diamant préparé par la taille est estimé pour sa limpidité, son éclat et son action sur la lumière.

184. Le sel gemme. — Le sel qui existe en dissolution dans les eaux de la mer se rencontre aussi dans le sol en masses minérales auxquelles on donne le nom de *sel gemme :* ce sont des masses cristallines ou fibreuses habituellement grises, assez souvent colorées en rose ou en vert, avec des fragments en cristaux cubiques groupés en pyramide (fig 189). On les exploite en mines,

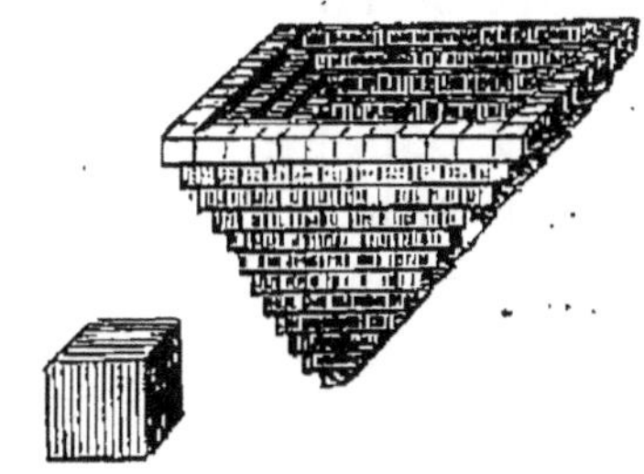

Fig. 189. — Sel gemme en trémie et en cube.

mais les morceaux extraits sont rarement assez purs pour être employés tels; il faut les dissoudre dans l'eau et évaporer ensuite cette eau pour faire cristalliser le solide.

Dans l'est de la France, on trouve des sources salées

qui doivent leurs qualités au voisinage de couches de sel gemme ; elles sont utilisées à la production du sel ; on les fait évaporer à l'air sur une grande surface pour les concentrer avant de les évaporer dans des chaudières par l'action de la chaleur.

185. Les minerais métalliques. — Quelques métaux se rencontrent dans les couches du sol à l'état natif, tel est l'**or** disséminé en petits fragments, en veines ou parfois en gros morceaux qui prennent le nom de *pépites*, dans des filons de quartz blanc injectés dans les roches granitiques. Ces roches désagrégées par les agents atmosphériques forment des sables où reluisent des paillettes d'or et qui sont entraînés par les eaux. C'est ordinairement de ces sables qu'on extrait l'or ; on les lave pour rassembler les parcelles du métal précieux et quand celles-ci sont séparées de la majeure partie des particules sableuses, on les amalgame avec du mercure ; l'amalgame chauffé perd le mercure en vapeurs et laisse le métal.

L'argent se rencontre aussi à l'état natif, avec son éclat blanc brillant, dans de menus filaments ramifiés comme de petits arbustes. Mais on n'en trouve que peu sous cet état de métal pur. Le minerai le plus fréquent est une matière noire, ayant l'apparence d'une pierre dure et contenant l'argent à l'état de combinaison, en sulfure ou en chlorure, avec des sulfures d'autres métaux comme le plomb, l'antimoine et l'arsenic. Il faut faire subir un grillage à ces minerais et les soumettre à des réactions chimiques pour en tirer le métal précieux.

Le **cuivre** se rencontre encore à l'état métallique sur le rives du Lac Supérieur en Amérique ; il est pur de toute autre matière, avec sa couleur rouge, prêt à être employé. On pense qu'il en existait autrefois d'autres gisements dans l'Asie mineure et aux abords de l'Oural et qu'il a suffi aux premiers hommes de fondre et de couler ces masses métalliques pour fabriquer leurs premières armes. Le cuivre a été connu et employé long-temps avant le fer. Aujourd'hui le minerai de cuivre le plus utilisé est la pyrite cuivreuse, combinaison de cuivre et de soufre qui est parfois d'un jaune d'or, mais aussi très fréquemment d'un gris noir avec l'apparence d'une pierre friable, sans rien qui rappelle au premier abord le métal que l'on en peut extraire. L'opération qui consiste à retirer le cuivre de cette pyrite est longue et elle exige plusieurs grillages successifs et une fusion avec le charbon.

Le **plomb** se rencontre en sulfure sous le nom de *galène* dans les terrains anciens. La galène est d'un gris brillant, parfois cristallisée en cubes ; elle est très lourde et elle a un aspect métallique. On trouve parfois de beaux cristaux de galène mêlés de cristaux de quartz ou incrustés dans des schistes comme les ardoises ; mais le plus souvent la galène est en masses dures en filons ou en amas. En France, elle est exploitée dans la Bretagne.

L'**étain** se rencontre à l'état d'oxyde en sables lourds que l'on appelle *cassitéride* et que l'on fait fondre pour en obtenir le métal.

Le **zinc** est en sulfure appelé blende ou en carbonate sous le nom de calamine ; ces deux minéraux d'apparence pierreuse existent dans des couches profondes comme à la Vieille Montagne.

Le **fer**. — Le fer, le plus important des métaux par ses applications, est aussi celui qui est le plus répandu dans l'écorce terrestre ; il n'est presque aucun terrain qui en soit complètement exempt ; presque toutes les terres en contiennent, sinon comme élément essentiel, du moins comme élément accessoire ; il s'y trouve à différents états de combinaison suivant la nature de la roche dans laquelle il est engagé. Il se rencontre dans certaines eaux auxquelles il communique des propriétés médicales qui s'expliquent par la présence constante du fer dans le sang de l'homme et des animaux.

On ne le rencontre pas à l'état natif dans les roches ; mais, sous cette forme, il constitue la presque totalité de la substance des pierres tombées du ciel, des *météo-rites*, dont quelques-unes pèsent plusieurs centaines de kilogrammes.

Malgré cette profusion, et bien que ses propriétés de dureté, de ténacité, de résistance au choc le placent au premier rang pour servir aux armes, aux outils et aux machines, le fer n'est pas le premier métal qu'ait employé l'industrie humaine. C'est que les procédés pour l'obtenir ne sont pas aussi simples ni aussi faciles que ceux qui donnent l'étain et le cuivre, les deux éléments du bronze, bien plus anciennement connu que le fer.

Les minéraux qui contiennent du fer en quantité assez grande et dans un état tel qu'on puisse avec avantage l'extraire et le purifier sont appelés minerais de fer. Ceux qui se prêtent à l'exploitation sont très abondants, mais peu nombreux en espèces ; ils renferment toujours le métal à l'état d'oxyde : c'est l'*oxyde magnétique*, le *sesquioxyde anhydre* et *hydraté* et le *carbonate de proto-xyde*. Les sulfures, si communs sous le nom de *pyrites*, ne sont pas utilisés pour l'extraction du fer ; le métal serait de mauvaise qualité et son travail difficile ; on en retire le soufre à l'état d'acide sulfureux, l'une des matières premières de l'acide sulfurique.

L'oxyde magnétique de fer, Fe^3O^4, constitue l'un des meilleurs minerais ; les variétés compactes forment la pierre d'aimant ; il est très répandu dans la *Suède*, la *Norvège* et le *Canada*.

Le sesquioxyde de fer anhydre, Fe^2O^3, existe à l'état cristallisé, il porte le nom de *fer oligiste* ; il est abondant à l'île d'Elbe. Quand il est en masses compactes et rougeâtres, on lui donne le nom d'*hématite brune*. Hydraté, il porte le nom de *limonite* ou celui d'*ocre* quand il est mélangé d'argile et coloré ; on le trouve en masses terreuses de couleur jaunâtre, ou encore en petits grains associés qu'on nomme le *fer oolithique*. Il est abondant dans beaucoup de couches du sol et exploité pour en retirer le fer.

La **pyrite** ou sulfure de fer est très répandue. Les

beaux échantillons sont jaunes ou blancs, cristallisés en cubes, assez durs pour faire feu au briquet. Fréquemment la pyrite est en masses globuleuses à structure radiée et porte le nom de *marcassite*. Elle s'altère facilement à l'air et se transforme en sulfate de fer ; le schiste où elle est contenue peut alors donner du sulfate d'alumine et de l'alun. Elle est fréquente dans les lignites et dans les charbons fossiles de tous les âges.

RÉSUMÉ. — La houille ou charbon de terre est une substance noire, feuilletée, brûlant avec flamme, que l'on extrait du sol dans les bassins houillers. On distingue les houilles grasses ou maréchales qui gonflent et s'agglutinent en brûlant ; les houilles maigres d'un noir moins brillant et qui donnent moins de chaleur. Les houilles à longue flamme sont préférées pour la fabrication du gaz d'éclairage.

Parmi les autres combustibles minéraux, on cite l'*anthracite* plus dure et plus pierreuse que la houille, les *lignites* dont quelques morceaux ont encore l'apparence du bois, et la *tourbe* formée dans les marais desséchés.

Le *graphite* ou *plombagine* et le *diamant* sont deux variétés du carbone ; celle-ci, très pure et cristallisée est très estimée ; l'autre sert à lustrer la fonte et à faire l'âme des crayons.

Le *sel gemme* se rencontre en certains points du terrain de trias en blocs ou en masses compactes. Les sources salées exploitées dans l'est de la France sont des eaux souterraines qui se sont chargées de sel au contact de ces masses ; on les fait évaporer pour en tirer le sel.

On nomme *minerais métalliques* les substances minérales, sables, paillettes, terres ou pierres d'où l'on peut extraire les métaux. L'*or* se rencontre à l'état natif, disséminé en petits fragments ou en paillettes dans des sables ; l'*argent* et le *cuivre* ont été aussi trouvés autrefois à l'état métallique ; mais aujourd'hui, on les extrait de divers composés et notamment de sulfures ordinairement mélangés de gangue siliceuse ; le principal minerai de *plomb* est la galène, un sulfure qui se présente parfois cristallisé en cubes. L'*étain* est à l'état d'oxyde en sable lourd appelé cassitérite ; le *zinc* se rencontre en sulfure et en carbonate.

Le *fer*, le plus important des métaux, se rencontre surtout en oxydes et en sulfure ou pyrite. Mais les oxydes seuls servent à l'extraction du métal, tandis que les pyrites sont grillées pour produire l'acide sulfureux et ensuite l'acide sulfurique. L'oxyde magnétique et le fer oligiste sont les échantillons les plus beaux et les plus purs d'oxyde de fer. La limonite, la sanguine, les ocres représentent des oxydes mélangés de pierre ou de terre **et qui** constituent les minerais de fer les plus répandus.

IV. — GÉOLOGIE

CHAPITRE XXXVII

LES MODIFICATIONS CONTINUES DU SOL

186. But de la géologie. — Si l'on creuse en terre un puits profond ou une grande tranchée, on voit des couches de pierres et de terres d'aspects divers, de dureté et de composition différentes; c'est la croûte solide du globe, ce sont les *roches*.

La **géologie** étudie la nature et la disposition de ces roches pour y découvrir les matériaux utiles et chercher à reconstituer l'histoire de la terre. Elle peut donc être définie, la *connaissance du sol et l'histoire de sa formation*.

Les différentes couches de la terre ont été formées peu à peu et pendant une longue suite de périodes. Pour arriver à déterminer les divers phénomènes qui se sont produits, on observe la marche des phénomènes actuels; et on y cherche l'explication des phénomènes antérieurs qui ont donné à notre globe sa forme et sa constitution. C'est donc par l'examen de ce qui se passe actuellement que l'on commence l'étude de la géologie. Or, de nos jours, le sol s'accroît ou se modifie sous l'influence de deux ordres de causes : des matières fondues sortent des volcans et s'amoncellent autour des cratères; et d'autres matériaux entraînés par les eaux courantes sont portés dans les lacs et les mers où ils se déposent. Deux grands ordres de phénomènes sont donc tout particulièrement intéressants à suivre : *ceux que l'eau produit et ceux qui dépendent de la chaleur.*

On les étudie séparément et successivement. Les premiers sous le nom de *formations aqueuses* et les autres sous le nom de *formations ignées*.

I. — FORMATIONS AQUEUSES

187. Action de l'eau. — L'eau se présente dans la nature sous ses trois états, en vapeur dans l'atmosphère, en liquide dans la pluie, les torrents, les rivières

Fig. 190. — Falaises d'Étretat. (Roches tendres rongées.)

et la mer, en solide sous forme de neige ou de glace sur les hautes montagnes.

Elle est en circulation continuelle : de l'océan qui est une immense cuve d'évaporation, elle monte en vapeur dans l'atmosphère pour retomber à l'état de rosée ou de pluie et retourner à la mer.

L'eau de la pluie se partage en deux parties, l'une qui pénètre, qui s'infiltre dans le sol et l'autre qui ruisselle à la surface.

Cette eau qui ruisselle à la surface du sol enlève les parties les plus petites et les plus légères pour les entraîner dans des endroits plus bas. Elle agit même sur

les pierres pour les découvrir et les dénuder peu à peu,
et l'acide carbonique qu'elle tient en dissolution la rend
apte à dissoudre peu à peu les pierres calcaires; elle
agit ainsi à la longue sur les granites et elle transporte plus ou moins loin tous les matériaux dont elle se
charge.

L'eau qui s'infiltre descend dans le sol jusqu'à ce
qu'elle trouve une couche imperméable d'argile au des-

Fig. 191. — Aspect général des falaises de la Manche.

sus de laquelle elle forme une nappe qui imprègne les
sables et qui remplit les fentes des couches calcaires.
Elle va former les sources aux flancs des vallées; elle
donne naissance aux ruisseaux, aux torrents, aux rivières, aux fleuves, à tous les courants qui coulent dans
un lit qu'ils se sont tracé.

Les eaux courantes enlèvent aux bords de leur
lit les parties les moins dures et les moins tenaces;
elles peuvent ronger avec le temps même des roches
très dures; elles roulent des pierres; elles les transportent en les émiettant jusque dans les plaines. Leurs

effets sont bien plus considérables quand il se produit une inondation ou quand une fonte de neige donne naissance à des torrents. Le torrent ronge ses rives et creuse son lit, et le large fleuve débordé dépose vers son embouchure les terres qu'il a entraînées dans son parcours; et c'est ainsi que se transforme peu à peu la forme extérieure du sol sous l'action des eaux en mouvement.

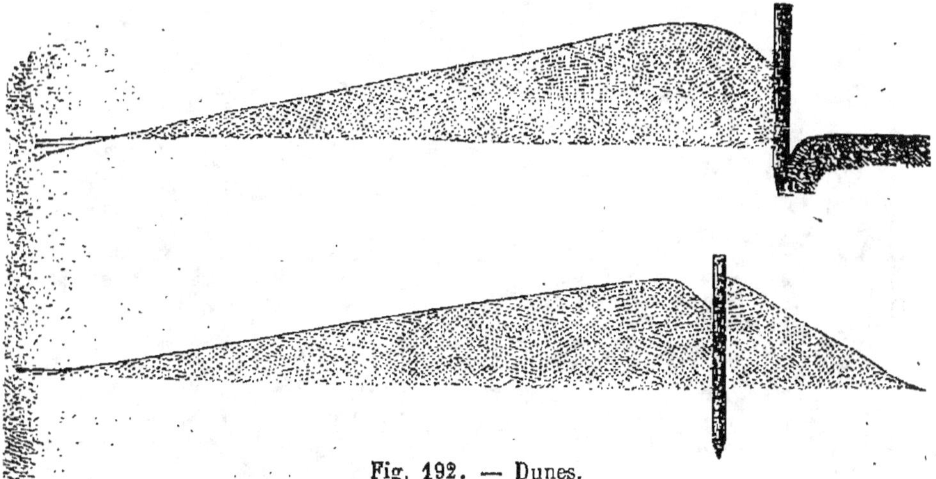

Fig. 192. — Dunes.

Nos grandes vallées actuelles ont été formées ainsi par des courants d'une très grande puissance et d'un très grand volume.

La **mer** exerce en beaucoup de points une action destructive sur ses bords; les vagues désagrègent les roches tendres (fig. 190) entament peu à peu celles qui résistent, et ainsi se sont formées les falaises de nos côtes (fig. 191).

La falaise du cap Griz-nez entre Boulogne et Calais recule d'environ 25 mètres par siècle; celle du cap de la Hève, près de l'embouchure de la Seine, est bien moins résistante et se détruit bien plus vite.

En revanche, la mer transporte sur d'autres rivages des dépôts de sable qui vont former les **dunes** et qu'on parvient à fixer par des obstacles contre lesquels le sable s'arrête (fig. 192). Les arbres que l'on plante et qui

se développent dans ce sol un peu mouvant finissent par
le fixer définitivement.

C'est sur la côte de Gascogne surtout que les dunes

Fig. 193. — Glacier.

ont pris un grand développement : sous l'influence du
vent d'ouest, le sable est poussé vers l'intérieur des terres
et il a formé depuis la Gironde jusqu'à l'Adour une
série de collines d'une surface de près de 30,000 hectares
incultes et insalubres. Ces collines ont été assainies par
un drainage à ciel ouvert. Les plantations de pins ont

pu y réussir ; elles ont arrêté le développement de la dune vers l'intérieur des terres, et cette région insalubre et inhabitée est devenue saine et prospère ; elle produit actuellement près de 3 millions de tonnes de bois par an.

188. L'eau solide. — L'eau à l'état solide, sous forme de neige et de glace, exerce aussi une action destructive par les avalanches et les glaciers.

Les **glaciers** formés par la neige accumulée, serrée, en partie fondue d'abord et regelée, sont aussi des agents de destruction et surtout de transport. Ils se meuvent dans la vallée lentement, en frottant et en usant les roches qui leur servent de base. Les blocs de pierre petits et gros, détachés des parois de la vallée par la gelée ou la pluie tombent sur le glacier qui les transporte au moins jusqu'au point où il fond. Les gros blocs s'arrêtent à la base du glacier et sont nommés **blocs erratiques;** les fragments moyens qui portent le nom de **moraines**, sont transportés souvent plus loin par le torrent qui provient de la fusion de la glace (fig. 193).

Les **avalanches** sont aussi une cause de destruction des rochers et de modification de leur aspect ; elles entraînent dans leur chute des quartiers de rocs qui viennent former dans les montagnes une vallée élevée ou qui peuvent être entraînés par les torrents existant déjà dans les vallées profondes où ils sont tombés.

189. Alluvions et deltas. — Les galets, le sable et le limon entraînés par l'eau des rivières dans les grandes crues se déposent dès que le cours devient plus tranquille, dans les endroits où le courant est faible, où l'eau tournoie et forme des remous. Ces dépôts portent le nom d'**alluvions**. Ils constituent des terrains fertiles quand ils sont découverts par les eaux, parce que les sédiments charriés par les rivières ont été enlevés par la pluie au sol cultivé des plateaux et des plaines.

La quantité de limon charriée par les grands fleuves est considérable. On estime à plus de vingt millions de mètres cubes les matières solides que le Rhône transporte annuellement et à un milliard de mètres cubes la quantité que le Gange conduit chaque année dans le golfe de Bengale. Ces dépôts finissent par s'accumuler à l'embouchure du fleuve, sur les bords et même dans la mer; il se forme alors une petite plaine d'alluvions au milieu de laquelle les eaux se créent un chenal et même souvent plusieurs canaux et à laquelle on donne le nom de **delta**. Les grands fleuves des contrées chaudes où les orages et les fontes de neige amènent beaucoup de limon, ont tous des deltas, tels sont le Nil, le Gange, le Mississipi; et dans les fleuves de France, le Rhône, qui a formé la *Camargue*.

II. — FORMATIONS IGNÉES

190. Phénomènes dépendant de la chaleur. — La chaleur centrale du globe devient sensible à mesure qu'on descend plus profondément, dans un puits de mine, par exemple. On estime qu'à partir de la couche où la température est constante toute l'année et qui se trouve à quelques mètres de la surface du sol, la température s'accroît d'un degré par trente mètres de profondeur. Si cette progression est bien telle, il ne faut pas aller bien loin, pas même à 100 kilomètres, c'est-à-dire à peine la soixantième partie du rayon terrestre, pour trouver une température à laquelle aucun des corps connus ne puisse rester solide. On suppose donc que l'intérieur de la terre est une masse de vapeurs encaissées par la croûte solide qui forme le globe. Et l'on comprend bien alors qu'il existe des sources chaudes, que certaines sources, comme les **geysers d'Islande** (fig. 194), puissent jaillir avec des torrents de vapeur.

Lss **tremblements de terre** s'expliquent par les mouvements de la croûte sous l'impulsion des

vapeurs centrales; et les **volcans** sont les évents par
où s'échappent de temps à autre, sous la pression intérieure, des matières en fusion qui prennent d'abord en
se refroidissant un aspect vitreux et qui forment autour

Fig. 194. — Geyser.

du *cratère* des masses dures et massives. Les **volcans**
dans leur période d'activité, lancent en l'air des *cendres*,
de petites scories ou *lapillis*, des *scories* proprement
dites ou croûtes poreuses, et ils rejettent par leur cratère des *laves* ou matières fondues qui coulent sur les
flancs de la montagne. La **lave**, à sa sortie, est à une
température très élevée; en se refroidissant, elle consti-

tue des masses prismatiques, comme celles que présentent les *basaltes*. Toutes les matières solides qui sortent du cratère, s'accumulent autour de l'ouverture et forment un grand cône, dont le sommet est creusé d'un entonnoir. Toute la crête est composée de basalte, de scories ou de cendres que l'eau agglomère; et sur les flancs, les roches qui existaient avant la première éruption ont pris sous l'influence de la chaleur une structure vitreuse. Beaucoup

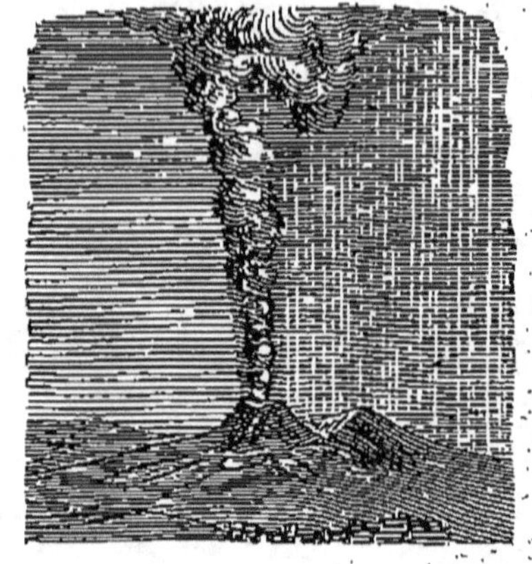

Fig. 195. — Volcan en éruption.

de montagnes ont été produites par des éruptions volcaniques : tels sont nos monts d'Auvergne dont les crêtes sont formées de basalte ou de roches ignées et où l'on peut constater les cônes et les anciens cratères de volcans éteints.

191. Mouvements lents du sol. — On constate en différents points du continent des mouvements lents de l'écorce terrestre qui ont, au point de vue géologique, une grande importance.

Fig. 196. — Faille produite par le glissement des roches supérieures sur les roches sous-jacentes.

Au moyen âge, les îles de Jersey et d'Aurigny étaient réunies au continent. Tout le nord de l'Europe et de l'Asie subit actuellement un exhaussement d'environ 1 mètre 50 par siècle.

Ces mouvements lents, s'ajoutant aux mouvements brusques produits par les tremblements de terre, permettent d'expliquer les glissements des roches (fig. 196), la production des chaînes de montagnes et celle des failles et des stratifications discordantes.

Une *faille* résulte du brisement des couches du sol; généralement la rupture est accompagnée d'un changement de niveau d'un des fragments par rapport à l'autre. Les deux parois de la cassure peuvent être rapprochées sans laisser d'intervalle; mais elles peuvent aussi laisser entre elles une fente remplie de roches brisées ou encore de matières injectées venues de l'intérieur. Dans ce dernier cas, ces matières qui remplissent ainsi l'intervalle laissé par les deux parois de la faille constitue un *filon*. Beaucoup de minerais métalliques sont en filons dans les roches sédimentaires.

Fig. 197. — Filons.

De tout ce qui précède, on peut conclure que le relief actuel du sol peut être modifié par des soulèvements lents et brusques et aussi par tous les phénomènes de dénudation et d'érosions produits par les eaux.

Ces mêmes causes ont vraisemblablement existé à toutes les périodes géologiques; elles ont agi avec une plus ou moins grande énergie, peut-être même pendant un temps très long; et c'est à leurs effets que sont dues toutes les couches superposées dont l'ensemble forme la croûte du globe.

RÉSUMÉ. — La **géologie** étudie les différentes couches de la terre, la manière dont elles ont été formées, et les matériaux utiles que l'on y trouve.

Elle suit la marche des phénomènes actuels pour y trouver l'explication des phénomènes anciens. Deux ordres de causes agissent pour modifier le relief du sol : l'action de l'eau et celle de la chaleur. On étudie donc successivement les *formations aqueuses* et les *formations ignées*.

1. L'eau existe dans la nature sous les trois états: en vapeur dans l'atmosphère; en liquide dans les rivières, les fleuves et la mer; en solide sous forme de neige et de glace. Elle est en cir-

culation perpétuelle; elle s'élève en vapeur des océans pour retomber en pluie et retourner à la mer.

L'eau de pluie pénètre dans le sol ou ruisselle à sa surface. Les eaux qui s'infiltrent vont former la couche aquifère qui donne naissance aux sources, aux torrents, à toutes les eaux courantes.

Les eaux des torrents, des rivières et des fleuves enlèvent à leurs bords les parties les moins dures et les transportent pour les abandonner en partie le long de leur cours, ou à leur embouchure ou à la mer. C'est l'origine des alluvions des rivières et des deltas que forment les grands fleuves.

La mer dénude les roches des falaises sur certains points des côtes pendant qu'elle se retire d'autres rivages, ou qu'elle dépose des sables sous forme de dunes comme dans les landes de Gascogne.

L'eau solide en neige produit les *avalanches* avec les chutes de rocs et les *glaciers* qui progressent lentement, se formant sans cesse à leur sommet pendant qu'ils se détruisent à leur base et qu'ils y apportent les moraines et les blocs erratiques entraînés par la glace dans son trajet.

2. Les phénomènes dépendant de la chaleur sont surtout les les tremblements de terre et les volcans. Ceux-ci pendant leurs éruptions rejettent des matières fondues qui se solidifient et constituent les basaltes et en général les roches volcaniques comme on en trouve dans les monts d'Auvergne.

Outre les mouvements brusques provoqués par les tremblements de terre, il en existe de plus lents qui amènent dans certaines contrées un exhaussement graduel et dans d'autres des glissements de roches et des failles qui expliquent la stratification discordante des dépôts de sédiments.

Toutes ces causes qui agissent aujourd'hui lentement et peu à peu et qui modifient le relief du sol, d'un côté les dénudations des roches et le transport des matières meubles entraînées par les eaux; de l'autre côté les bouleversements lents ou brusques provoqués par la chaleur centrale ont agi avec plus de puissance à toutes les périodes géologiques; et elles permettent de reconstituer l'histoire de la formation des couches du globe.

CHAPITRE XXXVIII

PRINCIPAUX TERRAINS

192. Division des terrains. — Les géologues donnent le nom de *terrain* à chaque ensemble de couches que l'on peut considérer comme ayant été produites par un même concours de circonstances, entre deux périodes d'agitation.

L'observation des couches fait d'abord distinguer les roches éruptives qui constituent le **terrain primitif** de toutes les roches de dépôt qui constituent les **terrains sédimentaires**.

Ces derniers sont groupés d'après leur ancienneté. Si toutes les couches étaient horizontales, l'âge relatif de chacune d'elles serait très facile à établir. Mais quand elles sont inclinées, plissées, ondulées, ce travail de classement devient plus difficile et il faut faire intervenir des observations diverses, comme celle de l'inclinaison par une roche éruptive des couches sédimen-

Fig. 198. — Roche éruptive postérieure aux couches sédimentaires inclinées et antérieure aux couches horizontales.

taires déjà existantes et sur lesquelles il s'est depuis déposé d'autres couches horizontales (fig. 198).

En tenant compte de la superposition des terrains, de leurs différences de stratification, des fossiles qu'on y trouve, des roches qu'ils renferment, on a pu classer les terrains stratifiés en quatre grands groupes que l'on désigne par les noms de **primaire, secondaire, tertiaire** et **quaternaire** et qui se subdivisent eux-mêmes en étages distincts les uns des autres par la nature de leurs roches principales.

193. Fossiles. — On nomme **fossiles** des débris ou des empreintes d'êtres organisés, d'animaux et de végétaux qui ont laissé leur trace sur les roches. Ce sont des coquilles, des dents, des os, des débris végétaux et des empreintes de feuilles ou de tiges (fig. 199).

Un grand nombre de dépôts sédimentaires sont presque entièrement composés de coquilles et de fragments de polypiers; d'autres renferment des parties dures d'animaux qui ont pris une consistance pierreuse, d'autres

Fig. 199. — Empreinte d'un rameau sur un schiste houiller.

enfin présentent des empreintes et des moules incrustés dans les roches.

Tous ces débris sont précieux pour l'étude de la géologie; ils servent à prouver d'abord que les couches où on les trouve ont été déposées par les eaux; ils aident à caractériser les différentes couches, à reconnaître si le terrain a été autrefois le fond d'un lac ou le fond d'une mer.

Chaque terrain a un certain nombre d'espèces qui lui sont propres; ainsi, les couches sédimentaires les plus anciennes ont des crustacés singuliers que l'on ne retrouve pas dans les terrains postérieurs. Les schistes de l'étage houiller portent des empreintes de grandes prêles et de grandes fougères ; les terrains secondaires ont, avec des coquilles de mollusques, des ossements de grands reptiles sauriens. Les couches plus récentes renferment avec de nombreuses coquilles marines et des coquilles d'eau douce, les restes de grands mammifères se rapprochant par leur genre de vie de nos espèces actuelles.

Les figures 200 à 206 représentent des coquilles diverses : le *trilobite* des terrains anciens, l'*ammonite* commune dans les terrains jurassiques, les *oursins* du terrain crétacé et les fossiles les plus communs d'un des étages du terrain tertiaire.

194. Terrain primitif. — Le terrain primitif forme en France le Plateau central, les collines qui s'étendent du nord au sud entre Avallon et le Vigan, de l'ouest à l'est entre la Vienne et le Rhône ; en Bretagne deux grandes bandes de montagnes peu élevées, un massif à Cherbourg, la crête des montagnes des Vosges, l'axe de la chaîne des Pyrénées, le massif du mont Blanc dans les Alpes et celui de l'Oisans dans le Dauphiné.

C'est le granit qui y domine en beaucoup de points, les basaltes dans les monts de l'Auvergne, et çà et là, les autres roches éruptives ou ignées.

195. Terrains primaires. — Les terrains primaires ne reposent jamais que sur le terrain primitif ; ils ont pour fossile caractéristique le **trilobite** (fig. 200) ; et les roches qui les forment sont le plus souvent *schisteuses,* c'est-à-dire disposées en feuillets.

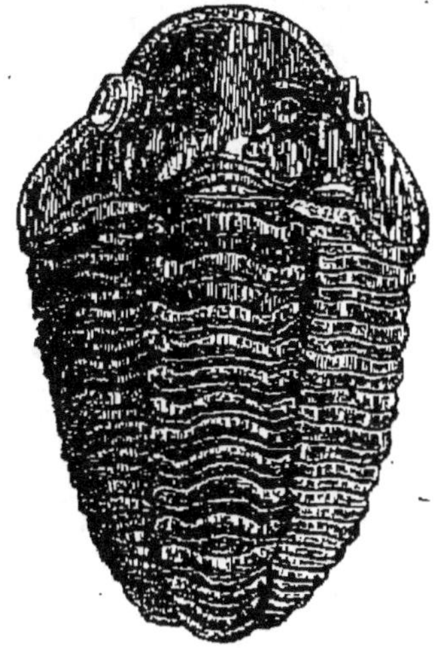

Fig. 200. — Trilobite.

Ce sont les couches du **terrain de transition** où l'on trouve les **ardoises**; ce sont les *marbres* des Ardennes et des Pyrénées formant la première assise du **terrain carbonifère**; ce sont les **couches de houille** avec leurs schistes dont les empreintes révèlent la puissante végétation de cette ancienne époque.

196. Terrains secondaires. — Les terrains secondaires renferment un ensemble de couches qui ne reposent que sur des terrains primaires ou sur du terrain primitif.

Leurs fossiles caractéristiques sont des mollusques céphalopodes, **ammonites** (fig. 201), et **bélemnites** (fig. 202).

Leurs roches sont, à la base, des grès, et dans toutes les autres assises, des calcaires divers.

On les a divisés en trois terrains distincts :

Le **trias** avec ses trois couches : *grès bigarré, calcaire à coquilles et argiles irisées*; ses dépôts de sel gemme et ses sources salées;

Fig. 201.
Bélemnite
mucronée.

Fig. 202. — Ammonite.

Le **jurassique**, qui forme presque tout le Jura, avec ses couches *calcaires*, ses *pierres oolithiques* à grains serrés, ses nombreuses coquilles de mollusques et ses grands reptiles, comme *l'ichthyosaure* qui tenait encore du poisson par ses organes de natation;

Le **crétacé** qui comprend tous les étages de la *craie*, depuis la *craie marneuse* jusqu'à la *craie blanche*, avec ses *silex* interposés et ses *oursins* fossiles (fig. 203).

197. Terrains tertiaires. — Les terrains tertiaires qui ne sont jamais recouverts par les précédents,
mais qui les recouvrent les uns
ou les autres, renferment des
sables, des *grès*, des *marnes* et
des *argiles*, des *meulières* et
des *calcaires*. Ils sont particulièrement développés dans
le bassin de Paris où l'on

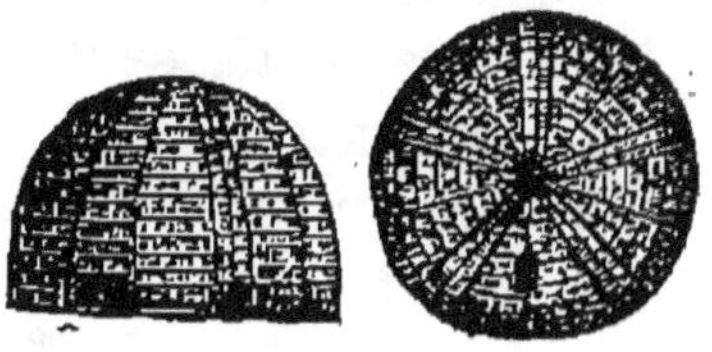

Fig 203.
Oursins du terrain crétacé.

trouve *l'argile plastique* avec ses fossiles d'eau douce
(fig. 204); les carrières à *plâtre* de Montmartre et le *calcaire grossier* à cérithes.

C'est dans ces couches qu'ont été trouvés les ossements

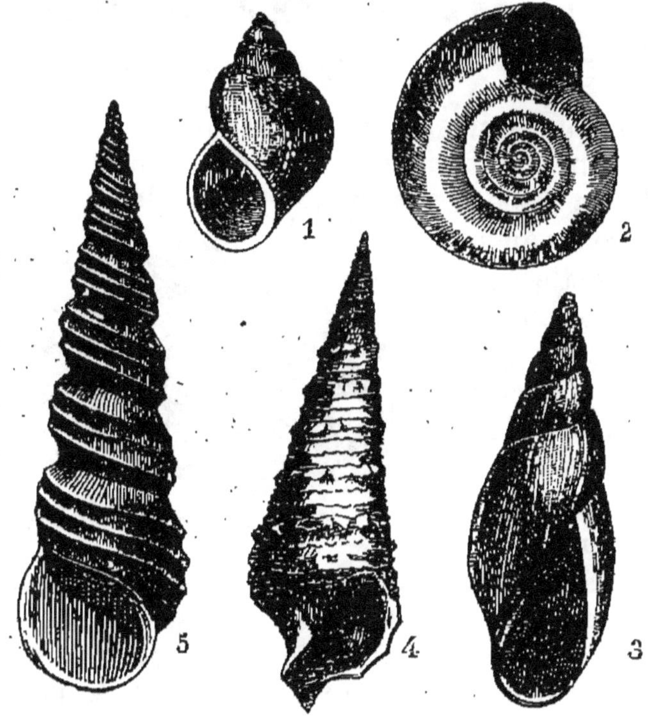

Fig. 204. — 1. Paludine. 2. Planorbe. 3. Lymnée.
4. Cérithe. 5. Mélanie.

des premiers mammifères, se rapprochant par leur ré-
gimes de nos pachydermes, mais dont quelques-uns,
comme le *dinothérium*, (fig. 205) présentaient une taille
gigantesque.

198. Terrains quaternaires. — Les terrains

quaternaires qui ne sont jamais recouverts par aucun des précédents, mais seulement par des couches de formation récente, n'ont ni la puissance, ni la régularité des dépôts des terrains plus anciens. On y distingue les débris de la *période glaciaire*, les *cavernes à ossements* où l'on retrouve les os de grands mammifères comme l'ours (fig. 206) et des couches d'alluvions formées de limon, de sable, de graviers, de cailloux roulés qu'on appelle le *diluvium*.

Fig. 205. — Dinothérium.

On suppose qu'au début de cette époque une partie de la terre était couverte de glaciers qui en fondant ont abandonné leurs blocs erratiques, entraîné leurs moraines, provoqué de grands courants d'eau auxquels sont dues nos vallées actuelles.

Fig. 206. — Crâne de l'ours des cavernes.

L'homme existait à cette époque : on retrouve ses ossements et les vestiges de son industrie avec les ossements des animaux, notamment des rennes qui ont vécu avec nos premiers ancêtres.

Tous ces terrains s'étagent les uns sur les autres, et une tranchée un peu profonde pratiquée sur une grande étendue les présente tous ou presque tous dans leur ordre de succession (fig. 207).

**199. Terrains ac-
tuels.** — Les terrains
actuels sont ceux qui se
forment constamment au
fond des mers, au fond des
marais tourbeux, à l'em-
bouchure des fleuves. C'est
la terre végétale formée des
débris des roches mêlés
aux débris des végétaux et
dans laquelle croissent les
plantes.

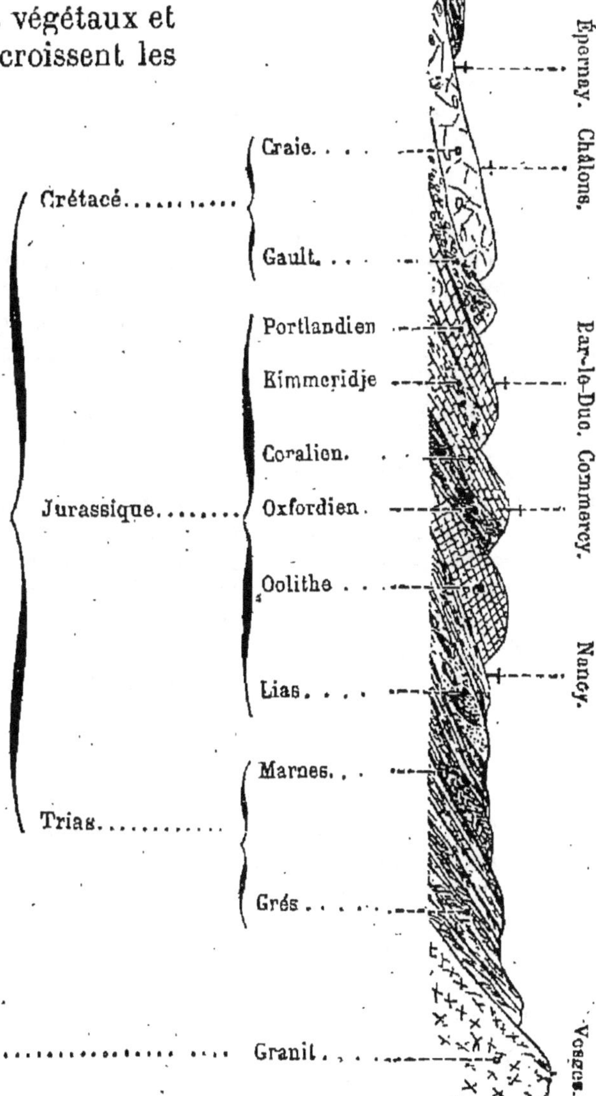

Fig. 207. — Une coupe des ter ains
de Paris à la chaîne des Vosges,
par Châlons et Nancy.

La terre végétale est en formation continue même sur les roches dures. Là se développent des lichens qui recouvrent les pierres de leurs lamelles ; en même temps, la poussière composée de débris de toutes sortes s'arrête dans les replis de cette première végétation ; des mousses y croissent, y meurent et y laissent leurs résidus ; l'épaisseur de la couche augmente, la végétation s'accroît ; la pierre est bientôt couverte de petites plantes et d'une couche de terre végétale formée de leurs débris.

RÉSUMÉ. — On donne le nom de **terrain** à chaque ensemble des couches qui ont eu une même formation et qui présentent une composition analogue. On distingue le *terrain primitif* formé de roches éruptives et les *terrains sédimentaires* formés de couches déposées par les eaux. Ces derniers sont divisés en primaires, secondaires, tertiaires et quaternaires.

On nomme **fossiles** des débris ou des empreintes de végétaux et d'animaux qui ont laissé leur trace sur les roches. Tous ces débris sont précieux pour le géologue ; ils lui permettent de caractériser et de distinguer les couches, et ils lui apprennent si les dépôts ont été effectués par des eaux douces ou par la mer. Chaque terrain a un certain nombre de fossiles qui lui sont propres ; les plus anciens ont des crustacés et des mollusques ; les plus récents des mammifères se rapprochant de nos espèces actuelles.

Le **terrain primitif** forme en France le plateau central, la crête des Vosges, l'axe des Pyrénées, le massif du mont Blanc.

Les **terrains primaires** renferment des pierres schisteuses en feuillets comme les *ardoises* et des *marbres* ; et dans des gisements épars et limités, les couches de *houille* au milieu de schistes noirs portant des empreintes de fougères.

Les **terrains secondaires** comprennent le *trias* avec ses trois couches, dont le grès bigarré ; le *jurassique* avec ses calcaires à ammonites et bélemnites ; le *crétacé* avec ses masses de craie, ses silex et ses oursins.

Les **terrains tertiaires** qui forment le bassin de Paris, comprennent des grès, des argiles, le calcaire grossier, les carrières à plâtre avec de nombreux mollusques. Dans certaines contrées on y retrouve les restes de grands mammifères, notamment de grands éléphants.

Les couches **quaternaires** sont représentées par des sables, des graviers et des cailloux roulés.

Les couches modernes se forment au fond des mers, des lacs, des marais, par les alluvions des fleuves et rivières et par la formation lente et continue de la terre végétale.

V. — HYGIÈNE

CHAPITRE XXXIX

HYGIÈNE DE L'INDIVIDU

200. But et moyens de l'hygiène. — L'hygiène est l'art de conserver et d'améliorer la santé ; elle apprend à éviter les causes de maladies ; elle a des préceptes pour tous les états et pour toutes les fonctions de notre organisme. Nous avons besoin de nous nourrir, de respirer, de nous vêtir et de nous abriter, d'exercer et de reposer tour à tour nos membres, nos sens et nos facultés intellectuelles. L'hygiène nous fournit des règles à suivre sur les aliments, les vêtements, l'influence des agents atmosphériques, le choix de l'habitation, la durée et la forme des exercices physiques et du travail intellectuel ; elle s'appuie sur toutes les sciences physiques et naturelles pour nous dicter des conseils relatifs aux soins à donner au corps, pour nous indiquer les meilleures conditions de salubrité du milieu que nous habitons et les précautions à prendre en cas d'accidents.

I. ALIMENTATION

201. Aliments et nourriture. — Les aliments sont destinés à refaire du sang et le sang à réparer les pertes du corps. On les a classés, d'après leur rôle dans l'organisme, en deux grands groupes, les aliments **azotés**, *plastiques* ou *reparateurs* et les aliments **hydro-carbonés** ou *respiratoires* qui se subdivisent eux-mêmes en substances *amylacées* ou *féculentes* et en *substances grasses*.

Les principaux aliments qui servent à la nourriture de l'homme sont : la chair des animaux, les œufs, le lait, les matières grasses ou huileuses, les fruits et les plantes appelées dans la cuisine du nom de légumes, légumes farineux et légumes verts.

La **chair des animaux** est l'aliment le plus nourrissant : c'est d'abord la viande de boucherie, puis, le porc, la volaille, le gibier et le poisson.

Les **œufs**, surtout ceux de poule, sont un aliment complet, avec le jaune qui est la matière grasse et le blanc qui est la substance albuminoïde.

Le **lait** est la nourriture par excellence des enfants nouveau-nés ; et les adultes se trouvent bien de son emploi ; sous forme de *beurre* et de *fromage*, il est également ment très employé.

Les *substances farineuses* comprennent d'abord le *pain*, puis la *pomme de terre* et les légumes secs (haricots, pois et lentilles).

Les *légumes verts ou végétaux herbacés*, salades, épinards, choux, artichauts, etc., sont par eux-mêmes peu nourrissants, mais ils varient l'alimentation.

Les *fruits* de toutes sortes, et les huiles végétales s'ajoutent aux substances précédentes pour compléter les ressources alimentaires.

A la viande fraîche et aux légumes frais on substitue parfois les viandes salées et fumées et les *conserves* de toutes sortes que l'industrie prépare aujourd'hui dans de très bonnes conditions et qui sont une précieuse ressource dans les voyages.

Pour que l'alimentation soit bonne, il faut qu'elle comprenne des substances plastiques ou albuminoïdes associées à des substances respiratoires dans la proportion générale de un à trois. Un kilog de pain avec 300 grammes de viande, telle est la ration d'entretien d'un homme adulte ; elle est en effet capable de fournir les 20 grammes d'azote et les 300 grammes de carbone qui représentent la dépense journalière d'un homme valide et bien constitué. Mais beaucoup d'autres substances

que la viande et le pain peuvent fournir le carbone et
l'azote indispensables ; on y substitue d'une part les
œufs, le lait, le fromage ; d'autre part, les pommes de
terre, les légumes secs et les fruits. D'ailleurs la quantité
des aliments varie avec l'âge, avec le tempérament et
avec l'exercice des individus et aussi avec le climat.
Pour n'en citer que deux exemples, on comprend qu'il
faut à l'homme sédentaire une moindre ration d'aliments respiratoires qu'au travailleur des champs qui
sue et qui peine toute une longue journée ; on comprend
de même qu'il faille à l'homme du Nord une bien plus
grande production de chaleur pour défendre son corps
contre la température extérieure qu'à l'habitant du Midi :
celui-ci se nourrit en grande partie de fruits rafraîchis-
sants ; l'autre consomme en certaines quantités des combustibles riches tels que les huiles, les graisses et les liqueurs alcooliques.

202. Conditions d'une bonne digestion.

— Quelque soin que l'on apporte pour choisir et varier
les aliments, ce n'est point par ce que l'on mange que
l'on est nourri, mais par ce que l'on digère. Il faut donc
chercher à assurer une bonne digestion.

La première condition c'est d'avoir de *l'appétit* en se
mettant à table. Malgré l'affirmation du proverbe, l'appétit ne vient pas toujours en mangeant ; et le meilleur
moyen de l'assurer et de le stimuler c'est de prendre ses
repas à des heures réglées. Le travail manuel, la promenade ou l'exercice au grand air favorisent l'appétit ;
la régularité des repas agit de même ; les excitants artificiels appelés *apéritifs* sont souvent plus nuisibles qu'u-
tiles.

Outre la faim, il y a encore deux autres conditions
essentielles pour une bonne digestion : les aliments doivent être bien mâchés par les dents, et ils doivent trouver
dans l'estomac et l'intestin les liquides nécessaires à la
transformation qu'ils subiront pour passer en partie
dans le sang.

Les dents accomplissent bien la mastication quand elles sont en nombre suffisant et qu'elles sont bien entretenues, si toutefois on ne mange pas trop à la hâte. Avaler trop vite ou sans mâcher suffisamment, c'est exposer les organes digestifs à une fatigue qui entraînera plus tard des digestions pénibles. Pour conserver de bonnes dents il faut les nettoyer le matin et après chaque repas, en rinçant la bouche avec de l'eau pure, on enlève ainsi tous les débris alimentaires qui pourraient les attaquer et même rendre l'haleine fétide.

Quant aux liquides organiques comme la salive, le suc gastrique, le suc pancréatique et la bile, qui doivent agir chimiquement sur les aliments, leur production est assurée en partie par les boissons; elle est favorisée par l'emploi des *condiments* ou *assaisonnements* comme le sel, les acides, le vinaigre qui conviennent surtout aux aliments fades et qui réveillent l'appétit.

Après le repas, l'estomac se trouve bien d'un exercice modéré ou d'une promenade.

203. Les boissons. — Les boissons sont aussi nécessaires que les aliments : pendant les repas, elles facilitent la digestion des aliments solides ; en dehors des repas, elles remplacent dans le sang l'eau qu'il a perdue dans toutes les excrétions; mais il convient de n'en prendre dans ce dernier cas que pour calmer la soif.

L'eau est la principale des boissons; on y ajoute le vin, le cidre et la bière, et en petite quantité des boissons alcooliques ou aromatiques comme l'eau-de-vie ou le rhum, le café ou le thé.

L'eau doit être *potable* ; la meilleure est l'eau de source, quand elle n'est pas trop fraîche, qu'elle ne contient pas trop de calcaire et qu'elle est exempte de matières organiques. On lui substitue souvent les eaux de puits, de rivière ou de fleuve, même les eaux pluviales recueillies dans des citernes. Mais toutes ces dernières sont souvent impures, souillées de matières organiques dont il faut les débarrasser; on les filtre sur des couches alternatives de sable et de charbon, avant de les employer à l'alimentation.

Il faut rejeter absolument l'usage des eaux stagnantes qui déterminerait des maladies graves comme la fièvre typhoïde.

Le **vin** est la plus estimée des boissons fermentées et la plus salutaire quand on en use raisonnablement. Pris à dose modérée, il active la circulation, excite les centres nerveux et développe les forces.

Le **cidre** étendu d'eau est la boisson des pays du Nord-Ouest, comme la **bière** est celle des pays du Nord.

Les *liqueurs alcooliques*, *eaux-de-vie diverses*, ne doivent être prises qu'à dose très minime ; l'abus de l'alcool entraîne des conséquences graves et conduit à la folie et à la mort.

Le *café* et le *thé* sont deux boissons stimulantes qui surexcitent très favorablement les fonctions cérébrales et combattent les somnolences qui suivent les repas. Le café a rendu service à nos soldats et à nos colons d'Afrique ; il préserve de la fièvre paludéenne les habitants des contrées marécageuses.

II. VÊTEMENTS ET SOINS DU CORPS

204. Vêtements. — On peut considérer dans les vêtements la substance et le tissu, la couleur et la forme, les modifications selon les âges, les saisons et les climats.

Les substances animales ou végétales dont nous confectionnons nos vêtements, nous protègent d'autant mieux qu'elles laissent passer moins facilement la chaleur. La *laine* et les *fourrures* sont parmi celles que nous réputons *chaudes* parce qu'elles ne conduisent pas la chaleur ; elles gardent au corps qu'elles recouvrent la chaleur qu'il possède. Après elles, vient la *soie*, puis le *coton*. Le fil est le moins bon préservateur.

Les tissus lâches, à larges mailles, préservent mieux

que les tissus serrés parce qu'ils emprisonnent dans leurs interstices une couche d'air qui ne se renouvelle pas facilement et qui sert d'écran à la chaleur.

Les étoffes de *couleur blanche* devraient être préférées aux autres l'hiver comme l'été. L'été, elles réfléchissent les rayons solaires et nous en défendent en partie, tandis qu'une étoffe noire les absorbe. L'hiver, elles laissent perdre au dehors moins facilement la chaleur de notre corps. La mode ne satisfait pas toujours à cette règle de l'hygiène; et cependant la nature nous en montre une application dans le pelage blanc des animaux des contrées polaires.

La forme et l'ampleur des vêtements sont excessivement variables avec la mode quand la considération de la saison et du climat devrait seule intervenir. D'une manière générale, les vêtements ne doivent être ni trop larges, ni trop serrés. Et l'hiver, en particulier dans notre contrée, ils doivent bien couvrir le corps.

Au retour du printemps, c'est avec de grandes précautions qu'il faut quitter les vêtements chauds pour prendre les costumes plus légers. L'été, on porte d'habitude des habits plus amples et d'étoffes moins épaisses; mais on est exposé à avoir le corps en sueur; il faut alors bien se garder de se reposer dans un endroit frais ou sous un ombrage humide, quelque plaisir que l'on puisse y trouver : l'évaporation rapide de la sueur du corps est une cause de refroidissement qui amène la grave indisposition connue sous le nom de fluxion de poitrine : l'hygiène commande impérieusement de changer d'habits et de se couvrir le corps de vêtements secs aussitôt que cesse l'exercice qui a provoqué la sueur.

205. Soins de la peau. — La peau perd par les glandes de la sueur une assez grande quantité d'eau; elle se couvre en outre d'un enduit gras produit par les glandes sébacées, et son épiderme se renouvelle peu à peu. Il importe au bon équilibre des fonctions que la peau garde une surface nette et qu'elle reste souple et perméable; aussi les soins hygiéniques qui s'y rapportent sont-ils des plus utiles à la conservation de la santé.

Les ablutions fréquentes et les bains sont les uns et les autres indispensables. C'est le matin, au sortir du lit qu'il convient de procéder aux **ablutions;** avec une grosse éponge ou une serviette bien trempée, on se lave le visage, le cou, les épaules, les bras et les mains; l'eau savonneuse suffit à débarrasser la peau de l'enduit graisseux qui s'y est fait, l'eau froide vaut mieux que l'eau tiède.

Les **bains** sont nécessaires de temps en temps pour nettoyer toute la surface cutanée, détacher et enlever tous les débris d'épiderme qui s'y trouvent. Le *bain tiède* dans l'eau à 30 ou 35º est le plus utile et le plus salutaire. Le *bain froid* nettoie moins bien et ne convient pas à tous les sujets; les personnes nerveuses, irritables sont trop vivement impressionnées par l'immersion dans l'eau froide, les sujets lymphatiques et mous y trouvent une salutaire excitation.

L'hygiène veut qu'on n'entre pas au bain, surtout au bain froid, pendant la période de digestion; ce n'est donc qu'environ quatre heures après le repas que l'on peut se baigner. Il est très dangereux d'entrer dans l'eau le corps couvert de sueur, dangereux aussi de rester à l'air, le corps mouillé, à cause du refroidissement qu'amène l'évaporation de l'eau dont le corps est couvert.

III. — HABITATION. — CHAUFFAGE. — ÉCLAIRAGE.

206. Habitation. — Un appartement ou une maison ne se trouve dans les conditions essentielles de salubrité que s'il est en même temps aéré, bien éclairé et parfaitement sec.

A la campagne, dans nos pays tempérés, la meilleure exposition est celle du midi; les habitations que le soleil ne visite pas sont presque toujours froides, humides et malsaines.

A la ville, il faut rechercher l'exposition sur un boulevard planté d'arbres, sur une large rue, au-dessus de l'entresol. Le choix d'un logement confortable et hygiénique est beaucoup plus facile aux gens aisés qu'aux ouvriers; ceux-ci n'ont souvent avec leurs modeste ressources qu'un logement trop bas de plafond et trop exigu, où l'encombrement favorise l'éclosion d'un grand nombre de maladies inhérentes à l'accumulation des miasmes humains, comme la variole, la rougeole, la diphtérie qui font chaque année beaucoup de victimes dans les grandes villes. Cependant la plupart des maisons nouvellement construites présentent sur les anciennes, malgré l'étroitesse de leurs appartements, une incontestable supériorité au point de vue de l'hygiène; et il est à désirer que ce progrès s'accentue encore.

Les principales causes d'insalubrité des habitations et les moyens pratiques d'y remédier sont résumés dans les instructions suivantes, publiées par le Comité d'hygiène publique:

« *Causes de l'insalubrité des appartements*. — L'air des habitations est principalement vicié par les causes suivantes : le séjour de l'homme et des animaux, la combustion des différentes matières employées au chauffage et à l'éclairage, les fuites de gaz, la stagnation et la décomposition des urines, des eaux ménagères, des immondices de toute sortes, etc.

« Les effets produits par l'altération de l'air des habitations sont toujours graves. Le défaut d'aération et de propreté est une des principales causes des épidémies qui peuvent se développer dans une grande agglomération d'hommes.

« *Moyen d'assurer la salubrité d'un appartement*. — Ces résultats ne peuvent être obtenus que de la manière suivante:

« Il est important que le nombre des lits placés dans les chambres à coucher soit proportionné à la dimension de ces chambres, de telle sorte qu'il y ait au moins 14 mètres cubes d'air par personne, indépendamment des moyens de ventilation.

« Ne pas coucher en grand nombre dans la même chambre, surtout dans la pièce servant de cuisine.

« Renouveler l'air des appartements, en ouvrant de préférence les fenêtres exposées au soleil, et, s'il y a lieu, se couvrir de vêtements chauds, afin de pouvoir aérer plus largement sans avoir à craindre l'action du froid.

« L'ouverture des fenêtres après le lever, les lits étant découverts, et pendant le balayage, est une mesure nécessaire de salubrité.

« Ne jamais brûler de charbon dans un réchaud à l'intérieur des appartements, ni dans les corridors, à moins qu'on ne le place dans l'âtre de la cheminée ou sous la hotte d'un fourneau, par où puissent s'échapper la fumée et les gaz provenant de la combustion.

« Entretenir soigneusement la propreté du corps par des lavages et des bains. Changer suffisamment de linge et nettoyer, autant que possible, les autres vêtements. Éviter l'accumulation du linge sale, en lavant ou donnant à laver au fur et à mesure.

« Ne point garder des viandes qui commencent à se corrompre ; laisser au dehors, à l'air libre, les provisions et particulièrement les fromages qui exhalent une mauvaise odeur.

« Il faut balayer fréquemment, non seulement les pièces habitées, mais encore les escaliers, corridors, cours, et passages, en ayant soin de gratter les dépôts de terre et immondices qui résistent à l'action du balai.

« Les parties carrelées, dallées ou pavées doivent être, en outre, lavées le plus souvent possible, et surtout bien essuyées après le lavage. Il est bon d'ajouter à l'eau des désinfectants. Le lavage, lorsqu'il entraîne à sa suite un état permanent d'humidité, est plus nuisible qu'avantageux.

« Nettoyer fréquemment, avec le plus grand soin, les sièges et cuvettes des lieux d'aisance, les plombs destinés aux eaux ménagères, les rigoles, ruisseaux et gargouilles.

« Enfermer les ordures, débris d'aliments, résidus de cuisine, dans des seaux ou autres vases clos, pour les jeter chaque jour dans les tombereaux qui doivent les emporter,

« Il est très important de ne pas laisser accumuler les eaux ménagères dans l'intérieur des habitations. Il faut bien se garder de refouler à travers les ouvertures de la grille qui se trouve au fond des cuvettes destinées à l'évacuation de ces eaux, les fragments solides, dont l'accumulation ne tarderait pas à produire l'engorgement des tuyaux. Lorsque les eaux exhalent une mauvaise odeur, on doit les désinfecter.

« Une des pratiques les plus fâcheuses dans les usages domestiques, c'est celle de vider les urines dans les plombs d'écoulement des eaux ménagères. »

207. Chauffage. — Dans toute habitation, l'homme a journellement besoin de feu pour la cuisson de ses aliments, et une bonne partie de l'année pour se préserver du froid et maintenir une température de 15 à 18° favorable à la santé.

Trois sortes d'appareils de chauffage sont usuels : les **cheminées**, les **poêles** et les **calorifères**.

Quand on le peut, c'est le chauffage au bois sec flambant dans une bonne **cheminée** qu'il faut préférer à tout autre. Il est dispendieux, car la meilleure cheminée emporte les quatre cinquièmes de la chaleur produite ; mais il a le très grand avantage de bien ventiler la salle.

Les **poêles** sont très employés parce qu'ils utilisent mieux le combustible que la cheminée. S'ils sont en fonte, ils s'échauffent vite et rayonnent promptement ; ils chauffent bien quand ils ont un certain développement de tuyaux conducteurs des gaz de la combustion ; mais ils dessèchent l'air. S'ils sont en faïence, ou bien à revêtement intérieur argileux, ils s'échauffent plus lentement et donnent une chaleur plus douce. Dans tous les cas il faut placer sur la tablette un vase d'eau pour restituer à l'atmosphère l'humidité qu'elle a perdue.

Les **calorifères** ne sont économiques que dans les maisons ou établissements où l'on a de très grandes pièces, ou un certain nombre de salles à chauffer en même temps.

On peut, en établissant bien un système de ventilation qui apporte de l'air pur par en bas et qui emporte l'air vicié par en haut, profiter des avantages des deux derniers modes de chauffage et parer à leur principal inconvénient.

En tous cas, il faut proscrire l'usage des *brasiers* du Midi et des *chaufferettes* contenant de la braise allumée, encore en usage dans beaucoup de contrées et auxquelles il est sage de préférer les bouillottes d'eau chaude.

208. Eclairage. — L'éclairage est réalisé par les huiles ou le pétrole dans les *lampes*, par la *chandelle* ou la *bougie*, par le *gaz* et même parfois par l'*électricité*.

On rejette aujourd'hui les lampes fumeuses d'autrefois et même la chandelle, et on recherche les flammes brillantes, soit de la lampe à double courant d'air, soit de la bougie, soit du gaz. D'une manière générale, on peut dire que plus on y voit pour travailler le soir et moins la vue se fatigue.

Toutes les flammes sont des consommateurs d'oxygène et des producteurs d'acide carbonique. Il ne faut pas l'oublier et ventiler les salles en conséquence, surtout quand on emploie le gaz, comme cela a lieu dans toutes les villes.

Les lampes électriques à incandescence auraient tous les avantages d'une belle et douce lumière, sans l'inconvénient d'échauffer l'air, ni d'y verser des gaz irrespirables. Mais leur installation est encore trop coûteuse pour se généraliser aussi vite que le désirent les amateurs du progrès.

209. Logement des animaux domestiques.

— L'homme emploie les animaux domestiques comme producteurs de force pour les travaux, comme producteurs du fumier nécessaire au maintien de la fertilité des terres, comme producteurs de viande ou de lait et de matières premières pour l'industrie. Pour en tirer le parti le plus avantageux, il faut tout d'abord leur assurer un logement dans de bonnes conditions hygiéniques.

L'emplacement des bâtiments d'une ferme dépend souvent de circonstances diverses comme la disposition des chemins ruraux et la configuration du terrain. Mais une des conditions essentielles c'est la salubrité, une bonne exposition, une aération facile et suffisante, un sol sec en pente légère, des dimensions assurant le cube d'air nécessaire. Il faut à un cheval, à un bœuf, à une vache 24 à 25 mètres cubes d'air, à un mouton 3 à 4 mètres cubes, à un porc 5 à 6 mètres cubes, et à chacun d'eux l'espace en surface nécessaire pour qu'il puisse se tenir et se coucher sans être gêné. Il faut, en outre, que l'air vicié par la respiration des animaux et par les émanations des litières puisse s'échapper et être remplacé par de l'air pur. La ventilation se fait ordinairement par les portes et les fenêtres, et ces dernières doivent être placées assez haut pour que les animaux ne soient pas incommodés par les courants d'air. Le sol doit être disposé de manière à favoriser l'écoulement des urines qui ne sont pas absorbées par la litière et aussi à rendre faciles l'enlèvement du fumier et les nettoyages qu'il ne faut pas craindre de rendre fréquents si l'on veut satisfaire aux lois élémentaires de l'hygiène.

CHAPITRE XL

HYGIÈNE PUBLIQUE

210. Assainissement des campagnes. — Beaucoup de campagnes, avec leur sol perméable, leurs cours d'eau, leur verdure et leurs forêts réunissent les meilleures conditions de salubrité. Mais il en est d'humides ou de marécageuses qui sont insalubres et qu'il faut assainir pour les rendre habitables et productives.

Dans les terrains où le sous-sol argileux est imperméable, l'eau séjourne; il s'y forme de petits marais. Dans les pays où les étangs sont nombreux, l'action funeste des eaux croupissantes se fait sentir sur la population tout entière. Les effets produits sur la santé par les émanations marécageuses consistent ordinairement en accès de fièvre revenant périodiquement à des intervalles plus ou moins rapprochés, en un empoisonnement lent qui produit un dépérissement et peut amener la mort. La durée de la vie moyenne, qui est de 40 ans, était réduite à 20 ans dans les Dombes avant 1850, époque à laquelle ont commencé les travaux d'assainissement. La mortalité est considérable dans les plaines basses, autour des rizières, marais artificiels très insalubres, dans tous les terrains qui sont tour à tour couverts et découverts par l'eau.

L'hygiène publique doit tendre à faire disparaître toutes les eaux croupissantes; elle y arrive par le *drainage* et par le *desséchement des marais*.

211. Drainage. — Le drainage a pour but de diminuer l'humidité des terres arables trop imbibées d'eau, d'assurer l'écoulement des eaux qui resteraient croupissantes sur le sol. On l'applique aux terres froides ou fortes, et en général aux sols trop peu perméables et à tous ceux qui reposent sur un sous-sol argileux. On l'applique aussi à toutes les plaines où l'eau séjourne en assurant à celle-ci un écoulement.

On reconnaît l'excès d'eau dans le sol aux signes suivants : après la pluie la terre reste couverte de flaques qui ne disparaissent que lentement; si l'on creuse un trou on voit l'eau apparaître au fond et y rester; les plantes qui croissent spontanément sont les ajoncs, les prêles et quelques cypéracées.

La méthode la plus ancienne pour débarrasser les terres de l'excès d'humidité consiste à creuser dans les parties basses du terrain des fossés d'écoulement et à y faire aboutir des rigoles tracées suivant diverses direction ; c'est le drainage par canaux ouverts, que l'on a pratiqué avec tant de succès dans les landes de Gascogne, dans les Dombes et dans une partie de la Sologne.

La méthode moderne consiste à former à un mètre ou un mètre cinquante de la surface du sol un réseau de canaux souterrains aboutissant les uns aux autres et conduisant les eaux recueillies à un collecteur dont l'écoulement est assuré. On place dans ces canaux soit des pierres plates, soit des *drains*, c'est-à-dire des tuyaux de terre cuite posés bout à bout.

Les avantages du drainage sont évidents : c'est l'aération, le réchauffement, l'ameublissement du sol et sa plus-value; et c'est ensuite l'assainissement de la contrée par la disparition des miasmes que produisent toujours les eaux stagnantes.

Des dispositions législatives règlent les servitudes qu'entraîne le drainage et les avantages attachés à son exécution.

212. Desséchement des marais. — Pour dessécher les marais, le moyen qui a le mieux réussi a été d'y développer la culture, d'y faire des plantations et d'utiliser ainsi l'eau pour la végétation. On a planté, dans les plaines marécageuses de l'Algérie, l'*eucalyptus* qui les a assainies; dans la Sologne et dans les Landes, le *pin maritime* qui en trente ans a fait de ces pays autrefois pauvres, malsains, dépeuplés, deux contrées productives pouvant nourrir une population nombreuse. En Corse, on a employé la vigne et le mûrier, ailleurs l'osier et le saule. Partout le desséchement des marais a produit une amélioration considérable dans la santé publique. Dans les Dombes, il y a 40 ans, sur 100 conscrits, plus de 50 étaient refusés comme impropres au service, tandis qu'aujourd'hui, ce chiffre est réduit à 10 0/0 seulement.

213. Salubrité des villes. — Les causes d'insalubrité dans les villes tiennent à l'agglomération d'un nombre considérable d'individus dans un espace restreint, à la souillure de l'air et du sol par les résidus d'une population nombreuse.

Pour assainir les villes, on élargit les rues; on ouvre des places publiques; on crée des jardins et des promenades; on remplace peu à peu les vieux quartiers sans air et sans lumière par des habitations plus spacieuses, plus aérées, plus faciles à nettoyer. On fait venir, souvent à grands frais, l'eau en grande quantité, non seulement pour servir à l'alimentation de la population, mais surtout pour laver et entraîner les immondices. On crée, sous le nom d'**égouts**, des canaux souterrains pour emporter les résidus liquides qu'on n'y laisse plus séjourner. On a reconnu que les résidus organiques de toutes sortes laissés à l'air y répandent des germes morbides, que les vidanges abandonnées dans des *latrines* à fond perdu empoisonnent à la fois le sol et l'atmosphère. Dans certaines villes on les emprisonne dans des fosses d'aisance étanches dont il faut vider le contenu de temps en temps pour le porter au dépotoir; dans d'autres on les verse à l'égout, avec une quantité d'eau suffisante pour les délayer et les entraîner jusqu'à un grand champ, à sol poreux, où l'eau s'épure en s'infiltrant. L'arrosage, le balayage, le lavage des rues, l'enlèvement des ordures ménagères se font régulièrement dans beaucoup de villes au grand profit de la salubrité publique.

CHAPITRE XLI

SOINS EN CAS D'ACCIDENTS. — PRÉCAUTIONS EN CAS D'ÉPIDÉMIE.

214. Accidents. — Les accidents auxquels on est exposé peuvent provenir de bien des causes : c'est une blessure faite par un outil ou une machine, une chute, une brûlure, une morsure ou une piqûre suspecte, un empoisonnement, une asphyxie. Dans tous ces cas, il est bon de connaître les premiers soins à donner en attendant l'arrivée du médecin.

Lorsque la peau a été froissée sans déchirure, il y a *contusion* avec ecchymose; la disparition de la couleur lie-de-vin est affaire de temps; on la hâte avec une substance astringente comme la teinture d'arnica ou l'*eau blanche*.

Quand il y a déchirure de la peau, c'est une *plaie*, l'eau froide est à tous points de vue le meilleur remède.

S'il y a *hémorragie*, il est important d'arrêter l'effusion de sang; on y parvint souvent en serrant la plaie avec une bande de toile ou un mouchoir qu'on laisse jusqu'à ce qu'un caillot formé sur l'ouverture de la plaie l'obstrue entièrement. Si c'est un gros vaisseau qui s'est ouvert, l'hémorragie est inquiétante; il faut, pour la diminuer ou pour l'arrêter, pratiquer la compression de l'artère soit à l'aide des deux pouces appliqués l'un sur l'autre si l'on peut saisir à pleines mains la partie où est le vaisseau, soit au moyen d'une pelotte un peu dure appuyée sur l'artère et maintenue en place par un bandage.

Dans le cas de *défaillance* ou de *syncope*, on couche le malade horizontalement, et si l'accident se prolonge on a recours aux aspersions d'eau fraîche sur le visage, aux frictions sur la poitrine, aux inspirations nasales de vinaigre ou d'alcali.

Dans les cas d'*entorse* ou de *fracture*, il faut transporter le blessé en prenant soin de maintenir dans l'immobilité le membre fracturé, d'éviter les secousses, les chocs, les frottements qui aggraveraient le mal; et tout ce que l'on peut faire en outre en attendant le médecin, c'est de combattre l'inflammation et la douleur par l'application de compresses imbibées d'eau fraîche.

215 Secours aux asphyxiés et aux noyés. — Quand l'air n'arrive plus dans les poumons ou qu'il y entre mélangé de gaz qui tiennent la place de l'oxygène, il y a *asphyxie*, et si l'état se prolonge quelque peu la mort survient.

Il y a bien des cas où l'asphyxie se produit, et la submersion est un des plus fréquents à l'époque des bains froids.

Quel que soit le genre d'asphyxie, les soins à donner sont à peu près les mêmes; ils ont tous pour but de faire disparaître les obstacles qui s'opposaient à l'entrée de l'air dans les poumons, et de rétablir la circulation quand cela est possible.

Pour un noyé, le premier soin à prendre est de le déshabiller, de le coucher sur le côté en maintenant la tête un peu haute, pour que l'eau qui encombre les voies respiratoires puisse être expulsée. On le réchauffe ensuite par tous les moyens possible, linge chaud ou couvertures. On nettoie la bouche; on relève et on tire la langue pour que sa base cesse d'obturer le larynx, et on fait sur le thorax des frictions sèches.

Il faut de toute nécessité faire pénétrer de l'air dans les poumons. Si par les mouvements d'abaissement et d'exhaussement des bras, on ne parvient pas à rétablir peu à peu les mouvements du thorax, on insuffle de l'air par un tube à l'aide d'un soufflet, modérément d'abord. En même temps, on provoque des mouvements en excitant les narines avec une barbe de plume ou avec des corps volatils d'une forte odeur.

Les personnes asphyxiées par les émanations délétères,

le gaz d'éclairage ou l'acide carbonique, doivent être traitées d'une manière analogue. on doit avoir recours à l'insufflation en même temps qu'on provoque une respiration artificielle pour faire revenir la respiration normale.

216. Secours aux empoisonnés. — Le premier soin, la première indication formelle en cas d'empoisonnement, c'est de faire sortir le poison, de faire vomir le malade en lui chatouillant le fond de la gorge ou en lui administrant un vomitif, par exemple, 2 centigrammes d'émétique dans un verre d'eau chaude, trois fois successivement à dix minutes d'intervalle.

La nature du poison guide pour le traitement subséquent; d'une manière générale, les substances enveloppantes comme le lait sont très bonnes.

Si le poison est corrosif ou acide, c'est la magnésie dans l'eau ou le blanc d'œuf qui conviennent, en même temps qu'on met sur le ventre des cataplasmes émollients.

Si, au contraire, le poison est une base, c'est avec le vinaigre étendu, la limonade au citron qu'on le combat.

Contre les narcotiques, on emploie le café noir.

Contre les stupéfiants, champignons, belladone, moules, substances vénéneuses, on emploie l'eau de Sedlitz et après elle une infusion de thé ou de tilleul.

En tout cas, après ce premier traitement, il est indispensable de recourir au médecin.

217 Précautions et régime en temps d'épidémie. — On nomme **maladies épidémiques** celles qui se transmettent d'un individu malade à un individu sain, celles que l'on appelait autrefois infectieuses ou contagieuses : la *diphtérie* (angine couenneuse et croup), la *scarlatine*, la *rougeole*, la *variole*, la *fièvre typhoïde*, la *fièvre jaune*, le *choléra*.

On admettait autrefois que ces maladies étaient dues à des émanations gazeuses qu'on désignait sous le nom de *miasmes*. Les recherches récentes les rapportent à de

très petits êtres microscopiques que l'on a appelés
microbes, que l'air transporte, qui se reproduisent
et se multiplient sur le corps de l'individu malade et qui
se transmettent par tout ce qu'il a touché ou par tout ce
qui provient de lui. Le linge, les habits et surtout les
déjections des malades, typhiques ou cholériques, sont
les agents habituels de la transmission des microbes. La
fièvre typhoïde est due à la souillure des eaux qui servent de boissons et qui ont été contaminées par leur passage près de fosses d'aisance ou de dépôts d'immondices.

En temps d'épidémie, la désinfection des ruisseaux, des
voies publiques, des égouts, des eaux stagnantes est
d'urgence absolue ; on la réalise par des solutions de
chlorure de zinc, de sulfate de fer ou de cuivre, ou d'a-
cide phénique. L'isolement des individus suspects ou
malades s'impose impérieusement, et les personnes qui
les approchent doivent redoubler de soins de propreté
sur elles-mêmes, se laver fréquemment les mains avec
une eau phéniquée.

Individuellement, pour se mettre en garde contre la
maladie régnante, il faut suivre toutes les précautions
qui peuvent s'opposer à l'accès des germes malfaisants,
augmenter la résistance du corps aux agents infectieux
par une alimentation saine et tonique, surveiller l'eau
de boisson, et pour plus de sécurité n'en boire qu'après
l'avoir fait bouillir, éviter tout excès, être d'une minu-
tieuse propreté sur soi-même et dans sa maison.

Les maladies contagieuses font chaque année beaucoup
de victimes, et les épidémies déciment encore les popu-
lations. Mais l'observance des lois de l'hygiène fait concentrer les unes dans les lieux où elles ont d'abord éclaté
et elle fait diminuer notablement les funestes effets des
autres.

FIN

TABLE DES MATIÈRES

III. — LES MINÉRAUX

IV. — GÉOLOGIE.

V. — HYGIÈNE

FIN DE LA TABLE DES MATIÈRES

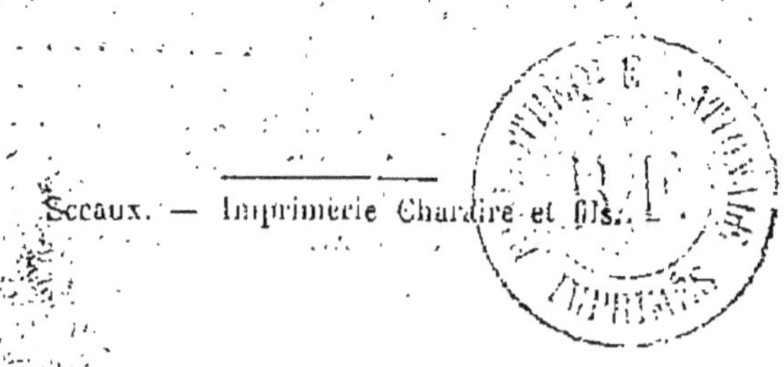

Sceaux. — Imprimerie Charaire et fils.

www.ingramcontent.com/pod-product-compliance
Lightning Source LLC
LaVergne TN
LVHW020606060726
842526LV00003B/625